SCHÄFFER
POESCHEL

Ingo Balderjahn
Joachim Scholderer

Konsumentenverhalten und Marketing

Grundlagen für Strategien und Maßnahmen

Bibliografische Information der Deutschen Nationalbibliothek
Die Deutsche Nationalbibliothek verzeichnet diese Publikation in der Deutschen Nationalbibliografie;
detaillierte bibliografische Daten sind im Internet
über http://dnb.d-nb.de abrufbar.

Gedruckt auf chlorfrei gebleichtem, säurefreiem und alterungsbeständigem Papier

ISBN 978-3-7910-2535-3

© Schäffer-Poeschel Verlag für Wirtschaft · Steuern · Recht GmbH

www.schaeffer-poeschel.de
info@schaeffer-poeschel.de

Einbandgestaltung: Willy Löffelhardt
Satz: Typomedia GmbH, Ostfildern
Druck und Bindung: Kösel GmbH & Co. KG, Altusried-Krugzell
Printed in Germany

Mai 2007

Schäffer-Poeschel Verlag Stuttgart
Ein Tochterunternehmen der Verlagsgruppe Handelsblatt

Für Aaron

Vorwort zur ersten Auflage

Mit seinem Buch „Konsumentenverhalten" gelang es Kroeber-Riel 1975, das in den Vereinigten Staaten von Amerika schon fest etablierte „Consumer Behavior" in die deutschsprachige Marketingwissenschaft erfolgreich einzuführen. Inzwischen ist eine Hand voll weiterer deutschsprachiger Lehrbücher zum Konsumentenverhalten erschienen. Wozu ein weiteres? Das vorliegende Lehrbuch zum Konsumentenverhalten grenzt sich von den anderen insbesondere dadurch ab, dass hier versucht wurde, konsequent das Konsumentenverhalten mit dem Marketing systematisch zu verzahnen. Dieser neuartige Ansatz lässt sich leicht aus der Gliederung ablesen: Es werden nach einer knappen Übersicht zunächst die marketingpolitisch relevanten Bereiche des Konsumentenverhaltens vorgestellt. Danach ordnen wir zentralen Marketingstrategien und Marketinginstrumenten verhaltenswissenschaftliche Grundlagen zu. Wir rücken damit das Konsumentenverhalten wieder stärker an das Marketing heran und trennen uns bewusst vom Paradigma einer autonomen Konsumentenverhaltenswissenschaft. Neben dieser Marketingorientierung ist es das Konzept eines kompakten, prägnant und verständlich geschriebenen Lehrbuchs, das diesem Werk ein spezifisches Profil gibt.

Wir bedanken uns ausdrücklich bei Frau Ines Belitz für die gewissenhafte und gründliche Korrekturdurchsicht.

Potsdam, Berlin und Aarhus im Frühjahr 2007
Ingo Balderjahn und *Joachim Scholderer*

Inhaltsverzeichnis

1 Grundlagen des Konsumentenverhaltens

1.1 Marketing und Konsumentenverhalten

Marketing ist eine auf den Markt gerichtete, kunden- und konkurrenzorientierte Konzeption der Unternehmensführung. Es geht darum, das Leistungsangebot eines Unternehmens unter den Bedingungen des Wettbewerbs (*Wettbewerbsorientierung* des Marketing) erfolgreich auf die Wünsche und Forderungen der Konsumenten bzw. Kunden (*Kundenorientierung* des Marketing) auszurichten. Diese so genannte *Outside-In-Perspektive* des Marketing unterscheidet sich insbesondere vom ressourcenorientierten Ansatz (*Resource-based View*) der Unternehmensführung (*Inside-Out-Perspektive;* vgl. Freiling 2001).

Die Konsumentenverhaltensforschung ist der Bereich der *Marketingforschung*, der die zur erfolgreichen Umsetzung der Kundenorientierung im Unternehmen erforderlichen Erkenntnisse dem Management bereitstellt. Das Konsumentenverhalten beschäftigt sich vordringlich mit der Beschreibung, der Erklärung, dem Verstehen und der Prognose des Konsumverhaltens von Menschen (Erkenntnisaufgabe). Das dieser Forschungsrichtung zugrunde gelegte Verhalten von Konsumenten umfasst nach herrschender Auffassung nicht nur den Kauf und die Nutzung kommerziell angebotener Produkte und Dienstleistungen, sondern ganz allgemein das Verhalten der „Endverbraucher" von materiellen und immateriellen Gütern (vgl. Kroeber-Riel/Weinberg 2003, S. 3). Die von der Konsumentenverhaltensforschung bereitgestellten wissenschaftlichen Erkenntnisse sind insofern nicht nur für das kommerzielle Marketing nützlich, sondern sie können ebenfalls hilfreich im *sozialen Bereich*, z. B. in der Konzeption von Safer-Sex- oder Raucherentwöhnungsprogrammen (vgl. Andreasen 1995; Kotler et al. 2002, Rothschild 1999), und im *non-profit-Bereich*, z. B. für das Marketing von Theatern, Museen, politischen Parteien und sozialen Organisationen, eingesetzt werden (vgl. Freter 2001; Günter 2001). In diesem Zusammenhang spricht man auch von einer Ausweitung (*Broadening*) des kommerziellen Marketing auf den nicht-kommerziellen Bereich (vgl. Kotler/Levy 1969; Fritz/Oelsnitz 2006, S. 30). Dieser weiter gehende Begriff des Konsumenten erfasst aber auch die Nutzer in der Regel freiberuflich angebotener (kommerzieller) Dienstleistungen wie z. B. die Leistungen von Ärzten, Rechtsanwälten und Architekten. Auch wenn für diese Bereiche das Marketing oft noch standesrechtlichen Beschränkungen unterworfen ist, ist zu erwarten, dass in Zukunft auch hier das Marketing deutlich an Bedeutung gewinnen wird (vgl. Meyer/Oppermann 2001). Neben der Funktion der Erkenntnisgewinnung bezweckt die Konsumentenverhaltensforschung aber auch, dem Marketing, um erfolgreich zu sein, geeignete Informationen, Methoden und Instrumente zur zielorientierten Steuerung von Märkten und Marktprozessen bereitzustellen. Insbesondere geht es um eine erfolgreiche Beeinflussung des Kaufverhaltens von Konsumenten. Konsumentenverhaltensforschung übernimmt hier die Aufgabe, Marketingstrategien und -maßnahmen nachfrage- und wettbewerbsorientiert zu gestalten.

Die Bedeutung des Konsumentenverhaltens innerhalb der Marketingforschung hat sich in Deutschland seit den 70er Jahren des letzten Jahrhunderts stark gewandelt:

* Ausgangspunkt war das Problem, das Produkt- bzw. Markenwahlverhalten von Konsumenten besser erklären zu können. Diese noch heute von Nieschlag et al. (2002, S. 588 ff.) vertretene Auffassung ordnet das Konsumentenverhalten der *Produktpolitik* des Marketing zu.

* Meffert (2000, S. 93) dagegen erhebt das Konsumentenverhalten zur verhaltenswissenschaftlichen Grundlage für Marketingentscheidungen. Nach dieser herrschenden Auffassung, die auch diesem Buch zugrunde gelegt wird, können marketingpolitische Entscheidungen über Strategien und Maßnahmen durch das Heranziehen von Erkenntnissen über das Konsumentenverhalten begründet und verbessert werden.

* Kroeber-Riel/Weinberg (2003, S. 3 f.) befreien das Konsumentenverhalten aus der engen Umklammerung des Marketing und fassen es, dem US-amerikanischen Vorbild folgend, weitgehend als interdisziplinäre und verselbständigte wissenschaftliche Disziplin (*Consumer Behavior*) auf. Für diese Position spricht der starke interdisziplinäre Charakter der Konsumentenverhaltensforschung, die sich u.a. auf Erkenntnisse der Psychologie, Soziologie, Sozialpsychologie, Anthropologie und Verhaltensbiologie stützt. Allerdings führt diese Position zur Loslösung des Konsumentenverhaltens vom Marketing.

Die *Entwicklung* der Konsumentenverhaltensforschung begann in den USA kurz nach Ende des 2. Weltkrieges. Der Durchbruch dieser Forschungsrichtung wurde aber erst Mitte der 60er Jahre durch Arbeiten von Howard und Sheth (*The Theory of Buyer Behavior*), Nicosia (*Consumer Decision Processes*) sowie Engel, Kollat und Blackwell (*Consumer Behavior*) erzielt. In den 70er Jahren gelangte das Konsumentenverhalten auch nach Deutschland. Dazu trug insbesondere 1975 die Veröffentlichung der ersten Auflage von Werner Kroeber-Riels Buch „Konsumentenverhalten", das von Peter Weinberg weitergeführt heute in der 8. Auflage vorliegt, bei. In Deutschland hat sich das Konsumentenverhalten institutionell im Fach Marketing integriert.

Das Konsumentenverhalten als Forschungsgebiet hat ein großes Potenzial, Entscheidungen im Marketing verhaltenswissenschaftlich auszurichten und abzusichern. Verhaltenswissenschaftliche Bezüge sind sowohl bei Entscheidungen über die Ausgestaltung marketingpolitischer Instrumente (z. B. Preispolitik, Kommunikationspolitik) als auch bei strategischen Fragestellungen des Marketing (z. B. Kundenbindung, Positionierung) herzustellen. So genannte *Marktreaktionsfunktionen*, die den Zusammenhang zwischen einzelnen marketingpolitischen Aktivitäten und den darauf folgenden spezifischen Reaktionen der Konsumenten abbilden, liefern die Grundlage für eine zielgerichtete Beeinflussung von Konsumenten (vgl. Balderjahn 1993). Auf der Grundlage solcher Marktreaktions- bzw. Wirkungsfunktionen können Methoden und Techniken zur Steuerung des Konsumverhaltens entwickelt, erfolgreich eingesetzt und evaluiert werden.

1.2 Paradigmen der Konsumentenverhaltensforschung

1.2.1 Wissenschaftstheoretische Einordnung

Eine *wissenschaftstheoretische Einordnung* des Konsumentenverhaltens lässt sich hinsichtlich der Wissenschaftsauffassung sowie des Erkenntnisobjektes vornehmen (vgl. Behrens 1991, S. 4 ff.). Die *Wissenschaftsauffassung* fragt danach, mit welchen Regeln bzw. Methoden wissenschaftliche Aussagen gewonnen werden. Zu unterscheiden sind hier die empirische und die geisteswissenschaftliche Orientierung (vgl. Abb. 1.1):
- Nach der *empirischen Orientierung* ist die sinnliche Wahrnehmung oder Beobachtung des Menschen die Quelle der Erkenntnisgewinnung. Die *positivistisch orientierte empirische Forschung* zielt darauf, aus einzelnen Beobachtungen durch induktives Schließen allgemein gültige Aussagen in Form von Hypothesen und Theorien herzuleiten. Das kausale Erklären von Phänomenen des Konsums steht hier im Vordergrund. Diese Forschungsorientierung korrespondiert mit der Forderung des *kritischen Rationalismus* nach empirischer Überprüfung (Falsifizierbarkeit) von Theorien und Hypothesen. Dagegen versucht die so genannte *interpretative empirische Forschung* das Verhalten von Konsumenten zu verstehen, ohne es mit generalisierbaren Hypothesen erklären zu wollen. Grundlage der Erkenntnisgewinnung sind Einzelfallanalysen und die Einbeziehung möglichst unterschiedlicher Methoden und Datenquellen zur Untersuchung bestimmter Phänomene (so genannte *Triangulation*). Auf diesen qualitativen Forschungsansatz sind

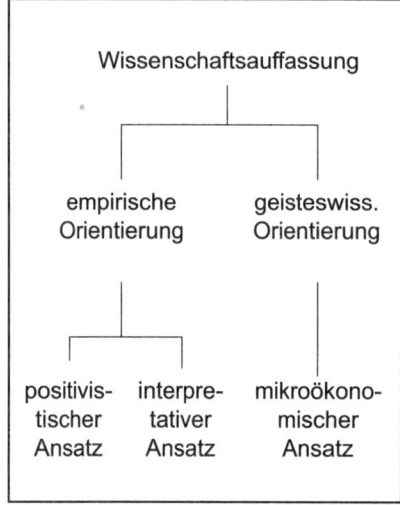
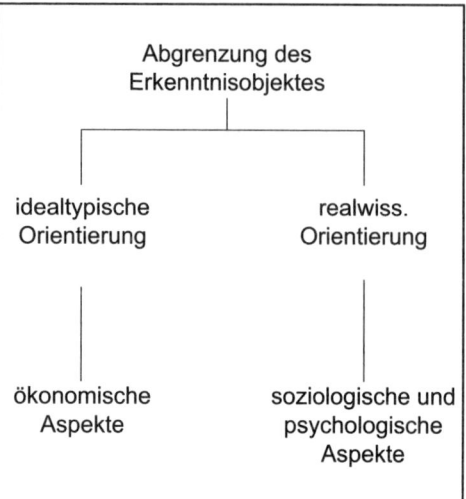

Abb. 1.1: Wissenschaftstheoretische Orientierungen im Konsumentenverhalten
Quelle: in Anlehnung an Behrens 1991, S. 13 und erweitert

    klassische Gütekriterien wie Repräsentativität, intersubjektive Nachprüfbarkeit und Reproduzierbarkeit ebenso wenig anwendbar wie die Kriterien der Reliabilität und Validität auf die Messung von Konstrukten.

- Nach der *geisteswissenschaftlichen Orientierung* ist die menschliche Vernunft Quelle der wissenschaftlichen Erkenntnis. Die *Hermeneutik* richtet sich auf ein systematisches und strukturiertes analytisches (Durch-)Denken und liefert in Form einer deduktiven Vorgehensweise wissenschaftliche Erkenntnisse. Diese Wissenschaftsauffassung ist u.a. in der mikroökonomischen Konsumtheorie anzutreffen.

Das *Erkenntnisobjekt* einer wissenschaftlichen Disziplin ist das Objekt der Realität, auf das das Erkenntnisinteresse dieser Wissenschaft ausgerichtet ist. Erkenntnisobjekt der Konsumentenverhaltensforschung ist der Konsument bzw. das Verhalten des Konsumenten (Behrens 1991, S. 7). In Abhängigkeit davon, welche Verhaltensannahmen bzw. welches *Menschenbild* der Forschung zugrunde gelegt wird, kann eine idealtypische und eine realwissenschaftliche Auffassung von Konsumenten unterschieden werden. *Menschenbilder bzw. Leitbilder* sind stark vereinfachte Annahmen über den Menschen, die eine Wissenschaft ihrer Forschung als gültig oder als Paradigma zugrunde legt. Jede Wissenschaft, die menschliche Verhaltensweisen untersucht, muss, um Komplexität zu reduzieren, von einem auf bestimmte Verhaltensbereiche oder -aspekte beschränkten

Menschenbild ausgehen. Der Konsument nach der *idealtypischen Auffassung* wird als gedankliche Konstruktion axiomatisch den Theorien zugrunde gelegt. Die mikroökonomische Theorie geht vom Leitbild des *homo oeconomicus* aus. Das „Kunstgebilde" homo oeconomicus zeichnet sich dadurch aus, dass es sämtliche Handlungsalternativen und deren Konsequenzen mit absoluter Gewissheit kennt. Es besitzt eine eindeutige, widerspruchsfreie und transitive Präferenzordnung und verhält sich als Nutzenmaximierer stets rational. Nach der *realwissenschaftlichen Auffassung* der Konsumentenverhaltensforschung wird der Konsument durch seine Psyche (z.B. Gefühle, Bedürfnisse) und sein soziales Wesen (z.B. Freundschaften, Machtausübung) empirisch beschrieben.

Die Erforschung des Verhaltens von Konsumenten orientiert sich an so genannten Paradigmen. *Paradigmen* sind in sich geschlossene Wissenschaftsprogramme (Theorien, Modelle, Methoden) und allgemeine Erklärungsansätze, die von einer großen Anzahl von Wissenschaftlern als gültig angesehen und ihren Forschungen zugrunde gelegt werden. Der Konsumentenverhaltensforschung sind insbesondere die Paradigmen des Behaviorismus, des Neobehaviorismus und der kognitive Ansatz (Informationsverarbeitungsansatz) zugrunde gelegt worden (vgl. Abb. 2).

1.2.2 Der Behaviorismus (SR-Paradigma)

Ziel dieser Forschungsperspektive ist es, die Reaktionen der Menschen auf Umweltreize systematisch zu erforschen und in Form von Gesetzen bzw. Funktionen zu beschreiben und zu erklären. Untersucht wird, welche Verhaltensreaktionen *Antezedenzbedingungen*, die den Verhaltensrahmen bzw. die Verhaltenssituation definieren, und *Umweltreize* beim Menschen auslösen (vgl. Zimbardo/Gerrig 2004, S. 14). Der Behaviorismus stützt sich hauptsächlich auf beobachtbares, gut messbares Verhalten und auf die Entdeckung kausaler Zusammenhänge (Gesetze) zwischen einem Reiz *S* (*Stimuli*; z.B. Preis eines Produkts) und einer Reaktion *R* (*Response*; z.B. Kauf des Produkts). Dieser so genannte *SR-Ansatz* beruht in seiner klassischen Form ausschließlich auf messbaren Phänomenen bzw. Variablen (vgl. Abb. 2). Nicht direkt beobachtbare psychische Faktoren des Menschen (z.B. Gefühle, Motive) werden zur Erklärung des Verhaltens ausgeschlossen (vgl. Meffert 2000, S. 99). Daher bezeichnet man diese Perspektive auch als „black box-Ansatz". Die empirische Perspektive ist quantitativ und, innerhalb der akademischen Konsumentenverhaltensforschung, in der Regel an die Durchführung von Laborexperimenten geknüpft (vgl. Zimbardo/Gerrig 2004, S. 14). Der Behaviorismus legt seinen Analysen ein stark vereinfachtes Menschenbild zugrunde, das voraussetzt, dass Menschen prinzipiell passiv auf bestimmte Umweltkonstellationen reagieren. Individuell unterschiedliche Verhaltensreaktionen in gleichen Situationen werden in diesem

Forschungsansatz durch unterschiedliche Lerngeschichten und Konsumerfahrungen erklärt. *Stochastische Markenwahlmodelle*, die versuchen, wahrscheinlichkeitstheoretische Gesetzmäßigkeiten im Kaufverhalten von Konsumenten zu erkennen, gehören zu diesem Erklärungsansatz. Bei diesen Modellen werden Kaufsequenzen als Markovprozesse beschrieben und analysiert (vgl. Bass 1974; Ehrenberg 1988; Meffert 2000, S. 28 f.).

1.2.3 Der Neo-Behaviorismus (SOR-Paradigma)

Um auch die Wirkung und den Einfluss psychischer Faktoren auf das Konsumverhalten erklären zu können, wird der behavioristische SR-Ansatz im neo-behavioristischen Paradigma durch so genannte *intervenierende psychische Variablen O* (Organismus), die zwischen den Umweltreizen *S* und der Verhaltensreaktion *R* vermitteln, erweitert (*SOR-Ansatz*; vgl. Abb. 1.2).

Diese intervenierenden Variablen werden auch als theoretische *Konstrukte* bezeichnet, da sie nicht direkt beobachtbar sind und ihre Existenz nur einer entsprechenden Theorie verdanken. Der Neo-Behaviorismus zielt darauf, solche intervenierenden Variablen zu identifizieren, die in der Lage sind, individuell unterschiedliches Verhalten auch bei identischen Verhaltenssituationen erklären zu können. Beispiele für intervenierende Variablen sind Emotionen, Motive und Einstellungen. Die Annahme allgemein

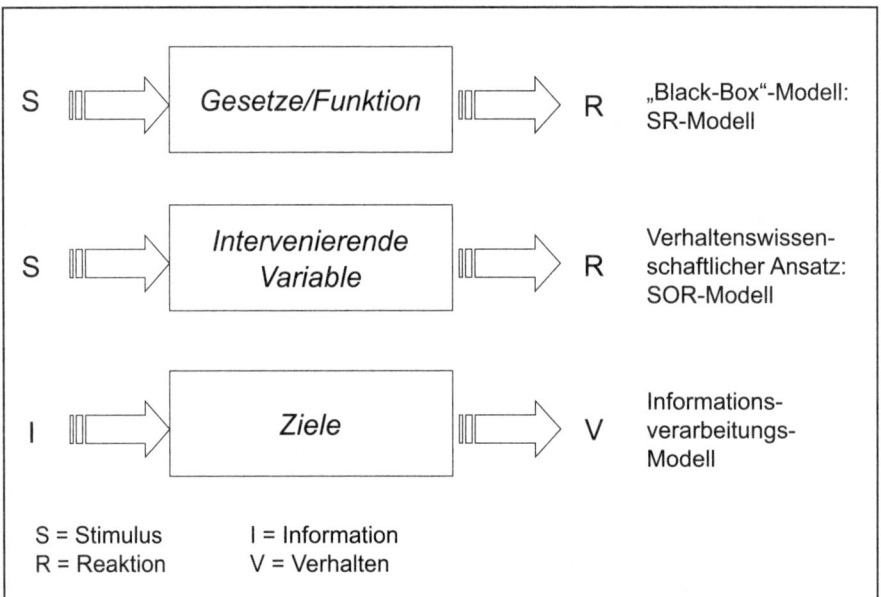

Abb. 1.2: Paradigmen der Konsumentenverhaltensforschung

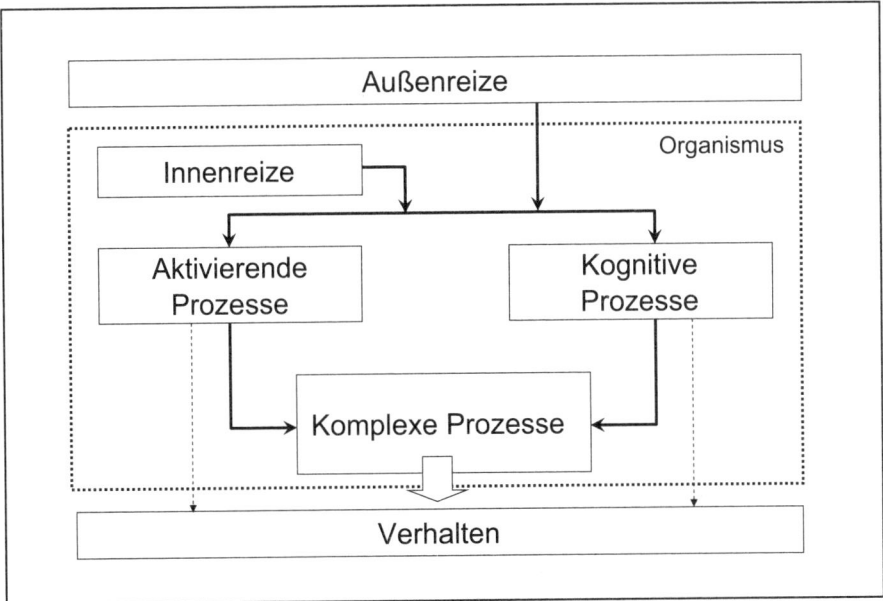

Abb. 1.3: Affektive und kognitive Prozesse nach dem SOR-Ansatz
Quelle: in Anlehnung an Kroeber-Riel/Weinberg 2003, S. 50

gültiger bzw. repräsentativer Verhaltensmuster wird zugunsten individueller Verhaltensunterschiede aufgegeben. Auch dieser Forschungsansatz orientiert sich an empirischen Messungen und quantitativen Analysen. Da die Konstrukte prinzipiell nicht beobachtbar sind, erfordert dieser Ansatz so genannte *Messmodelle*, mit deren Hilfe intervenierende Variablen durch beobachtbare Indikatoren gemessen werden können (vgl. Balderjahn 2003; Kroeber-Riel/Weinberg 2003, S. 189 ff.). Auch das *restringierte Menschenbild* des Behaviorismus wird vom Neo-Behaviorismus zum Teil übernommen.

Der Neo-Behaviorismus zielt darauf, allgemein gültige (nomologische) kausale Konsumverhaltenstheorien zu entwerfen. Modelle, die kausale Strukturen psychischer Variablen darstellen, werden als *Strukturmodelle* des Konsumentenverhaltens bezeichnet. Hierzu gehören die Modelle von Howard und Sheth (1969) und von Blackwell/Miniard/Engel (2006; vgl. Kap. 1.1). Grundsätzlich wird angenommen, dass der Mensch auf Umweltreize affektiv und kognitiv reagieren kann. Während die *affektiven psychischen Prozesse* den Menschen in einen erregenden, aktivierenden und emotionalen Zustand versetzen, steuern die *kognitiven psychischen Prozesse* die Informationsaufnahme (Wahrnehmung, Aufmerksamkeit, Interpretation) und die Informationsverarbeitung (Lernen, Bewerten und Entscheiden). Menschliches Handeln leitet sich somit (fast) immer aus einer komplexen Mischung von affektiven und kognitiven Prozessen ab (vgl. Abb. 1.3).

1.2.4 Der kognitive Ansatz (Informationsverarbeitungsansatz)

Der kognitive Ansatz der Konsumentenverhaltensforschung konzentriert sich auf die Beschreibung und Erklärung gedanklicher *Vorgänge* beim Wahrnehmen, Urteilen, Erkennen und Verstehen, Erinnern, Entscheiden und Problemlösen. Während die behavioristischen Ansätze ein auf Umweltreize reagierendes Verhalten von Konsumenten annehmen, unterstellt das kognitive Paradigma, dass sich das Verhalten *V* der Konsumenten auf die Erreichung persönlicher Ziele richtet (vgl. Abb. 1.2). Das Konsumverhalten ist also hiernach nicht nur von den jeweiligen Umweltbedingungen determiniert, sondern auch von der gedanklichen Auseinandersetzung des Konsumenten mit dieser Situation und seinen persönlichen Zielen. Der Mensch reagiert nicht auf eine objektive, gegenständliche und messbare Realität, sondern bildet sich eine eigene, subjektive „innere" Welt aus eigenen Gedanken und Vorstellungen (vgl. Zimbardo/Gerrig 2004, S. 15). Nicht die objektiven Sachverhalte, sondern die subjektiven Wahrnehmungen und Interpretationen bestimmen das Verhalten. Sowohl die individuelle Zielbildung als auch die mit diesen Zielen korrespondierenden Verhaltensoptionen, die sich in Form von Zielsystemen (Kruglanski et al. 2002) und Zweck-Mittel-Zusammenhängen (*Means-end Chains;* Olson/Reynolds 1983) darstellen lassen, werden auf die individuelle Verarbeitung von Informationen (Wahrnehmung, Interpretation und Bewertung) zurückgeführt. Der Konsument wird nach dem kognitiven Paradigma als ein zielorientiertes und selbst bestimmendes, selbständig erkennendes und epistemisches Wesen aufgefasst. Den zentralen Forschungsarbeiten von Bettman (1979, vgl. Kap. 1.1) liegt dieses Erklärungsmodell zugrunde (vgl. auch Peter et al. 1999).

1.2.5 Aktuelle Entwicklungen

Die oben beschriebenen Paradigmen der Konsumentenverhaltensforschung sind „Idealtypen", die sich in der Forschungspraxis kaum in „Reinform" wieder finden lassen. Insbesondere der SOR-Ansatz und der kognitive Ansatz lassen sich weder theoretisch noch methodisch wirklich trennen. Die allermeisten empirischen Arbeiten können daher heutzutage als Mischform aus beiden Ansätzen verstanden werden. Interessanterweise bewegt sich die Forschung, insbesondere in der Psychologie, zurzeit wieder von den rein kognitiven Ansätzen weg. Nach gut vierzig Jahren überwiegend kognitiver psychologischer Konsumentenverhaltensforschung rücken affektive und automatische Prozesse wieder stärker in den Vordergrund (siehe z. B. Kahneman 2003; auch Gladwell 2005). Innerhalb der Konsumentenverhaltensforschung kann neben diesem übergeordneten Trend gegenwärtig eine Art „Schulenbildung" beobachtet werden (Simonson et al. 2001):

- *Konsumentenverhalten als soziale Kognition:* Dieser Forschungszweig verwendet vor allem solche Konzepte und Methoden, die der Sozialpsychologie entlehnt sind. Zentrale Variablen in diesem Forschungszweig sind Konsummotive und Einstellungen im weitesten Sinne, also auch Produktwahrnehmungen, Bewertungen, Erwartungen, Zufriedenheit, Normen und Werte, deren Rolle als unabhängige, vermittelnde oder abhängige Variablen untersucht werden. Dabei kommen vor allem Fragebogenmaße zur Anwendung (z. B. Einstellungsskalen), die entweder im Labor oder (vor allem in Europa) auch im Feld erhoben werden. Die Betrachtung ist strukturorientiert und lässt sich daher als kognitivistisch angereicherte, modernisierte Version des SOR-Paradigmas verstehen.

- *Konsumentenverhalten als Entscheidungsprozess:* Dieser Forschungszweig verwendet vor allem Konzepte und Methoden, die der ökonomischen Psychologie und der experimentellen Ökonomie entlehnt sind. Zentrale Variablen in diesem Forschungszweig sind Informationsaufnahme, Urteilsbildung, Präferenzen, Entscheidungsregeln und Produktwahl. Dabei kommen vor allem Beobachtungsmaße zur Anwendung (z. B. Auswahlentscheidungen), die beinahe ausschließlich in Laborexperimenten erhoben werden. Die Betrachtung ist prozessorientiert und lässt sich als behavioristisch reduzierte Version des kognitiven Paradigmas verstehen.

- *Konsumentenverhalten als Kulturphänomen:* Dieser Forschungszweig ist heterogen, verwendet aber vor allem Konzepte und (qualitative) Methoden, die der Wissenssoziologie und der Ethnologie entlehnt sind. Expressive, symbolische und Beziehungsaspekte des Konsumentenverhaltens stehen oft im Vordergrund des Forschungsinteresses. Als Datengrundlage dienen Dokumentenanalysen, sehr ausführliche Interviews oder längerfristige Feldbeobachtungen von sehr kleinen Stichproben. Die Betrachtung ist interpretativ orientiert und lässt sich als geisteswissenschaftlich angereicherte, qualitative Variante des kognitiven Paradigmas verstehen.

1.3 Modelle der Konsumentenverhaltensforschung

1.3.1 Psychische und soziale Einflussfaktoren des Konsumverhaltens

Die Forschung zum Konsumentenverhalten hat inzwischen zahlreiche Erkenntnisse darüber geliefert, welche speziellen affektiven und kognitiven Phänomene das Ver-

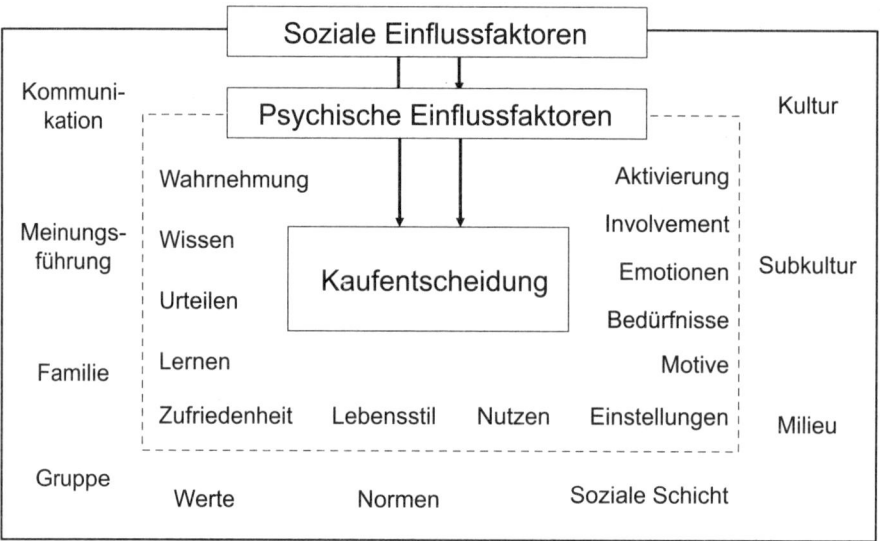

Abb. 1.4: Psychische und soziale Einflussfaktoren des Konsumentenverhaltens
Quelle: in Anlehnung an Fritz/Oelsnitz 2006, S. 61

halten von Konsumenten beeinflussen (vgl. Abb. 1.4). Neben den psychischen Einfluss-faktoren sind es auch kulturelle und soziale Prozesse, die sich auf das Verhalten von Konsumenten niederschlagen.

Modelle der Konsumentenverhaltensforschung werden dahingehend unterschieden, ob sie für sich beanspruchen, das Konsumverhalten durch Zusammenwirken unter-schiedlicher psychischer und sozialer Prozesse in Gänze erklären zu können (*Totalmo-delle*), oder ob sie sich nur auf Teilaspekte der Verhaltenserklärung konzentrieren (*Par-tialmodelle*). Darüber hinaus können noch Struktur- und Prozessmodelle unterschieden werden. Während die *Strukturmodelle* intervenierende Variablen zwischen Reiz und Re-aktion kausal miteinander verknüpfen, konzentrieren sich *Prozessmodelle* auf die Erklä-rung von länger andauernden Konsumepisoden.

1.3.2 Das Modell von Howard und Sheth

Das Systemmodell von Howard und Sheth (1969) stellt das Konsumentenverhalten auf der Grundlage des SOR-Paradigmas durch Wahrnehmungs- und Lernkonstrukte dar (vgl. Abb. 1.5). Insgesamt werden elf *intervenierende Variablen* (hypothetische Kons-trukte) von diesem Modell erfasst (vgl. auch Meffert 2000, S. 132 f.)

- Die *Wahrnehmungskonstrukte* dienen der qualitativen und quantitativen Steuerung der Informationsaufnahme. Durch sie soll erklärt werden, welche und wie viele Informationen in welcher Qualität vom Konsumenten wahrgenommen werden. Diese Wahrnehmungsvorgänge sind abhängig von der Klarheit und Präzision der wahrgenommenen Informationen (*Reizmehrdeutigkeit*), von der Bereitschaft eines Konsumenten, Informationen aufnehmen zu wollen (*Aufmerksamkeit*), von den eigenen Informationsaktivitäten (*Informationssuche*) und von möglichen *Wahrnehmungsverzerrungen* (z. B. Missverständnisse).
- *Lernkonstrukte* steuern im Modell von Howard und Sheth die Informationsverarbeitung durch kognitive und affektive psychische Prozesse. Eine zentrale Rolle spielt hier die *Einstellung*, die als erlernte Bereitschaft (Prädisposition) definiert wird, konsistent positiv bzw. negativ auf bekannte Reize zu reagieren. Die Einstellung fasst affektive (z. B. *Bewertungen*) und kognitive (z. B. *Überzeugungen*) Prozesse zusammen. Es wird angenommen, dass die Einstellung die Absicht zum Kauf eines Produkts bestimmt. Darüber hinaus wird die Kaufabsicht (*Intention*) auch von der Urteilssicherheit beeinflusst, die wiederum abhängig von der *Markenbekanntheit* ist. Nach dem Grad, zum dem Konsumerwartungen tatsächlich erfüllt werden, stellt sich *Zufriedenheit* oder Unzufriedenheit ein.

Das Modell von Howard und Sheth lieferte einen ersten, gelungenen Beitrag zur Strukturierung von Hypothesen zum Konsumverhalten. Darüber hinaus weist es einen heuristischen Wert auf. Für einige Konstrukte in Abb. 1.5 liegen eigenständige Theorien und (Partial-)Modelle vor (z. B. Einstellungsmodelle, Modelle zur Kundenzufriedenheit). Allerdings hat die Konsumentenverhaltensforschung in den letzten Jahren weitere zentrale Konstrukte identifizieren können, die in diesem Modell fehlen (z. B. Involvement, Emotionen). Darüber hinaus fehlen bei Howard und Sheth die Messmodelle zur Operationalisierung der Modellkonstrukte. Es überrascht deshalb nicht, dass das Gesamtmodell bisher empirisch nicht bestätigt werden konnte (Foscht/Swoboda 2005, S. 28).

1.3.3 Das Modell von Blackwell, Miniard und Engel

Das Modell von Blackwell, Miniard und Engel (2006) dient ihrem Lehrbuch als didaktische Grundlage und Gliederungskonzept. Insofern erhebt es nicht den theoretischen Anspruch des Modells von Howard und Sheth. Ihr Modell ordnet den Phasen eines extensiven Kaufentscheidungsprozesses psychische Prozesse zu (Blackwell et al. 2006, S. 70 ff.; auch Meffert 2000, S. 132). Der Entscheidungsprozess mit seinen Phasen Pro-

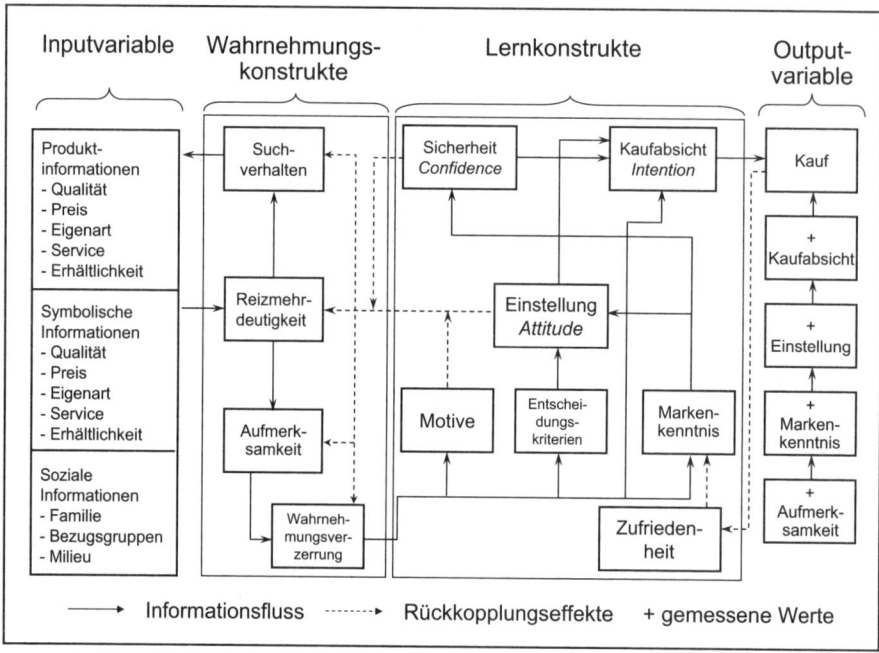

Abb. 1.5: Modell von Howard und Sheth
Quelle: in Anlehnung an Howard/Sheth 1969, S. 30 und Meffert 2000, S. 134

blemerkenntnis, Informationssuche, Alternativenbewertung, Entscheidung und Entscheidungsergebnisse strukturiert das Modell (vgl. Abb. 1.6).

Insgesamt werden fünf unterschiedliche Erklärungsbereiche im Modell erfasst: (1) Der Reizinput, (2) die Informationsverarbeitung, (3) der Entscheidungsprozess als Kernbereich, (4) die allgemeine Motivierung (Motive, Persönlichkeit und Lebensstil) und (5) wahrgenommene Umwelteinflüsse (Normen und Werte, Bezugsgruppeneinflüsse und situative Einflüsse). Dieses Modell ist wie das Modell von Howard und Sheth sehr allgemein und komplex. Es ist kaum operationalisierbar und empirisch nicht zu prüfen. Dennoch liefert es eine gute Strukturierung und weist heuristisches Potenzial auf.

1.3.4 Modelle zum kognitiven Ansatz

1.3.4.1 Ansatz von Bettman

Der kognitive oder Informationsverarbeitungsansatz (*information processing approach*) der Konsumentenverhaltensforschung richtet sich auf die Aspekte des Verhaltens, die

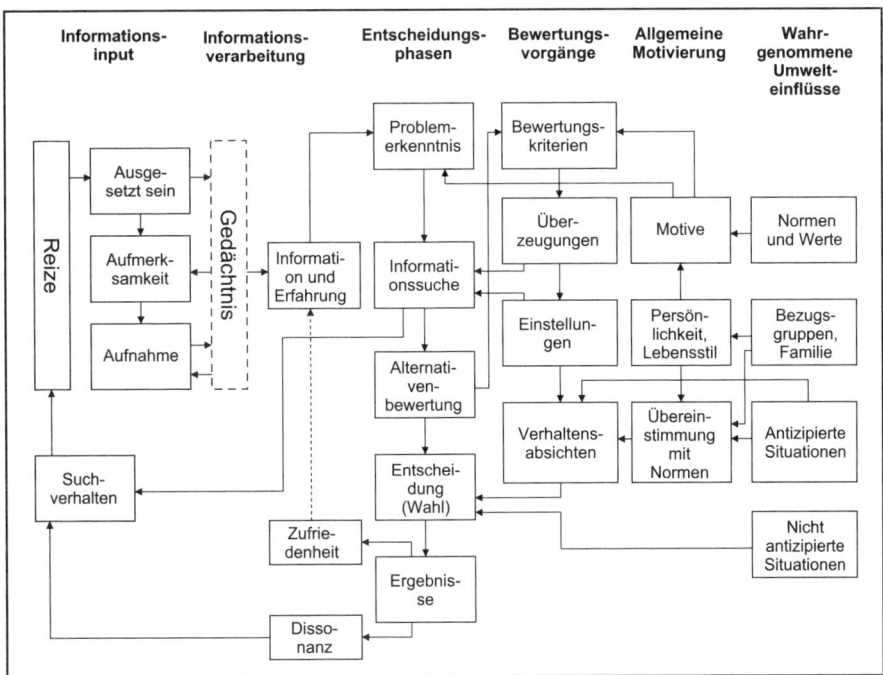

Abb. 1.6: Consumer Decision Process Model von Blackwell/Miniard/Engel
Quelle: Meffert 2000, S. 133

durch informationsverarbeitende bzw. kognitive Vorgänge erklärt werden können. Dazu gehören die Informationswahrnehmung, Interpretation und Bewertung von Informationen, der Wissenserwerb (Lernen) und Gedächtnisprozesse sowie Entscheidungsvorgänge. Insbesondere durch die Arbeiten von Bettman (1979) hat sich diese Forschungsrichtung im Marketing etabliert. Bettmans Ansatz, der als Orientierungsmodell zur Identifikation neuer Erkenntnisse zum Kaufverhalten entwickelt wurde, stellt einen Meilenstein in der Entwicklung von Theorien zum Konsumentenverhalten dar (Howard 1994, S. 58).

Das Modell von Bettman erfasst den Prozess der menschlichen Informationsverarbeitung und zielt darauf offen zu legen, wie Konsumenten denken und wie sie ihre Probleme lösen. Es sind insgesamt sechs Hauptkonstrukte im Modell spezifiziert (vgl. Abb. 1.7): (1) die (beschränkte) Informationsverarbeitungskapazität (Processing Capacity), (2) Motivation und Zielhierarchie, (3) Aufmerksamkeit, (4) Informationserwerb und -bewertung, (5) Entscheidungsprozess sowie (6) Konsum- und Lernprozesse (Gedächtnisvorgänge).

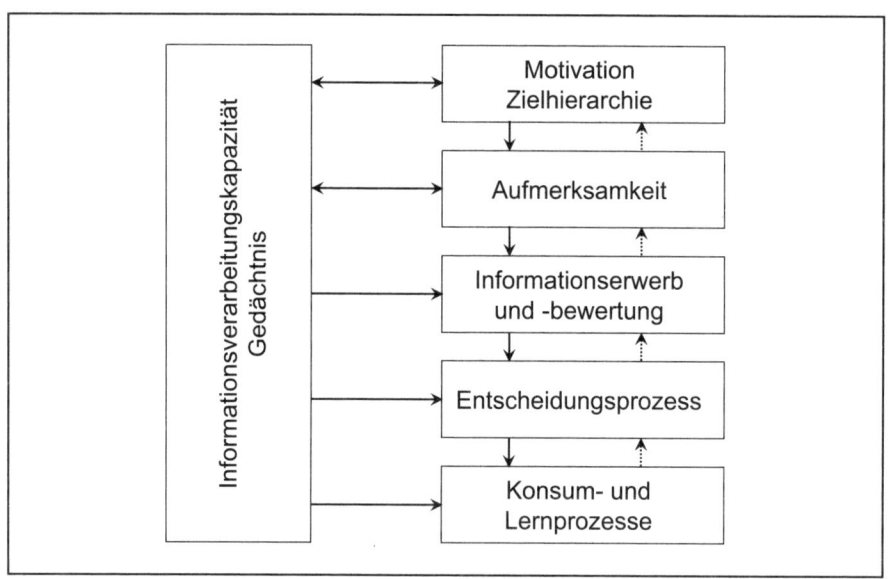

Abb. 1.7: Modell von Bettman
Quelle: in Anlehnung an Howard 1994, S. 88 ff.

Bettmans Ansatz ist stärker prozess- und weniger strukturorientiert, d.h., es werden keine Aussagen über Kausalzusammenhänge bestimmter Variablen gemacht, sondern Vorgänge bei Entscheidungsprozessen benannt. Zur Identifikation und Analyse von *Entscheidungsheurisiken* entwickelte Bettman den so genannten Kaufentscheidungsprozessansatz bzw. *Entscheidungsnetzansatz*. Damit wird versucht, den Kauf- bzw. Entscheidungsprozess und die jeweils vom Individuum eingesetzten Entscheidungsheuristiken durch die Abbildung individueller Entscheidungsnetze transparent zu machen (vgl. Abb. 1.8). Als Datengrundlage dient dafür die während eines Einkaufes von Konsumenten anhand der Technik „lauten Denkens" aufgezeichneten Denk- bzw. Entscheidungsprotokolle. Diese durch Protokolle aufgezeichneten und dargestellten Entscheidungsnetze geben Auskunft darüber, wie eine Entscheidung durch Wahrnehmung und Bewertung von Produktinformationen zustande kommt (vgl. Kroeber-Riel/Weinberg 2003, S. 375 f.). Abb. 1.8 zeigt zwei alternative Entscheidungsnetze zur Auswahl von Zahnpasta, die unterschiedliche Entscheidungsheuristiken widerspiegeln.

Ein ermitteltes Entscheidungsnetz gilt immer nur für einen Probanden. Das schränkt die Anwendbarkeit dieser Technik und die Generalisierbarkeit der Ergebnisse stark ein. Um das Entscheidungsverhalten größerer Zielgruppen erfassen zu können, müssten die individuellen Entscheidungsnetze aggregiert werden, eine nur schwierig zu lösende

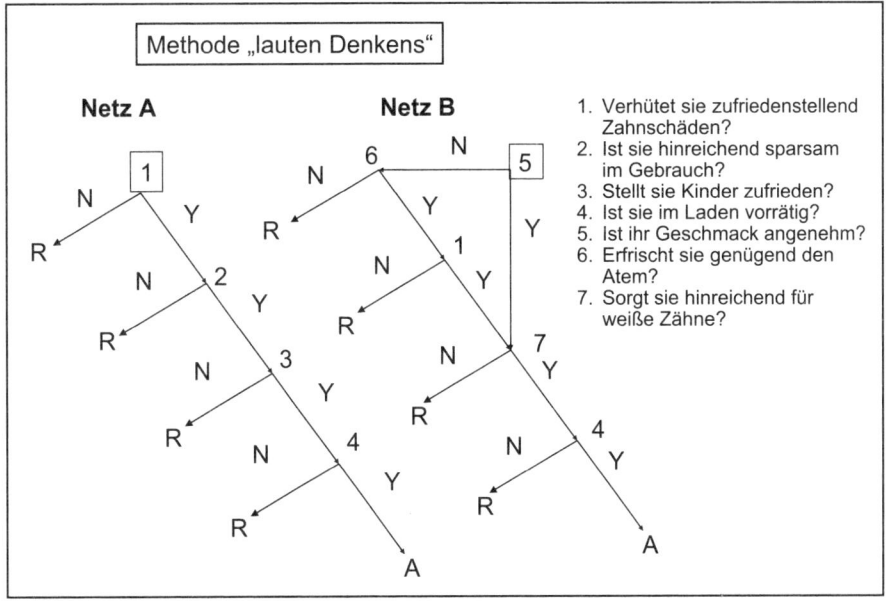

Methode „lauten Denkens"

Netz A   **Netz B**

1. Verhütet sie zufriedenstellend Zahnschäden?
2. Ist sie hinreichend sparsam im Gebrauch?
3. Stellt sie Kinder zufrieden?
4. Ist sie im Laden vorrätig?
5. Ist ihr Geschmack angenehm?
6. Erfrischt sie genügend den Atem?
7. Sorgt sie hinreichend für weiße Zähne?

Abb. 1.8: Entscheidungsnetze nach Bettman am Beispiel Zahnpasta
Quelle: Bettman 1979, S. 231, zitiert nach Kroeber-Riel/Weinberg 2003, S. 375

Aufgabe. Insofern handelt es sich hier um einen *explorativen Forschungsansatz*, der entdecken will, ohne notwendigerweise auf die Ableitung allgemein gültiger Hypothesen zu zielen. Ein weiteres Problem dieses Ansatzes stellen der relativ hohe Zeit- und Kostenaufwand beim Protokollieren, Verbalisierungsschwierigkeiten beim Konsumenten sowie Interpretations- und Standardisierungsprobleme bei der Auswertung der Protokolle dar (Meffert 1992, S. 101 ff.). Insgesamt ist der ursprüngliche Ansatz von Bettman explorativ, sehr allgemein und empirisch nur mit hohem Aufwand umzusetzen.

In nachfolgenden Arbeiten hat die Gruppe um Bettman daher vor allem versucht, neue Methoden zu entwickeln, mit denen individuelle Entscheidungsprozesse relativ standardisiert gemessen und über Individuen hinweg verglichen werden können. Das Programmsystem MouseLab[1] erlaubt zum Beispiel, das Informationsaufnahmeverhalten von Konsumenten bei klar definierten, auf dem Computer präsentierten Entscheidungsaufgaben automatisch zu protokollieren (Johnson et al. 1993). Aus der Art und Menge der abgerufenen Informationen und der Reihenfolge ihres Abrufs können dann Rückschlüsse auf den Entscheidungsprozess getroffen werden (Bettman et al. 1998).

---

1 Programm ist inzwischen auch als WWW-Version verfügbar, siehe www.mouselabweb.org.

1.3.4.2 Das Modell von Peter, Olson und Grunert

Ein relativ neues, umfassendes kognitives Modell zum Konsumentenverhalten ist von Peter, Olson und Grunert (1999, S. 45) entwickelt worden (vgl. Abb. 1.9). Danach sind bei Kaufentscheidungen drei Arten von kognitiven Prozessen beteiligt:

- *Interpretationsprozesse*: Interpretation der Information zur Bildung von Wissen, Bedeutungen, Vorstellungen und Überzeugungen. Dieser Vorgang erfordert zwei weitere kognitive Prozesse, die Aufmerksamkeitszuweisung und das Verstehen. Der Interpretationsprozess bestimmt, wie ein Konsument Informationen Bedeutungen zuordnet und dabei Wissen und Vorstellungen kreiert.

- *Integrationsprozesse*: Integration von Wissen zur Bewertung von Produkten (z. B. durch Bildung von Einstellungen), zur Bildung von Kaufpräferenzen bzw. Kaufabsichten und zum Treffen von Entscheidungen.

- *Gedächtnisprozesse*: Die Interpretations- und Integrationsprozesse greifen auf die im Gedächtnis abgelegten Informationen (Wissen, Bedeutungen und Vorstellungen) zu. Gleichzeitig werden dem Gedächtnis neue Informationen zugeführt. Das Abrufen von Produktwissen aus dem Gedächtnis betrifft Attribute von Produkten (z. B. Joghurt mit geringem Fettgehalt), die Konsequenzen der Produktnutzung (z. B. geringere Leibesfülle) und die Fähigkeit von Produkten, Bedürfnisse zu befriedigen (z. B. gesund leben).

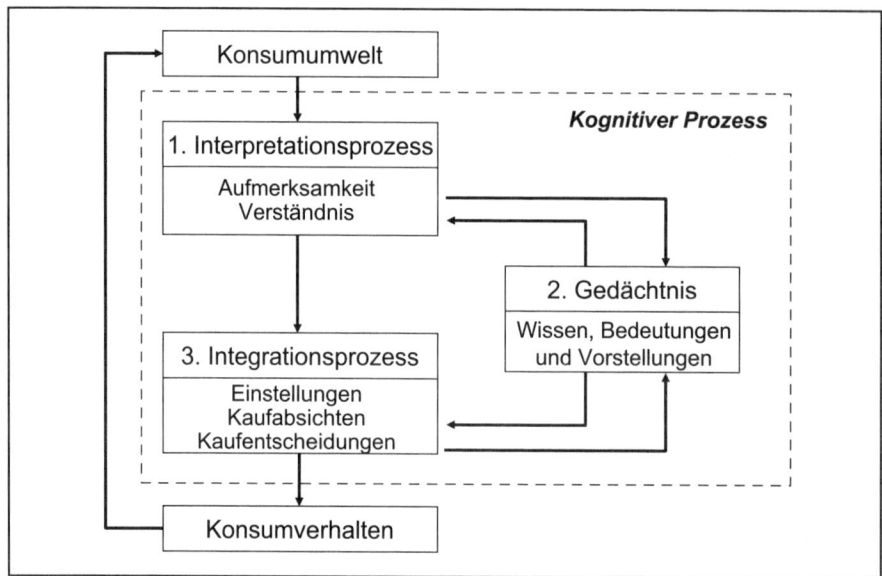

Abb. 1.9: Kognitives Prozessmodell der Kaufentscheidung von Peter, Olson und Grunert
Quelle: Peter et al. 1999, S. 45

Das Modell vernachlässigt allerdings affektive Prozesse. Da diese innerhalb des letzten Jahrzehnts wieder sehr viel mehr in den Blickpunkt der Konsumentenverhaltensforschung gerückt sind, besteht hier ein Aktualisierungsbedarf. Wie alle Totalmodelle des Konsumentenverhaltens ist aber auch das Modell von Peter, Olson und Grunert vor allem als *Systematik* wertvoll. Totalmodelle liefern dem Forscher und dem Lernenden wertvolle Orientierungshilfen, ermöglichen eine übersichtliche und strukturierte Integration verhaltenswissenschaftlicher Einzelhypothesen und empirischer Befunde, besitzen einen starken heuristischen Wert (z.B. Aufdeckung von Schwachstellen, Hypothesenformulierung) und können zur Ableitung von Partialmodellen bzw. einzelnen Hypothesen herangezogen werden. Als nachteilig stellt sich oft heraus, dass keine Messvorschriften bzw. Messmodelle für die verwendeten Konstrukte vorliegen (mangelnde Operationalisierbarkeit), gut begründete und bewährte Hypothesen für spezifizierte Kausalzusammenhänge fehlen und dass die Modelle in ihrer Komplexität empirisch nicht prüfbar sind. Insgesamt liefern Totalmodelle also eher einen geordneten, strukturierten und systematisierten Rahmen für eine wissenschaftliche Auseinandersetzung mit dieser Thematik. Für den konkreten Einsatz im Marketing sind sie hingegen weitgehend untauglich.

2 Marketingrelevante Teilgebiete des Konsumentenverhaltens

2.1 Konsumentscheidungen und Konsumnutzen

2.1.1 Modell der Kaufentscheidung

Kaufentscheidungen sind das Ergebnis eines individuellen Abwägungsprozesses zwischen den vom Konsumenten wahrgenommenen Vor- und Nachteilen eines Produkts. Diese Vor- und Nachteile eines Produkts beschreiben eine spezifische *Anreizsituation* für den Konsumenten. Der Konsument bildet sich ein Urteil über den Nutzen der jeweils in einer Kaufsituation zur Auswahl stehenden Produkte. Dieser vom Konsumenten erwartete Nutzen eines Produkts wird auch als *Kundennutzen* bezeichnet. Die Schaffung von Produkten und Dienstleistungen mit einem hohen Kundennutzen ist ein zentrales Ziel des Marketing.

Nach der *ökonomischen Theorie* ergibt sich der Nutzen eines Gutes einerseits aus dessen Potenzial zur Bedürfnisbefriedigung (positiver Anreiz) und andererseits aus dem Preis dieses Gutes (negativer Anreiz). Als Evaluierungskonstrukt lenkt die Nutzenerwartung Bedürfnisse auf bestimmte Produkte. Unter der Annahme rationaler Entscheidungen wählt der Konsument das Produkt oder die Alternative mit der höchsten subjektiven Nutzenerwartung aus (*Prinzip der Nutzenmaximierung;* Balderjahn 1995, S. 179 ff.). Folgt man den Annahmen der *Rational-Choice-Theorie*[2], so werden in Kaufsituationen nicht nur monetäre Anreize vom Konsumenten berücksichtigt (z. B. die Produktpreise), sondern auch nicht-monetäre Anreize, die z. B. von sozialen Normen ausgehen können (z. B. die Empfehlungen von Freunden).

Die Höhe des Nutzens ergibt sich somit aus zwei gegenläufigen Anreiztendenzen: den Konsumpräferenzen und den Konsumkosten. Die *Konsumpräferenz* beschreibt die von den Konsumkosten bzw. von Konsumrestriktionen unabhängige, im Vergleich zu anderen Alternativen *relative* Vorteilhaftigkeit eines Produkts. Von der Präferenz geht eine positive Handlungstendenz aus. Die *Konsumkosten*, die sich aus den jeweiligen *Konsumrestriktionen* (u. a. Geld, Zeit, Beschaffungsaufwand) ableiten, setzen sich nach der *Rational-Choice-Theorie* aus monetären (z. B. der Produktpreis) und nicht-monetären Anteilen (physische, psychische und soziale „Kosten") zusammen. Aus der subjektiven

---

2 Für eine tiefere Diskussion der Rational-Choice-Theorie siehe z. B. Hogarth/Reder 1987.

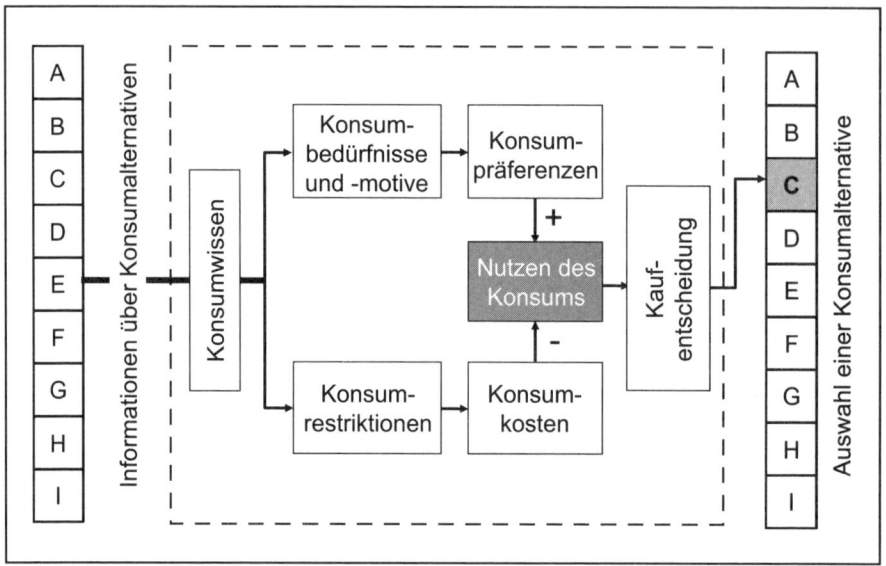

Abb. 2.1: Modell der Kaufentscheidung von Balderjahn
Quelle: in Anlehnung an Balderjahn 1993, S. 29

Präferenz und den wahrgenommenen Konsumkosten resultiert der Nutzen eines Produkts für den Konsumenten (vgl. Abb. 2.1). Insofern kann der Nutzen auch als subjektives Maß der *Konsumeffizienz* aufgefasst werden (Balderjahn 1993, S. 26).

Kenntnisse von subjektiven Präferenzen und Nutzenerwartungen von Konsumenten können im Marketing in vielfältiger Weise verwendet werden. Anwendungsmöglichkeiten liegen in der *Neuproduktplanung*, der *Produktpositionierung* und der Marktsegmentierung (*Benefitsegmentierung*; vgl. Balderjahn/Scholderer 2002). Das methodische Instrument zur Messung individueller Präferenz- bzw. Nutzenstrukturen ist die *Conjoint-Analyse*. Ziel dieses Verfahrens ist es, subjektive Präferenzen bzw. Präferenzordnungen für alternative Produkte bzw. Produktkonzepte in individuell gültige, metrische Teilnutzenwerte (*part-worths*) für entscheidungsrelevante Produktmerkmale dekompositionell zu zerlegen[3].

In Abhängigkeit davon, wie intensiv der Produktbewertungsprozess und das Treffen einer Auswahlentscheidung durch den Konsumenten erfolgen, können nach dem Vorschlag von Howard (1994, S. 17 ff.; vgl. auch Kuß/Tomczak 2004, S. 102) drei *Kaufentscheidungstypen* paradigmatisch unterschieden werden (vgl. Abb. 2.2):

---

3 Grundlagen zur Conjoint Analyse sind u.a. zu finden bei Backhaus et al. 2006, Kap. 9.

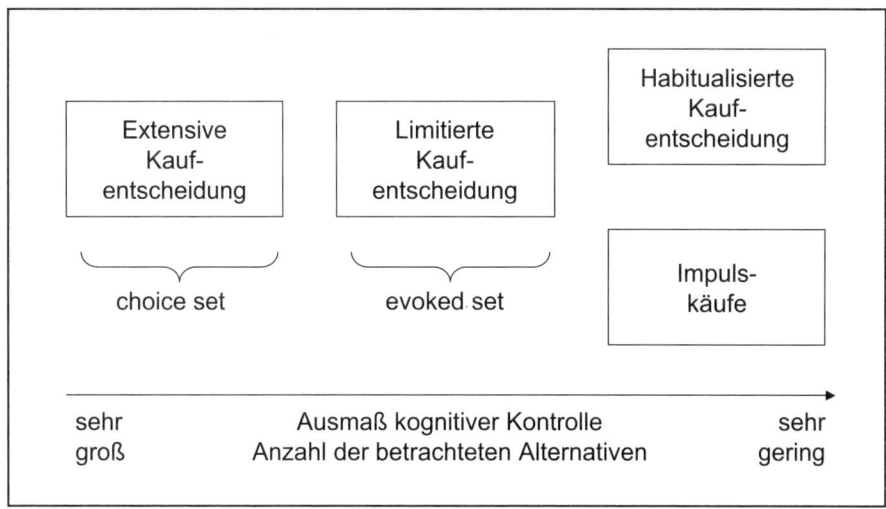

Abb. 2.2: Typologien des Entscheidungsverhaltens
Quelle: in Anlehnung an Kuß/Tomczak 2004, S.102

- extensives Entscheiden,
- vereinfachtes, limitiert extensives Entscheiden und
- gewohnheitsmäßiges, routiniertes Entscheiden.

Neue, innovative und für den Konsumenten wichtige Produkte (high-involvement Produkte[4]) hingegen werden genauer beurteilt, bevor eine Kaufentscheidung getroffen wird. Beim *extensiven Entscheiden* zielen Konsumenten darauf, das für sie jeweils beste Produkt aus den Angeboten des Marktes (*choice set*) zu finden und zu kaufen (Optimalitätsanspruch). Konsumenten setzen sich hierbei vor dem Kauf gedanklich sehr intensiv mit den Vor- und Nachteilen der angebotenen Produkte auseinander und vergleichen sie miteinander auf der Grundlage umfassender Informationen (vgl. Kroeber-Riel/Weinberg 2003, S. 382 ff.). Die mit dem Kauf bzw. dem Produkt verbundenen Risiken (z.B. Qualitätsrisiken) sollen so möglichst minimiert werden. Dieser Entscheidungsprozess entspricht einem Problemlösevorgang.

Sobald mehr Produkt- bzw. Konsumerfahrung beim Konsumenten k vorliegt, werden zur Kaufentscheidung nicht mehr alle Angebote des Marktes (*choice set C*) berücksichtigt, sondern nur noch eine relativ geringe Teilmenge von grundsätzlich akzeptierten Angeboten daraus (*evoked set* oder *consideration set* $C_k \subset C$). Solche *limitierten Entschei-*

---

4   Vgl. Kap. 1.1.

Art der Entscheidung	Dominante Prozesse		
	emotionale	kognitiv	reaktiv
extensiv	X	X	
limitiert		X	
habitualisiert			X
impulsiv	X		X

Abb. 2.3: Dominante psychische Prozesse und Entscheidungsverhalten
Quelle: in Anlehnung an Kroeber-Riel/Weinberg 2003, S. 370

dungen verlaufen schneller und die Anzahl vom Konsumenten in Betracht gezogener Produktinformationen reduziert sich ebenfalls deutlich (Moorthy et al. 1997; Payne et al. 1992; vgl. Kroeber-Riel/Weinberg 2003, S. 384 ff.).

Bei einfachen Produkten des täglichen Bedarfs (low-involvement Produkte[5]), die relativ häufig konsumiert werden und die dem Konsumenten vertraut sind, erfolgt der Einkauf in der Regel habituell (*habitualisierte Entscheidungen*). Hierbei werden Entscheidungen für den Kauf bestimmter Produkte, die in der Vergangenheit einmal getroffen wurden, im Prinzip immer wieder neu umgesetzt (*Routineentscheidungen*) und in Konsumgewohnheiten verfestigt (vgl. Kroeber-Riel/Weinberg 2003, S. 400 ff.; Oulette/Wood 1998). Durch eigene Erfahrung mit dem Produkt oder der Marke sowie durch Übernahme von entsprechenden Konsummustern der Eltern und von *Peer-Groups* bilden sich diese Konsumgewohnheiten (vgl. Kap. 2.6.1) heraus.

Nicht von der Kaufentscheidungstypologie Howards (1994) erfasst wird das so genannte *impulsive Entscheidungsverhalten*. Hier handelt es sich um ein unmittelbar in einer konkreten Kaufsituation durch intensive Reize (z. B. Sonderangebote) am *Point of Sale* (POS) ausgelöstes reaktives Kaufverhalten (vgl. Jones et al. 2003; Kroeber-Riel/ Weinberg 2003, S. 409; Verplanken/Herabadi 2001). Ebenfalls nicht von der Typologie erfasst wird das so genannte *Variety Seeking*, d.h. ein über die Zeit hinweg scheinbar inkonsistentes Entscheidungsverhalten, das durch die Suche nach Abwechslung und Neugier beim Konsumenten motiviert ist. Bei Impulskäufen und Variety Seeking han-

---

5 Vgl. Kap. 1.1.

delt sich um Phänomene, die insbesondere bei solchen Produkten auftreten, die einerseits sehr starke und spezifische sensorische Stimulation auslösen können und andererseits aber gerade dadurch auch schnell zu Gewöhnungsprozessen und einer gewissen Langeweile am Konsumerlebnis führen (vgl. Kahn 1995). Die Kaufentscheidungstypen sind unterschiedlich stark durch kognitive, affektive und reaktive Prozesse geprägt (vgl. Abb. 2.3).

2.1.2 Der Konsumnutzen

2.1.2.1 Der Nutzenbegriff

Der *Nutzen* eines Produkts kann definiert werden als Maß der in der Vorkaufssituation erwarteten bzw. nach dem Kauf tatsächlich eingetretenen Bedürfnisbefriedigung durch Verbrauch oder Inanspruchnahme des Produkts. Die *Kundenzufriedenheit*[6] ist dann ein Ergebnis der Bewertung des Grades der erfolgten Bedürfnisbefriedigung. In Abhängigkeit der Differenz zwischen dem vor dem Kauf eines Produkts vom Konsumenten erwarteten Nutzen und dem mit bzw. nach dem Kauf des Produkts tatsächlich eingetretenen Nutzen stellt sich Zufriedenheit bzw. Unzufriedenheit beim Konsumenten ein. Der Nutzenbegriff hat Eingang gefunden in ökonomischen, betriebswirtschaftlichen und marketingorientierten Theorien (vgl. Balderjahn 1995, S. 180).

- In der *Nationalökonomie* wurde das Nutzenkonzept als theoretisches Konstrukt eingeführt und in ein System von Verhaltensaxiomen eingebunden, um Aussagen über das Nachfrageverhalten von Konsumenten ableiten zu können. Im Unterschied zur objektiven Wertlehre, die versucht, den Nutzen eines Gutes durch eine objektiv mess- und intersubjektiv vergleichbare Größe wie z. B. die Produktionskosten auszudrücken, ist nach der von *Gossen* begründeten *Grenznutzentheorie* der Wert eines Gutes abhängig von der subjektiven Nutzenbewertung der Nachfrager. Nach dieser Theorie richten sich ökonomische Wahlhandlungen nach dem Nutzen der Güter, der sich aus der Dringlichkeit der mit diesen Gütern zu befriedigenden Bedürfnisse und der Knappheit der Güter ableiten lässt. Nutzenfunktionen bilden in der *mikroökonomischen Theorie* den Nutzen in Abhängigkeit von Gütermengen ab. Dabei gehen ältere Theorien von einem kardinalen und neuere Theorien von einem ordinalen Nutzenkonzept aus. Die Nutzenüberlegungen der Ökonomen richten sich in erster Linie auf die Indifferenzkurvenanalyse. Die ökonomische Theorie setzt das *Rationalprinzip* als Verhaltensmaxime voraus, das von einer vorgegebenen Bedürfnisstruktur sowie der *Nutzenmaximierung* als Zielsetzung ausgeht.

---

6 Vgl. Kap. 3.3.1.

- Nutzentheoretische Modelle sind sowohl in der präskriptiven als auch in der deskriptiven *betriebswirtschaftlichen Entscheidungstheorie* zu finden. Im Grundmodell der *präskriptiven Entscheidungstheorie* wird durch die Nutzenfunktion jedem Ergebnis ein Nutzenwert zugeordnet. Entscheidungsergebnisse stellen sich als Konsequenzen von Aktionen und Umweltzuständen ein. Auf der Basis dieser Nutzenwerte werden dann, wie z. B. beim Bernoulli-Prinzip oder bei der Nutzwertanalyse, Entscheidungen über zu ergreifende Handlungsalternativen abgeleitet (Schneeweiß 1991). Nach dem präskriptiven Entscheidungsmodell (Entscheidungssituation bei mehrfacher Zielsetzung) der *Multi-Attribute-Utility-Theory* (MAUT-Modell) ergibt sich der Gesamtnutzen U_j einer Handlungsalternative *j* als Summe der mit g_i zielgewichteten Teilnutzenwerte u_{ij} einzelner Handlungsmerkmale *i* (Schneeweiß 1991, S. 125 ff.):

$$U_j = \sum_{i=1}^{I} u_{ij} g_i$$

Die *deskriptive Entscheidungstheorie* fasst das Entscheidungsverhalten im weitesten Sinne als Prozess der Informationsverarbeitung auf. Das bekannteste nutzentheoretische Modell dieser Forschungsrichtung ist das *Subjectively-Expected-Utility-Model* (SEU-Modell). Danach ergibt sich der Nutzen U_{jk} einer Alternative *j* für Konsument *k* aus der Summe der Teilnutzenbeiträge u_{ijk} ihrer möglichen Handlungskonsequenzen *i*, gewichtet mit den jeweiligen subjektiven Eintrittswahrscheinlichkeiten w_{ik}:

$$U_{jk} = \sum_{i=1}^{I} u_{ijk} w_{ik}$$

Der Konsument wählt hiernach die Alternative mit dem höchsten Nutzenwert (*Prinzip der Nutzenmaximierung*; vgl. Jungermann et al. 2005, S. 205 f.). Es wird unterstellt, dass Konsumenten zielorientiert, rational und egoistisch bei unsicherer Informationslage auf der Basis von Kosten-Nutzen-Erwartungen (*Anreizbedingungen*) Alternativen auswählen (vgl. Abb. 2.1).

- Eine der ersten Auseinandersetzungen des Marketing mit dem Nutzenbegriff fand in der absatzwirtschaftlichen Nutzenlehre *Wilhelm Vershofens* statt. Diese auch als Nutzenleiter bezeichnete Lehre sieht eine hierarchische Aufgliederung verschiedener kaufrelevanter Nutzenarten vor (Berekoven 1979, S. 7). Auf der ersten Hierarchieebene seines Systems unterscheidet *Vershofen* zwischen dem stofflich-technischen *Grundnutzen* und dem geistig-seelischen *Zusatznutzen* von Gütern. Aus der Nutzenlehre leitet sich die so genannte Nürnberger-Regel ab, nach der beim Kaufentscheid die jeweils speziellste Nutzenart den Ausschlag gibt. Nach Meinung

Wiswedes (1973, S. 50) hat die Nutzenlehre *Vershofens* wegen der fehlenden empirischen Validierung nur eine deskriptive Bedeutung. Der Begriff „Zusatznutzen" ist allerdings bis heute in Theorie und Praxis recht geläufig.

2.1.2.2 Methoden der Nutzenmessung

Messmodell, Erhebungsdesign und Schätzverfahren verbinden sich zu spezifischen Methoden der Nutzenmessung. Die Gruppe der *kompositionellen Verfahren* der Nutzenmessung folgt einem „bottom-up"-Ansatz: Spezifische Nutzenerwartungen (*benefits*) bezüglich einzelner Produkteigenschaften werden zu Gesamturteilen zusammengefasst. Die Gruppe der *dekompositionellen Verfahren* folgt dagegen einem „top-down"-Ansatz: Globalurteile über den Nutzen eines Produkts werden in spezifische Nutzenwerte bezüglich einzelner Produktattribute zerlegt. Die Gruppe der *hybriden Verfahren* kombiniert beide Ansätze unter dem Ziel größtmöglicher Erhebungsökonomie.

Kompositionelle Verfahren der Nutzenmessung

Kompositionelle Verfahren beziehen ihre nutzentheoretischen Grundlagen aus der *behavioralen Entscheidungstheorie* (Huber 1974) sowie dem *multiattributiven Einstellungsmodell* von Fishbein (1963) und seinen Erweiterungen. Die individuellen Nutzenfunktionen werden attributweise durch direkte Angabe von *Teilnutzenwerten* (Nutzenerwartungen je Attribut) erhoben und erst dann zu einem gewichteten Gesamturteil zusammengefasst. Nach Green et al. (1993) können Teilnutzenwerte im kompensatorischen Messansatz valide erhoben werden. Die Attributgewichte werden in der Regel durch eine Konstante-Summen-Skala gemessen. Allerdings kann die Anwendung der Konstante-Summen-Skala zu einer Nivellierung der Attributgewichte führen (Jaccard et al. 1986). Srinivasan (1988) schlägt deshalb eine Modifikation vor, in der das wichtigste Attribut als Anker gesetzt wird, zu dem dann für die anderen Attribute nur noch relative Bedeutsamkeiten angegeben werden müssen.

Dekompositionelle Verfahren der Nutzenmessung

Die nutzentheoretischen Grundlagen dekompositioneller Verfahren stammen aus der *axiomatischen Messtheorie* (Luce/Tukey 1964), der *Urteilstheorie* (Anderson 1970), der *Zufallsnutzentheorie* (MacFadden 1974) und dem *mikroökonomischen Nachfragemodell* von Lancaster (1966). Nach diesen Verfahren werden Präferenzen für ganze Eigenschaftsbündel (Produkte) erfragt, die im Anschluss daran durch eine individuelle oder segmentweise Nutzenfunktion vorhergesagt werden. Seit Green und Srinivasan (1978, S. 104) werden unter dem Begriff *Conjoint-Measurement* alle dekompositionellen Verfahren zusammengefasst, die individuelle Nutzenfunktionen bzw. metrische Teilnutzenwerte aus Trade-off-Daten, Rankings (u.a. mittels MONANOVA) oder Ratings[7] (mittels OLS[8]) ermitteln (vgl. Backhaus et al. 2006, Kap. 9.). Die resultierenden individuell gültigen Teilnutzenwerte müssen normiert werden, um interindividuell vergleichbar zu sein[9]. Der Einsatz von Ratings mit anschließender OLS-Schätzung führt zur besten Vorhersage individueller Präferenzen (Darmon und Rouziès 1994; Teichert 1998).

Die diskrete Entscheidungsanalyse (discrete choice analysis) basiert auf der Zufallsnutzentheorie (MacFadden 1974, S. 105 f.; vgl. auch Balderjahn 1993, S. 117 ff.). Aus individuellen Wahlurteilen werden hiernach populations- bzw. segmentbezogene Nutzenfunktionen geschätzt. Das zugrunde liegende Zufallsnutzenmodell besteht aus einer deterministischen Komponente, die die Nutzenparameter einzelner Attribute bzw. Attributausprägungen sowie interindividuelle Unterschiede der Konsumenten erfasst, und einer stochastischen Komponente, die unterschiedlich spezifiziert werden kann (Ben-Akiva/Lerman 1985, S. 42 f.). Eine Analyse von Nutzenerwartungen auf Individualebene, wie es die Conjoint Analyse vornimmt, ist hier nicht möglich, wohl aber eine gleichzeitige Schätzung von Segmentierungslösungen und segmentweise gültigen Nutzenfunktionen im Rahmen von Mischverteilungsmodellen (DeSarbo et al. 1992; 1995; Kamakura et al. 1994).

Hybride Verfahren

Die *Hybride Conjoint Analyse* (Green 1984) wurde für umfangreiche Designs mit vielen Produktattributen und Attributausprägungen entwickelt. Nach der durch direkte Befragung erhobenen Attributgewichte und Teilnutzenwerte werden die Befragten auf homogene Blocks eines „Master-Designs" verteilt (Green 1984, S. 156; Weiber/Rosendahl 1997, S. 110), innerhalb derer jeweils ein eigener conjoint-analytischer Versuchsplan zur genauen Schätzung der Teilnutzenwerte eingesetzt wird. Eine Abwandlung dieses Verfahrens ist die *Adaptive Conjoint Analyse* (ACA, Johnson 1987). Zusätzlich zur direkten Abfrage einzelner Teilnutzenwerte werden hier vom Probanden nicht-akzeptierbare Eigenschaftsausprägungen aus dem Versuchsplan eliminiert. Attributgewichte werden anhand des „Ankerverfahrens" von Srinivasan (1988) ermittelt. Zur Verbesserung der Schätzung werden dann Paarvergleiche nach dem Trade-off-Ansatz durchge-

---

7 Trade-Offs erfassen Präferenzen hinsichtlich bestimmter Austauschkombinationen zwischen Merkmalsausprägungen verschiedener Merkmale eines Produkts. Rankings ordnen die Produkte nach ihrer Präferenz für den einzelnen Konsumenten und Ratings sind metrische Präferenzmessungen.
8 Ordinary Least Squares (Schätzverfahren nach dem Prinzip der kleinsten Quadrate).
9 Zu den Problemen dieses Vorgehens siehe Wittink/Krishnamurti 1981.

führt, die anhand der bisherigen Antworten weiter kalibriert[10] werden. Auf diese Art können bis zu 30 verschiedene Produktattribute in einem einzigen Design getestet werden (Brice 1997, S. 262).

2.2 Konsumwissen und Konsumerfahrung

2.2.1 Wissen und Wissensorganisation

2.2.1.1 Das Dreispeichermodell

Wissen, so kann man im Brockhaus nachlesen, ist der Inbegriff von Kenntnissen, spezifischen Gewissheiten und Erkenntnissen (*Episteme*) und steht im Gegensatz zu Vermutungen, Glaube und Meinungen. Kleinste Wissens- bzw. Informationseinheiten werden als *Kognitionen* bezeichnet. Wissen wird durch Lernen, d.h. durch spezielle Lernprozesse erworben. Der *Informationsverarbeitungsansatz* (IVA) der Konsumentenverhaltensforschung zielt darauf, die Verhaltenswirkung von Wissen bzw. zugrunde liegenden kognitiven Prozessen zu erklären (vgl. Kap. 1.2). *Kognitive Prozesse* sind Vorgänge, die das Verhalten der Menschen gedanklich kontrollieren und willentlich steuern. Einzelne Erklärungs- bzw. Untersuchungsbereiche des IVA sind:

* Aufnahme von Informationen (Wahrnehmungs- und Aufmerksamkeitsprozesse),
* Lernen und Gedächtnis (Erwerb von Wissen, Sozialisation),
* Produktbeurteilung (Interpretation, Verstehen, Verknüpfung von Informationen) und
* Entscheiden (Verwendung kognitiver Entscheidungsheuristiken).

Vorgänge des Wissenserwerbs können am heuristischen, so genannten *Dreispeichermodell* erfasst und beschrieben werden (Schacter/Tulving 1994). Dieses Modell unterstellt drei miteinander interagierende Teilspeicher des Gedächtnisses (vgl. Abb. 2.4):

Sensorischer oder ikonischer Speicher
Über die Sinnesorgane des Menschen wahrgenommene Reize (akustische, visuelle, olfaktorische, haptische, gustatorische Informationen) werden nur für eine sehr kurze Zeit (0.1 – 1 Sekunde) als exakte Kopie im sensorischen Speicher gehalten und stehen für die Weiterverarbeitung zur Verfügung. Den verschiedenen Sinnesmodaliäten sind

---

10 Unter Kalibrierung versteht man in diesem Zusammenhang die spezifische Auswahl von Merkmalskombinationen in Abhängigkeit vorangehender Trade-Off-Angaben der Probanden.

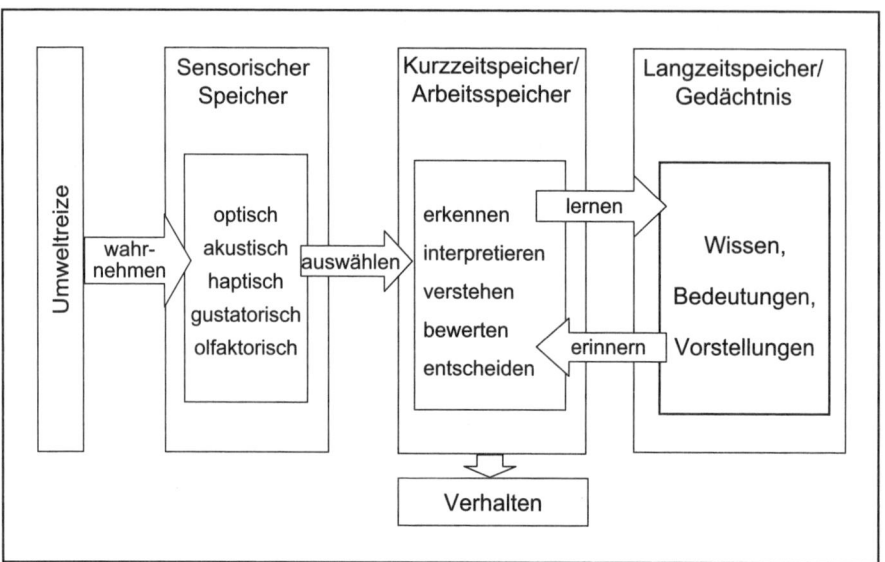

Abb. 2.4: Das Dreispeichermodell kognitiver Prozesse
Quelle: in Anlehnung an Kuß/Tomczak: Konsumentenverhalten, 2004, S. 23

verschiedene sensorische Register zugeordnet, die nur teilweise miteinander interagieren. Die Selektion wahrgenommener Reize erfolgt weitgehend automatisch und sehr schnell durch die Kontrollmechanismen des Arbeitsgedächtnisses (in Abhängigkeit ihres Aktivierungspotenzials). Ein Großteil der Sinneseindrücke geht wieder verloren.

Kurzzeitspeicher (Arbeitsgedächtnis)

Das Arbeitsgedächtnis selegiert und verknüpft die wahrgenommen Sinneseindrücke mit den gespeicherten Informationen im Langzeitspeicher (Gedächtnis). Aus dem sensorischen Speicher ausgewählte Reize müssen im Arbeitsgedächtnis entschlüsselt bzw. interpretiert werden, damit daraus für den Menschen verständliche und gedanklich verwertbare Information entstehen (Interpretationsprozess; vgl. Abb. 1.9). Das Arbeitsgedächtnis besteht aus drei Subsystemen, einem visuell-räumlichen, einem phonologischen und einem episodischen System, die von einer zentralen Ausführungsinstanz gesteuert werden (Baddeley 1997; Miyake/Shah 1999). Vorgänge der Aufmerksamkeit und des Verstehens (Mustererkennung und Kategorisierung der selegierten Information) greifen auf das Langzeitgedächtnis zurück. Mit Hilfe von im Gedächtnis abgelegtem Wissen, Vorstellungen und erlernten Bedeutungen (z. B. in Form von Schemata[11])

---

11 Ein Schema ist eine individuell stark verfestigte, standardisierte Vorstellung von einem Gegenstand (siehe unten).

können die wahrgenommenen Reize interpretiert werden. Die Speicherkapazität des Arbeitsgedächtnisses ist sehr gering. Nur 5 bis 10 Kognitionen (Wissenseinheiten) können hier gleichzeitig bewusst gehalten werden. Auch die Speicherdauer beträgt nur wenige Sekunden.

Langzeitspeicher

Die langfristige Speicherung von Informationen im Gedächtnis des Menschen ist an den Aufbau von dauerhaften Assoziationen gebunden. Die Speicherkapazität des menschlichen Langzeitgedächtnisses ist sehr hoch. Darüber hinaus bleiben die gespeicherten Informationen als Erinnerungen für den Menschen lange erhalten. Die kognitiven Vorgänge der Informationsspeicherung und des Informationsabrufs stehen in einer engen Wechselwirkung mit den aktivierenden Prozessen. Dabei lenken aktivierende Prozesse die Informationsaufnahme und fördern bzw. hemmen die Gedächtnisleistung. Es werden zwei Arten von Wissens- bzw. Informationskategorien unterschieden (Rolls 2000; Schacter/Tulving 1994; vgl. Abb. 2.5):

- *Das deklarative Wissen* erfasst Informationen über Objekte (z. B. Produkte, Unternehmen, Personen) sowie ihre Bedeutung und ihre Beziehungen untereinander. Das so gespeicherte Wissen steht dem Konsumenten für die Lösung seiner Konsumprobleme zur Verfügung.
- *Das prozedurale Wissen* bezieht sich auf die Ausführung von Handlungen (z. B. ein Produkt aus dem Regal zu nehmen, zur Kasse zu gehen und es zu bezahlen). Hierdurch wird festgelegt, wie der Konsument mit den Objekten in seiner Umwelt und dem ihm zur Verfügung stehenden Wissen umgehen kann.

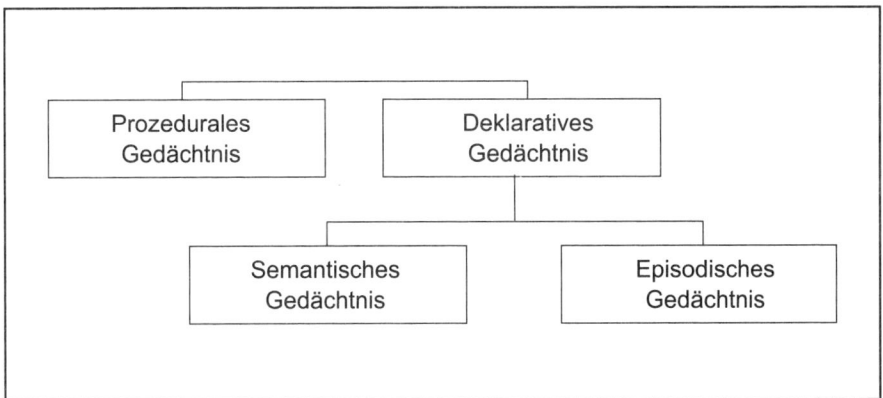

Abb. 2.5: Arten von Informations- bzw. Wissenskategorien
Quelle: Trommsdorff 2004, S. 90

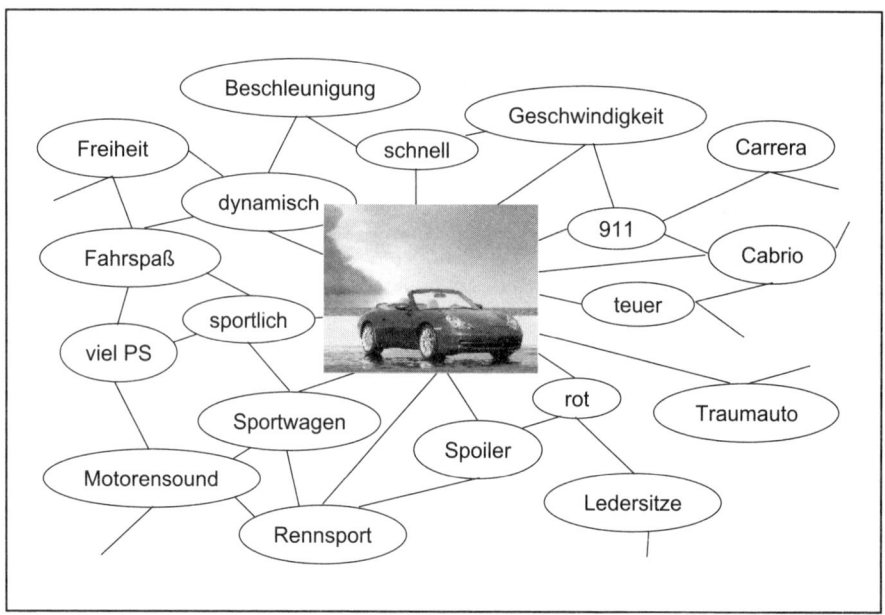

Abb. 2.6: Assoziatives Netz am Beispiel der Marke „Porsche"
Quelle: Esch / Bräutigam 2001, S. 31

Das *deklarative Gedächtnis* lässt sich noch weiter in ein *semantisches* (unpersönliche Fakten und Bedeutungen, z. B. Wissen über bestimmte Marken) und ein *episodisches Gedächtnis* (persönliche Erfahrungen, z. B. ein bestimmtes erinnertes Konsumerlebnis) unterteilen. Die Inhalte des deklarativen Gedächtnisses können sprachlich gefasst werden. Das semantische Gedächtnis ist eher begrifflich und das episodische Gedächtnis eher bildlich organisiert (vgl. Rajaram 1993).

2.2.1.2 Das Modell assoziativer Netzwerke

Das im menschlichen Langzeitgedächtnis abgelegte Wissen kann als Modell durch eine kognitive Struktur in Form eines *assoziativen Netzes* dargestellt werden (Anderson/Lebiere 1998). Dabei werden die kleinsten im Gedächtnis abgelegten Bedeutungseinheiten, die Assoziationen (die in konkreten Konsumsituationen dem Menschen bewusst werden können wie z. B. „Produkt A ist teuer", „Produkt B ist groß" und „Produkt C ist hässlich"), oft als *Propositionen* bezeichnet. Zwischen diesen und den darauf aufbauenden, komplexeren und sinnvoll „gebündelten" Informationseinheiten[12] (wie z. B. dem

---

12 Werden auch als information chunks bezeichnet.

Markenwissen; vgl. Keller 1993) bestehen vielfältige Wechselbeziehungen, und zwar wiederum in Form von Assoziationen. In formalen Modellen werden assoziative Netze oft graphentheoretisch durch *Knoten*, die die Objekte des deklaratorischen Wissens enthalten (Konzepte und Kategorien), und *Kanten*, die die Assoziationen zwischen den Objekten repräsentieren, dargestellt. Die Kanten geben nicht nur Auskunft über die in Relation stehenden Konzepte und Kategorien, sondern auch über die Stärke dieser Assoziationen (vgl. Abb. 2.6).

Eine kognitive Struktur bezüglich eines Produktes kann als eine einfache Kette von Assoziationen, die die konkreten Produktmerkmale an das Produkt anbindet, dargestellt werden (vgl. Abb. 2.7). Mit dem Produkt oder der Marke (erste Ebene des Netzwerkes) werden verschiedene Eigenschaften wie z. B. der Preis und einzelne Funktionen (zweite Ebene des Netzwerkes) verbunden. Die Knoten können danach unterschieden werden, ob es sich um Token-Knoten oder Type-Knoten handelt. Wird eine kognitive Kategorie durch andere kognitive Kategorien im Rahmen einer spezifischen Assoziationsstruktur definiert, dann bezeichnet man diese kognitive Kategorie aus *Type-Knoten* (Knoten wird definiert). Dient eine kognitive Kategorie zur Definition anderer kognitiver Kategorien, dann handelt es sich um einen *Token-Knoten* (vgl. Abb. 2.8; Grunert 1988). Durch externe oder interne Reize können Knoten aktiviert werden. Je höher die Aktivierung, desto wahrscheinlicher ist es, dass Kognitionen dem Konsumenten be-

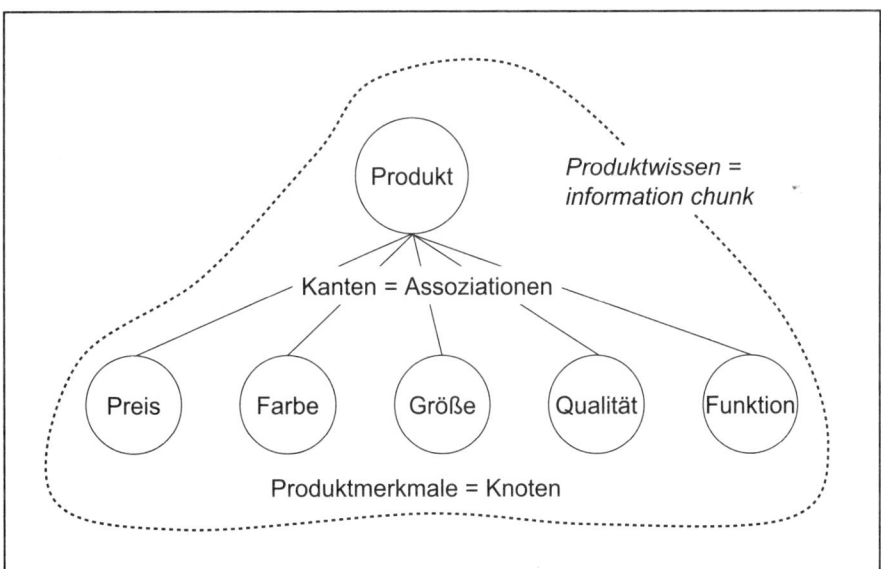

Abb. 2.7: Propositionales Zwei-Ebenen-Modell kognitiver Strukturen
Quelle: in Anlehnung an Grunert 1988, S. 11

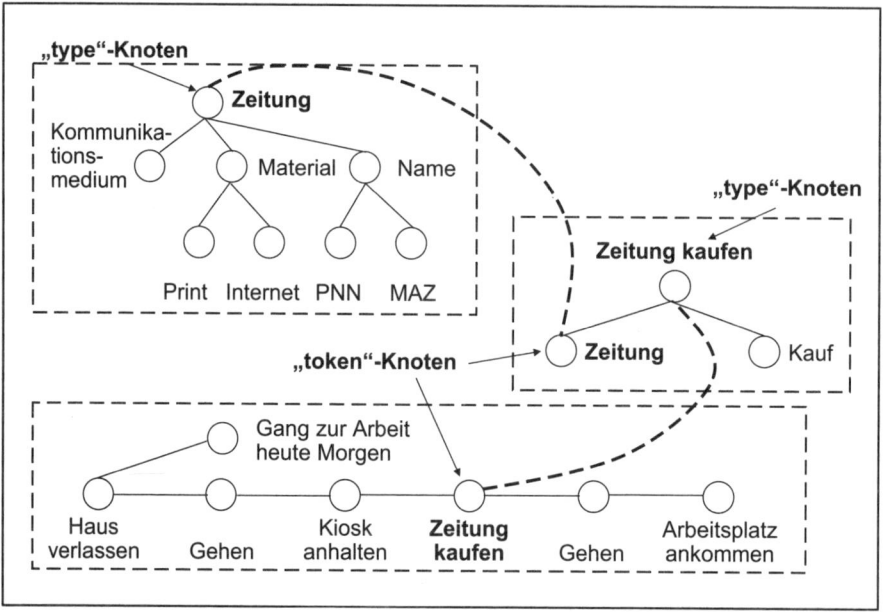

Abb. 2.8: Drei Ebenen im positionalen Netzwerk
Quelle: in Anlehnung an Grunert 1988

wusst werden. Vom aktivierten Knoten aus breitet sich die Erregung in Abhängigkeit der assoziativen Struktur mit abnehmender Stärke im Netzwerk aus (Modell der sich ausbreitenden Aktivierung; Collins/Loftus 1975).

Für die Konsumforschung sind das Wissen und die Erfahrung in Bezug auf Produkte und Dienstleistungen von besonderem Interesse. Fragestellungen beziehen sich hier auf den Aufbau kognitiver Strukturen und deren Beeinflussbarkeit durch Instrumente des Marketing. Darüber hinaus kann es sinnvoll sein, assoziativen Netzen eine auf die Bedürfnisse des Marketing ausgerichtete Struktur zu geben. Diesen Versuch hat Grunert (1994) mit seinem Modell unternommen, das drei spezifische, marketingrelevante kognitive Kategorien mit den jeweiligen Assoziationen zwischen diesen unterscheidet (vgl. Abb. 2.9). Es werden die kognitiven Kategorien Produktanwendungen, Produktmerkmale und Produktalternativen unterschieden. Zwischen diesen kognitiven Kategorien lassen sich als Assoziationen *Produktanforderungen, Produktwissen und Produkterfahrungen* unterscheiden. Durch kommerzielle Kommunikation können diese kognitiven Strukturen von Konsumenten gezielt beeinflusst werden.

Die *Messung kognitiver Strukturen* erfolgt in zwei Schritten: die Identifizierung kognitiver Kategorien und das Messen von Assoziationen zwischen diesen Kategorien. Das

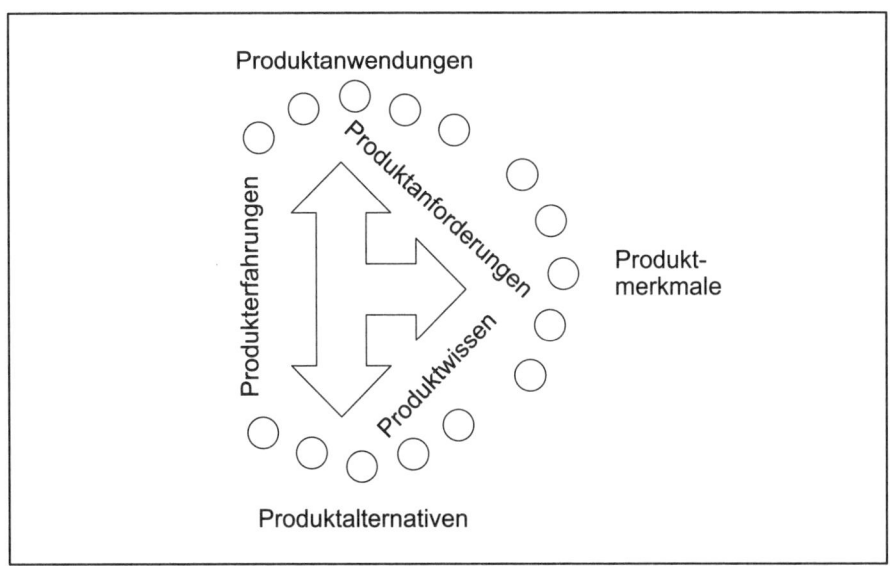

Abb. 2.9: Das Modell kognitiver Strukturen von Grunert
Quelle: in Anlehnung an Grunert 1994, S. 222

im Gedächtnis abgelegte Wissen muss durch die Messmethode aktiviert und vom Probanden geäußert werden können (Kroeber-Riel/Weinberg 2003, S. 235). Als Methoden kommen Protokolle lauten Denkens und Befragungen zum Einsatz. Bei der Wissensmessung stellen sich immer das Bewusstseins- und das Modalitätsproblem ein. Einerseits können nicht alle Wissenselemente bewusst gemacht werden und andererseits liegen die gespeicherten Informationen in unterschiedlichen Codes (sprachlich und bildlich) vor. Im Rahmen offener Interviews werden die Antworten der Befragten auf Band aufgenommen und transkribiert. Mit Hilfe einer *computergestützten Inhaltsanalyse* können dann iterativ Kategorien gebildet werden, die jeweils durch Schlüsselwörter zu definieren sind (vgl. Grunert 1991, S. 15 ff.). Aus der Art und Anzahl der genannten Kategorien können Schlüsse gezogen werden, wie die Häufigkeit des gemeinsamen Auftretens zwischen kognitiven Kategorien und der Distanz zwischen diesen Kategorien (Assoziationsstärke). Die Abfolge bzw. Nähe oder Entfernung bestimmter Kategorien im transkribierten Text kann in Form eines *Proximitätsmaßes* dargestellt und mit einer Proximitätsmatrix zusammengefasst werden. Jeder Zellenwert dieser Matrix ist ein Schätzwert für die Assoziationsstärke zwischen den jeweiligen Kategorien.

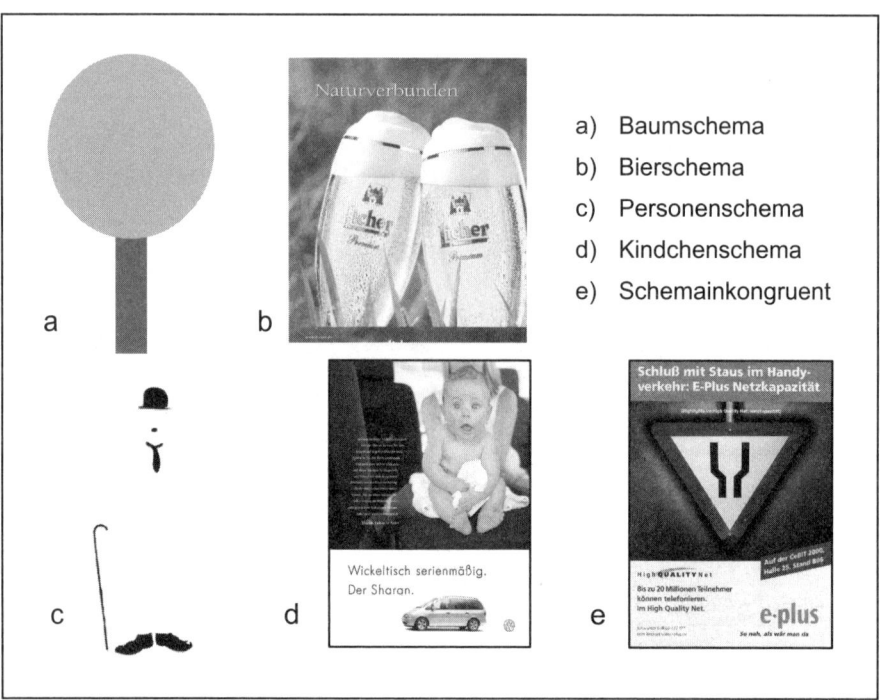

Abb. 2.10: Spezielle Schemata

2.2.1.3 Schemata und Skripten

Habitualisierungsprozesse tragen zu bestimmten Formen gut abgrenzbarer kognitiver Sub-Strukturen bei, die als Schemata und Skripte bezeichnet werden (Schank/Abelson 1977). *Schemata* sind individuell stark verfestigte, standardisierte Vorstellungen über Objekte (z.B. Markenprodukte), Personen (z.B. Verkäufer) oder Ereignisse (z.B. Sommerschlussverkauf), die im Gedächtnis sprachlich (semantisch) oder bildlich (episodisch) repräsentiert sind (z.B. Bierschema; Kroeber-Riel/Weinberg 2003, S.233; vgl.Abb. 2.10). Schemata sind Wissensmuster bzw. Wissensstrukturen, die *kognitive Prozesse* (Wahrnehmung, Entschlüsselung und Interpretation, Bewertung, Speicherung) organisieren, steuern und die Effizienz von Informationsverarbeitungsprozessen stark erhöhen (Alba/Hutchinson 1987). Insbesondere Wahrnehmung und Interpretation werden durch Schemata stark vereinfacht und beschleunigt, da Wahrnehmungsinhalte mit den im Gedächtnis vorhandenen Schemata verglichen werden. Je besser ein Wahrnehmungsinhalt (ein Produkt oder eine Person) dem vorhandenen Schema entspricht, also schemakongruent ist, desto schneller wird es erkannt und identifiziert. Insofern wer-

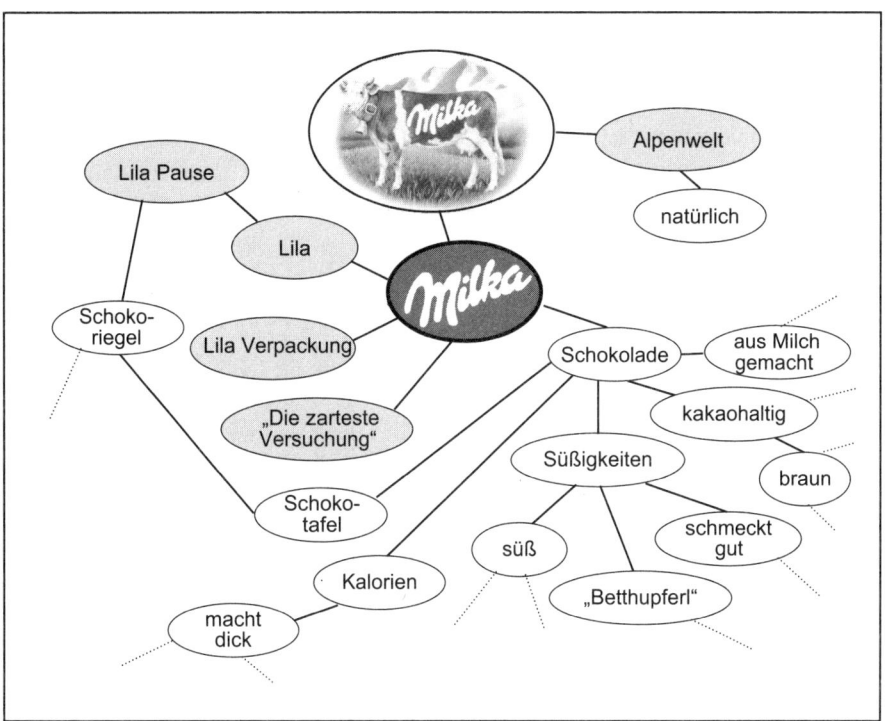

Abb. 2.11: Markenschema am Beispiel Milka Schokolade
Quelle: Esch 2005, S. 66

den Wahrnehmungsinhalte (z. B. Werbeanzeigen) durch Schemata in stark vorbestimm-
ter, effizienter Weise entschlüsselt und interpretiert. Schemata werden in der Regel im
Sozialisationsprozess[13] erworben. *Schlüsselreize*, die reflexartig und unbewusst aufgrund einer angeborenen Disposition Reaktionen hervorrufen, könnten als angeborene
Schemata bezeichnet werden (z. B. das Kindchenschema; vgl. Abb. 2.10). Schemata werden häufig in der *Werbung* gezielt angesprochen, da für den Werbeerfolg ein schnelles
Erkennen und Verstehen der Botschaft der Werbung durch den Umworbenen außerordentlich wichtig ist. Verstoßen Wahrnehmungsinhalte gegen vorhandene Schemata
(schemainkongruente Reize), so entsteht Verwirrung beim Betrachter. Das kann eine
bezweckte, intensivere gedankliche Auseinandersetzung mit dem Wahrgenommenen
zur Folge haben (vgl. Abb. 2.10e).

Schemata, die sich auf Ereignisse (Handlungsfolgen) beziehen, werden als *Skripte*
bezeichnet (z. B. Restaurant-Skript; Schank 1982; siehe auch Kroeber-Riel/Weinberg

---

13 Zum Sozialisationsprozess siehe Kap. 2.6.1.

2003, S. 234). Skripte werden erlernt und dienen dem Menschen der Vereinfachung und Komplexitätsreduktion der Informationsverarbeitung. Sie enthalten Instruktionen zur Durchführung von Handlungen bzw. Aufgaben. Diese Vorgaben („Drehbuch") sind offen, d.h., sie interagieren mit der jeweiligen Situation und passen sich der Situation an (Behrens 1991, S. 243 ff.). Skripte identifizieren Situationen, lösen Handlungen aus und rufen sie in der richtigen Reihenfolge ab (vgl. Abb. 2.8).

Eine Anwendung des Modells kognitiver Strukturen finden wir im *Markenschema* (Abb. 2.11). Stereotype Vorstellungen und Kenntnisse des Konsumenten über bestimmte Marken werden als Schemata repräsentiert. Da Schemata die Informationsverarbeitung für den Menschen erheblich vereinfachen, kann das Marketing an einem starken Markenschema interessiert sein (Park et al. 1986; vgl. Esch 2005, S. 66). Weiterhin sind mit dem Markenschema die Markenbekanntheit und das Markenimage eng verbunden (Keller 1993; Esch 2005, S. 67 f.). Die Markenbekanntheit ergibt sich im Wesentlichen aus dem im Schema gespeicherten Markenzeichen bzw. Markenlogo, das als Präsenzsignal in Auswahlsituationen dient. Das Markenimage wird insbesondere durch die Art, Anzahl, Stärke und Valenz der mit der Marke verbundenen Assoziationen geprägt (Keller 1993; vgl. Esch 2005, S. 71 ff.).[14]

2.2.2 Informationsaufnahme

2.2.2.1 Arten der Informationsaufnahme
Der Konsument kann für seine Entscheidungen *externe* Informationen, also Informationen aus der Umwelt heraus (z. B. Informationen am Point of Sale), und *interne* Informationen, also im Gedächtnis abgelegte Informationen, nutzen. Die Informationsaufnahme bzw. -suche kann einerseits *aktiv* vom Konsumenten gestaltet werden, wenn z. B. Informationen gezielt gesucht werden, um das Kaufrisiko zu reduzieren, andererseits verläuft die Informationsaufnahme häufig eher *passiv*, beiläufig, gewohnheitsmäßig und absichtslos (Beatty/Smith 1987; Moorthy et al. 1997; vgl. Kroeber-Riel/Weinberg 2003, S. 245 f.). Aktives Informationssuchen findet eher in *High-Involvement-* und passives Informationsverhalten eher in *Low-Involvement-Kontexten* statt (vgl. Kap. 1.1).

2.2.2.2 Messung der Informationsaufnahme
Zur Messung der Informationsaufnahme können verschiedene *Methoden und Techniken* eingesetzt werden:

---

14 Zur Markenpolitik siehe auch Kap. 4.1.3.

Produkt-eigenschaften	Produktalternativen							
	A1	A2	...	...	Aj	...	...	An
E1	e11	e12	...	...	e1j	...	...	e1n
E2	e21	e22	...	...	e2j	...	...	e2n
...	e.1	...	...	...	e.j	...	...	e.n
Ei	ei1	ei2	...	...	eij	...	...	ein
...	e.1	...	...	...	e.j	...	...	e.n
Em	em1	em2	...	...	emj	...	...	emn

Abb. 2.12: Die Informations-Display-Matrix
Quelle: in Anlehnung an Kroeber-Riel/Weinberg 2003, S. 282

- Die *Information-Display-Matrix* (IDM) misst, welche Informationen ein Konsument in einer – künstlich dargestellten – Kaufsituation abruft, um eine Entscheidung treffen zu können. Die zur Verfügung gestellten Informationen werden als Matrix angeordnet: In der Kopfzeile der Matrix stehen die Kaufalternativen und in der Kopfspalte die Merkmale der Kaufalternativen. In jeder Zelle der Matrix steht deshalb eine ganz spezifische Information über ein Merkmal (z. B. Kaufpreis) einer bestimmten Kaufalternative (vgl. Abb. 2.12). Im Experiment bekommen die Versuchspersonen die Anweisung, diejenigen Informationen aus der Matrix auszuwählen, die sie für eine Kaufentscheidung benötigen (Bettman et al. 1998; Johnson et al. 1993; Payne et al. 1992; vgl. auch Foscht/Swoboda 2005, S. 97 f.; Kroeber-Riel/Weinberg 2003, S. 282 ff.).

Der Einsatz der IDM liefert Informationen darüber, wie viele (die Menge) und welche Informationen (die Art) in einer bestimmten Kaufsituation von den Probanden herangezogen werden. Weiterhin gibt diese Messmethode Auskunft über die Informationsaufnahmestrategien der Probanden. Es wird prototypisch alternativenweises und attributweises Vorgehen bei der Informationsaufnahme unterschieden. Bei der *alternativenweisen Strategie* informieren sich die Probanden nacheinander über die einzelnen Kaufalternativen, bilden sich Urteile über diese und vergleichen die Produkte auf Basis dieser Globalurteile (vgl. Abb. 2.13a).

Wird die *attributweise Strategie* verfolgt, so vergleicht der Proband alle Kaufalternativen bezüglich der – wichtigsten – Merkmale (vgl. Abb. 2.13b). Da bei dieser Art

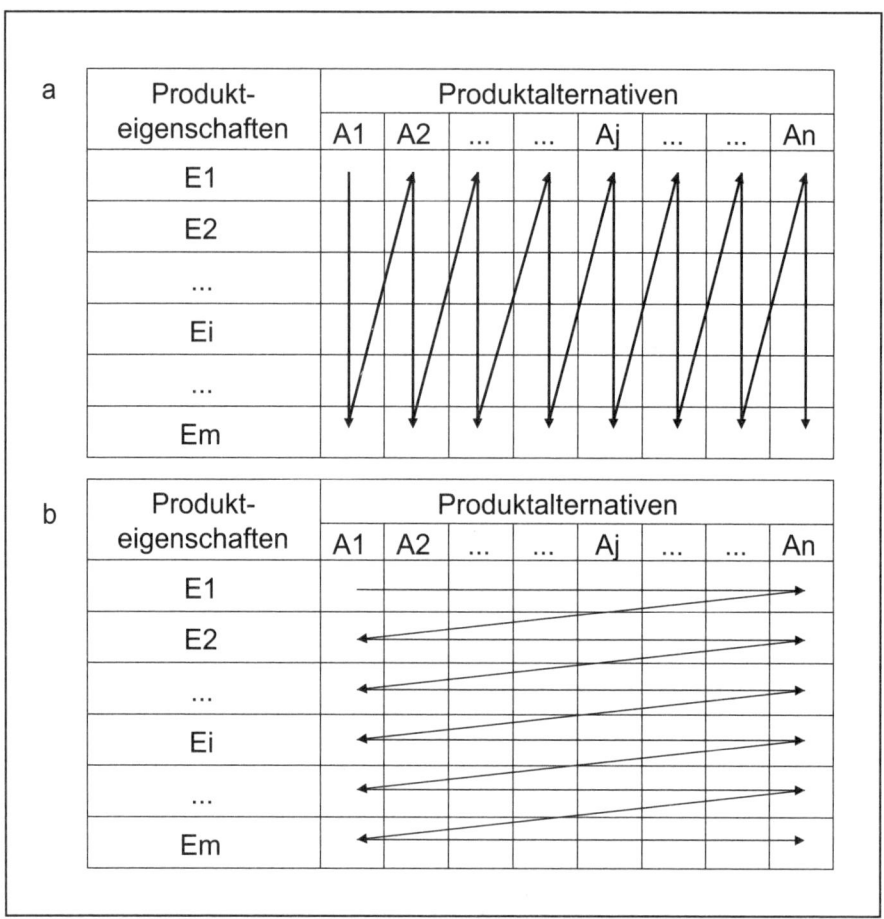

Abb. 2.13: Alternativen- (a) und attributweise (b) Strategien der Informationsaufnahme

der Informationsaufnahme nur die relativen Stärken bzw. Schwächen der Produkte hinsichtlich ausgewählter Merkmale berücksichtigt werden, wird kein Globalurteil über die einzelnen Konsumalternativen gebildet. Der *Paarvergleich* stellt einen Spezialfall dar. Hier werden zwei Alternativen anhand ihrer Merkmale verglichen. Die Alternative, die am besten abschneidet, wird ausgewählt. In der Realität vermischen sich diese Strategien sehr oft, so dass, wenn überhaupt, nur jeweils von einer dominanten Strategie gesprochen werden kann. Die Validität dieses Messinstruments wird sehr kritisch beurteilt, da die Informationsdarbietung und die Kaufsituation sehr unrealistisch und künstlich sind (Hastie 2001; vgl. Kroeber-Riel/ Weinberg 2003, S. 283).

- Bei der sehr zeitaufwendigen Methode des *Protokolls lauten Denkens* werden Probanden gebeten, während einer aktuellen Kaufsituation alles sofort zu äußern, was ihnen dabei in den Sinn kommt. Mit dieser Methode ist es möglich, die für den Konsumenten in einer Kaufsituation besonders zentralen Informationen zu identifizieren. Allerdings wird auch hier, wie bei der IDM, das Entscheidungsverhalten sehr stark rationalisiert, was die Validität dieser Methode als eher gering erscheinen lässt (Russo et al. 1989; vgl. Foscht/Swoboda 2005, S. 98).

- *Tachistoskopische Methoden* versuchen, durch eine Serie recht kurzzeitiger Expositionszeiten (beginnend bei ca. 10ms) des Informationsmaterials (z. B. eine Werbeanzeige) den Prozess der Informationsentstehung (*Aktualgenese*) nachzuzeichnen.

Abb. 2.14: Beispiel für einen günstigen Blickverlauf
Quelle: Schweiger/Schrattenecker 2005, S. 325

Dadurch erhält man Informationen, welche Informationselemente zuerst wahrgenommen werden und wie sich die Einzeleindrücke zu einem Gesamtbild formieren. Darüber hinaus ist es mit diesem Verfahren auch möglich, die emotionale Reaktion bei der Informationsaufnahme zu erfassen (vgl. Foscht/Swoboda 2005, S. 97).

- Die Informationsaufnahme erfolgt oft unbewusst und automatisch. Eine *Befragung*, welche Informationen ein Konsument in einer bestimmten Situation aufgenommen hat, ist aus diesen Gründen kaum valide (Bargh/Chartrand 1999; Grunert 1996; vgl. Kroeber-Riel/Weinberg 2003, S. 262 f.). Mit Hilfe von Instrumenten der *Blickaufzeichnung* (Eye Tracking) kann insbesondere bei visuellen Vorlagen (z. B. Werbespots) der weitgehend automatisch verlaufende Blickverlauf eines Konsumenten zur Informationsaufnahme valide gemessen werden. Der Blick tastet in unregelmäßigen Sprüngen (so genannte *Saccaden*) die Umgebung ab. Informationen werden immer dann aufgenommen, wenn der Blick für kurze Zeit an einem Punkt verweilt (so genannte *Fixationen*). Der auf Videoband aufgezeichnete Blickverlauf gibt Auskunft darüber, welche Elemente einer Vorlage (z. B. Werbeanzeige) ein Proband gesehen hat und ob insbesondere die wichtigen Schlüsselinformationen (z. B. Headline, Logo, Markenname) vom Probanden gesehen wurden (vgl. Abb. 2.14). Es handelt sich also um ein Instrument, das insbesondere in der Werbemittelgestaltung und -kontrolle eingesetzt werden kann (Pieters et al. 1999; Pieters/Warlop 1999; vgl. Kroeber-Riel/Weinberg 2003, S. 264 ff.).

2.2.2.3 Die Information-overload-Hypothese

Insbesondere verbraucherpolitische Institutionen und Organisationen gehen von der normativ begründeten Annahme aus, dass die Entscheidungsqualität besser wird, je informierter der Konsument ist. Aus diesem Grund ist die Verbraucherinformation auch das wichtigste Instrument der *Verbraucherpolitik*[15]. Nach der so genannten *Information-overload-Hypothese* muss dieser Zusammenhang aber bezweifelt werden. Jacoby et al. (1974) haben ein Experiment durchgeführt, um der Frage nachzukommen, welche Bedeutung die Informationsmenge für die Entscheidungsgüte hat. Dazu wurden Probanden IDM-Matrizen mit einer variierenden Anzahl von Informationen (zwischen 8 und 72) vorgelegt. Sie erhielten dann die Anweisung, eine Entscheidung erst zu treffen, wenn sie alle Informationen angeschaut haben (vgl. Abb. 2.15). Die getroffene Entscheidung für eine der Kaufalternativen wurde dann verglichen mit den vorher erfragten idealen Merkmalen eines Angebots:

---

15 Zur Verbraucherpolitik siehe Kuhlmann 1990.

Maß zur Entscheidungsqualität *EQ* von Konsument *k*:

$$EQ_k = \sum_{j=1}^{J} |R_{ijk} - I_{jk}| \leq \alpha$$

R_{ijk}: reale Merkmalsausprägung *j* des von Konsument *k* gewählten Produkts *i*

I_{jk}: von *k* vor der Entscheidung angegebene Idealausprägung von Merkmal *j*

i: ausgewähltes Produkt

α: zugelassene Unsicherheit (Grenzwert)

Ergibt sich ein *EQ-Wert*, der unterhalb eines vorgegebenen Unsicherheitswertes α liegt, so wird die Entscheidung als richtig interpretiert.

Jacoby et al. (1974) konnten feststellen, dass zwar mit steigender Informationsmenge die Zufriedenheit und die subjektiv empfundene Sicherheit, die richtige Entscheidung getroffen zu haben, bei den Probanden ansteigt, die Entscheidungsqualität aber verschlechterte sich bei zu großem Informationsangebot. Der Mensch hat Probleme, eine

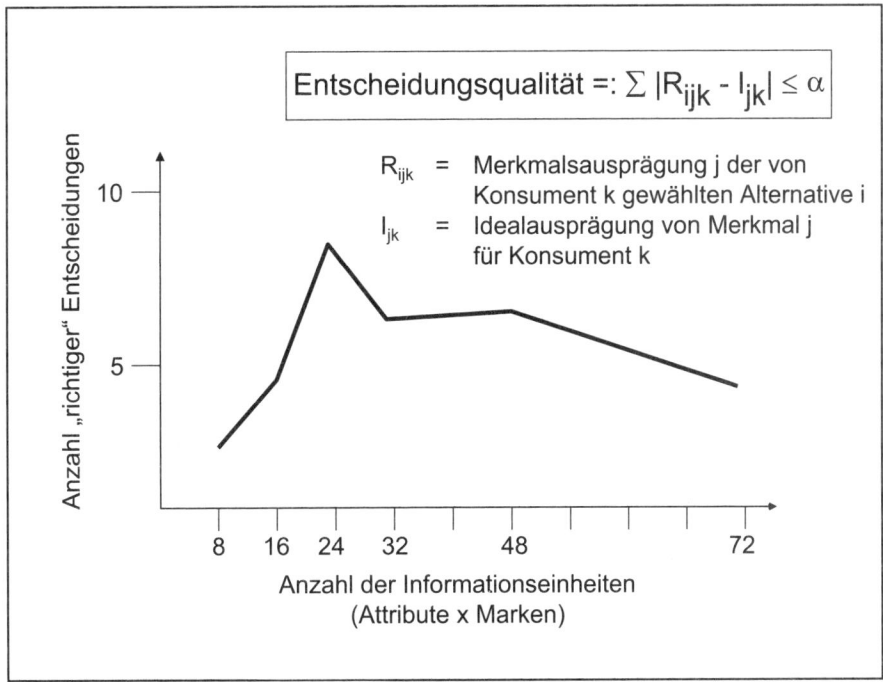

Abb. 2.15: Experiment zur Information-overload-Hypothese
Quelle: Jacoby et al. 1974, S. 66

größere Anzahl von Einzelinformationen gleichzeitig zu bewältigen (Kapazitätsrestrik-tion). Solange ein Konsument die Informationsmenge noch beherrscht (bis ca. 24 Infor-mationseinheiten im Experiment von Jacoby et al. 1974), tritt eine Verbesserung der Entscheidungsqualität ein (vgl. Abb. 2.15). Mit weiter zunehmenden Informationsein-heiten wird der Konsument überfordert und greift in seiner Hilflosigkeit auf sehr ein-fache, habitualisierte Entscheidungsregeln bzw. Entscheidungsheuristiken zurück, die häufig nicht zur Auswahl der „besten" Alternative führt.

In solchen „Information-overload"-Situationen werden insbesondere so genannte *Schlüsselinformationen* wie der Produktpreis oder die Marke vom Konsumenten als al-leiniges Entscheidungskriterium genutzt. Diese sind wichtig für die Kaufentscheidung und sie bündeln mehrere Informationen. Kognitionstheoretisch sind Schlüsselinforma-tionen *Heuristiken*, d.h. leicht zu verarbeitende Produktattribute (z.B. Markenname, Testurteil, Preis, Geschäftsimage), die aufgrund ihrer vermuteten Korrelation mit ande-ren, schwerer zu beurteilenden Attributen stellvertretend zu deren Bewertung herange-zogen werden (Kahneman 2003). So ist es möglich, dass ein Konsument in einer sol-chen Situation nur noch den Preis oder das freundliche Auftreten einer Verkäuferin als alleiniges Kaufkriterium berücksichtigt. Der Rückgriff auf Schlüsselinformationen im Kaufentscheidungsprozess kann sich also negativ auf die Entscheidungsgüte auswir-ken. In der neueren Forschung zu Heuristiken wird deren adaptiver Wert allerdings wieder sehr viel stärker betont. Bei Entscheidungsaufgaben, die *nicht* explizit mit dem Ziel konstruiert worden sind, den Konsumenten „aufs Glatteis" zu führen, weisen ein-fache Heuristiken nämlich oft eine ausgesprochen hohe Treffsicherheit auf und sind damit in gewisser Weise effizienter als extensive Entscheidungsprozesse (siehe z.B. Bettman et al. 1998; Gigerenzer 2000; Gigerenzer et al. 2002; Fasolo et al. 2006).

Die höhere Zufriedenheit mit einer eigentlich „falschen" Kaufentscheidung erklärt sich aus mentalen Rationalisierungsprozessen infolge eines Dissonanzreduktionspro-zesses[16]. Dieses Ergebnis lässt auch Bemühungen von staatlichen und verbraucherpoli-tischen Stellen und Institutionen, den Konsumenten zur Schaffung von Markttranspa-renz und zur Herstellung von Konsumentensouveränität möglichst umfassend aufzuklären und zu informieren, in einem anderen Licht erscheinen. Zu viele Informa-tionen führen eher zur Irreführung der Konsumenten und weniger zu besseren Ent-scheidungen.

---

16 Zum Begriff der Dissonanz siehe Kap. 2.4.3.4.

2.2.3 Konsumerfahrung und Lernen

2.2.3.1 Der Lernbegriff

Lernen dient in evolutionärer Perspektive dazu, zweckmäßiges Verhalten zu fördern. Das beinhaltet die Verarbeitung und Speicherung von Informationen über erfolgreiche Verhaltensweisen. Lernen wird allgemein definiert als eine relativ dauerhafte Veränderung des Verhaltens aufgrund von Erfahrung oder Beobachtung (Kroeber-Riel/Weinberg 2003, S. 322). Durch Lernen verändert sich die Wahrscheinlichkeit, mit der Verhaltensweisen in bestimmten Reiz- und Umweltsituationen auftreten bzw. nicht auftreten. Neuere Auffassungen unterscheiden zwischen dem Lernen und der Ausführung des Gelernten. Lernen selbst kann als kognitiver Vorgang betrachtet werden, der nicht unmittelbar zur Verhaltensveränderung führen muss, sondern als eine Erweiterung des individuellen Verhaltensrepertoires aufgefasst werden kann. Zum Lernen gehört also nicht nur das Auswendiglernen von Vokabeln, Gedichten oder Jahreszahlen, sondern auch das Erkennen von Zusammenhängen und das Schlussfolgern, d. h. das Verstehen und die Einsicht.

Der Lernbegriff ist mit dem Begriff der *Erfahrung* eng gekoppelt. Lernen zielt auf eine optimale Anpassung an spezifische Umweltsituationen. Dabei geht es um zwei Formen der Anpassung, nämlich der *artenspezifischen Anpassung* durch angeborenes Verhalten und der *individuellen Anpassung* durch gelerntes Verhalten (Behrens 1991, S. 248). Angeborene Verhaltensweisen werden durch das Erbgut übertragen. Gelernte Verhaltensweisen werden hingegen durch Umwelteinflüsse geprägt. Ihnen liegen Erfahrungen zugrunde, die das Individuum gemacht hat. Im Laufe der *phylogenetischen Entwicklung* sind verschiedene Lernmechanismen entstanden, die sich nicht isoliert, sondern teilweise aufeinander aufbauend und stets miteinander koordiniert entwickelt haben. Diese Entwicklung führt zu

- mehr Freiheitsgraden (Plastizität, Erweiterung des Verhaltensrepertoires),
- einer flexibleren Anpassung der erlernten Verhaltensweisen,
- einer Überlagerung kognitiver Prozesse und zu
- einer zunehmenden Komplexität bei der Verhaltenssteuerung und bei den zu berücksichtigenden Umweltinformationen.

Menschen verfügen über zwei unterschiedliche, weitgehend unabhängig voneinander operierende Systeme des Lernens und Schlussfolgerns (Abb. 25; siehe Evans 2003; Kahneman 2003; Sloman 1996). Das phylogenetisch ältere System (System 1 in Abb. 2.16) ist eng an die Reizwahrnehmung gekoppelt und arbeitet weitgehend automatisch,

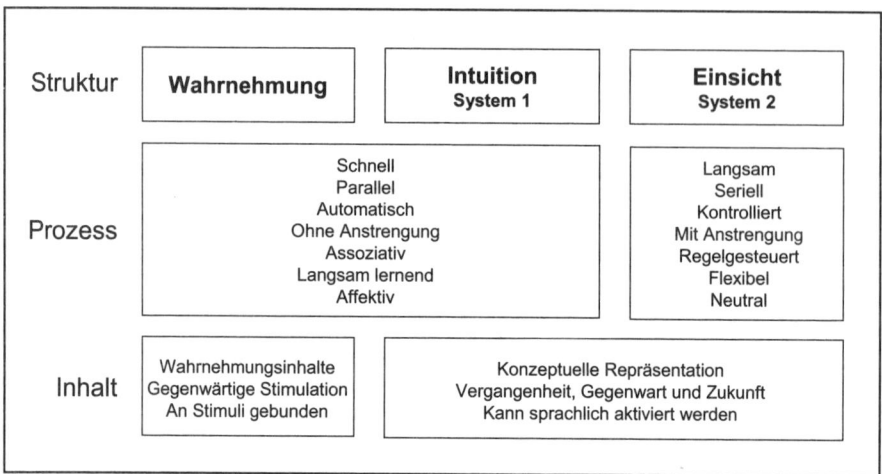

Struktur	**Wahrnehmung**	**Intuition** System 1	**Einsicht** System 2
Prozess		Schnell Parallel Automatisch Ohne Anstrengung Assoziativ Langsam lernend Affektiv	Langsam Seriell Kontrolliert Mit Anstrengung Regelgesteuert Flexibel Neutral
Inhalt	Wahrnehmungsinhalte Gegenwärtige Stimulation An Stimuli gebunden	Konzeptuelle Repräsentation Vergangenheit, Gegenwart und Zukunft Kann sprachlich aktiviert werden	

Abb. 2.16: Systeme des Lernens und Schlussfolgerns
Quelle: in Anlehnung an Kahneman 2003, S. 698

d. h. ohne Vermittlung durch bewusste Prozesse der Informationsverarbeitung. Lernmechanismen wie Assoziationslernen, klassische, emotionale und operante Konditionierung (siehe unten) sind diesem ersten System zuzuordnen. Das phylogenetisch jüngere System (System 2 in Abb. 2.16) ist dagegen an konzeptuelle, oft sprachlich repräsentierte Inhalte gebunden, arbeitet regelgesteuert und unter bewusster Kontrolle. Vorgänge des Verstehens und der Einsicht sind diesem System zuzuordnen.

2.2.3.2 Klassische Lernmechanismen

Die im Laufe der evolutionären Entwicklung entstandenen Lernmechanismen sind nicht isoliert, sondern teilweise aufeinander aufbauend und stets miteinander koordiniert entstanden. Im Folgenden werden Lernmechanismen dargestellt und zur Erklärung des Konsumentenverhaltens herangezogen: klassische und emotionale Konditionierung, operante Konditionierung, Lernen am Modell und kognitive Lernprozesse.

Klassische und emotionale Konditionierung

Bei der klassischen Konditionierung werden angeborene Reflexe, d.h. biologisch vorprogrammierte Reiz-Reaktions-Mechanismen wie z. B. der Lidreflex, mit Umweltreizen in der Weise assoziiert, dass die Umweltreize selbst die entsprechende Reaktion auslösen können (Pavlov 1927). Diesen assoziativen Lernvorgang nennt man einfache klassische Konditionierung. Sie erhöht die Plastizität des Verhaltens und die Fähigkeit des Individuums zur Umweltanpassung. Bekannt wurde dieser Lernprozess insbesondere

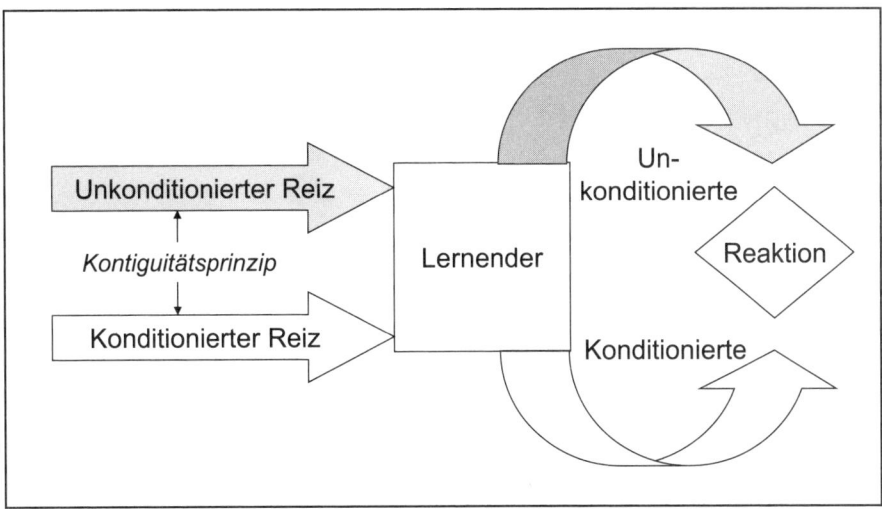

Abb. 2.17: Lernprozess nach dem Modell der klassischen Konditionierung

durch das *Experiment von Pavlow* (vgl. Behrens 1991, S. 260). In diesem Experiment wurde ein Hund gefüttert und durch die Fütterung eine Speichelsekretion ausgelöst. Die Fütterung ist ein unbedingter Reiz (unconditioned stimulus) und die ausgelöste Speichelsekretion eine angeborene unbedingte Reaktion (unconditioned response). Kurz vor der Fütterung ertönte jeweils eine Glocke. Dieser Glockenton ist zunächst ein neutraler Reiz, der keine weiteren Reaktionen beim Hund auslöst (vgl. Abb. 2.17). Durch das gemeinsame Auftreten von Glockenton und Fütterung wird dieser assoziiert; der Glockenton wird zum bedingten Reiz (conditioned stimulus). Nach der Konditionierung löst der Glockenton in gleicher Weise wie die Fütterung eine Speichelsekretion aus (conditioned response). Durch die klassische Konditionierung erweitert sich also das Repertoire der Verhaltensauslöser und damit die Plastizität des Verhaltens. Für den Hund hatte der konditionierte Reiz erhebliche Vorteile, da der Glockenton die anstehende Fütterung frühzeitig ankündigte. Voraussetzung für die klassische Konditionierung ist, dass der unkonditionierte und der konditionierte Reiz gemeinsam auftreten (*Kontiguitätsprinzip*). Auch der so konditionierte Reiz kann dazu verwendet werden, einen weiteren unkonditionierten Reiz zu konditionieren. In diesem Fall spricht man dann von einer Konditionierung zweiter Ordnung oder allgemein von Konditionierung höherer Ordnung.

Eine spezielle Anwendung der klassischen Konditionierung mit besonderer Relevanz für das im Marketing ist die *evaluative* oder *emotionale Konditionierung* (De Houwer et al. 2001; vgl. Abb. 2.18). Nach diesem Prinzip werden neutrale Objekte (z. B. Produkte)

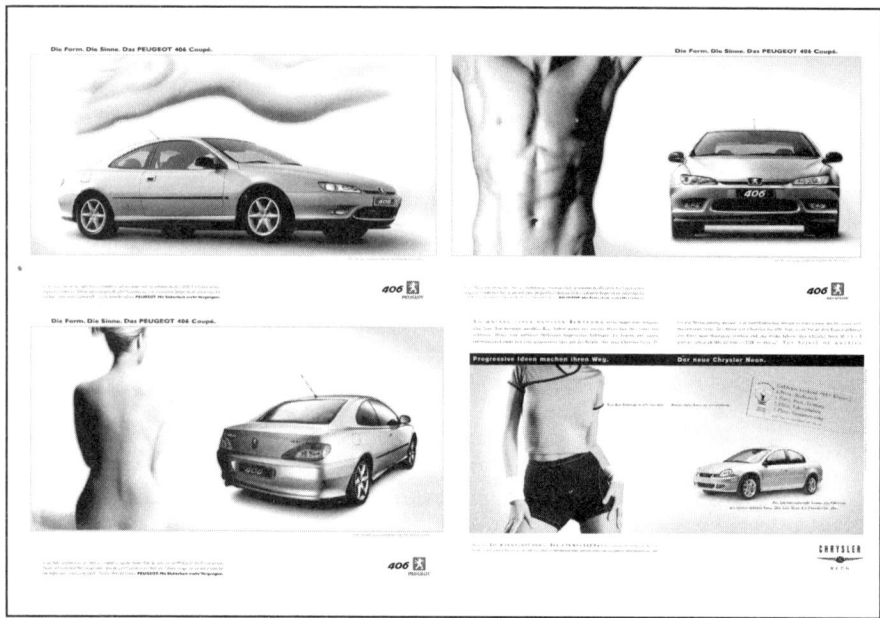

Abb. 2.18: Beispiele emotionaler Konditionierung

im Prozess der klassischen Konditionierung so mit positiven Affekten assoziiert, dass eine Einstellung zu diesem Objekt beim Lernenden entsteht. Als unkonditionierte Reize werden starke Emotionsauslöser verwendet (z. B. erotisches Bildmaterial). In den Experimenten von Staats und Staats (1958) konnten Wörter, also neutrale Stimuli, nach dem Modell der klassischen Konditionierung emotional aufgeladen werden. Kroeber-Riel übertrug diese Erkenntnisse auf die Werbung (Kroeber-Riel/Weinberg 2003, S. 129 ff.). Wird in der Werbung wiederholt ein Produkt oder eine Marke zusammen mit emotionalen Reizen dargeboten, so kann das Produkt bzw. die Marke diese emotionale Bedeutung aufnehmen (Behrens 1991, S. 379; Kroeber-Riel/Weinberg 2003, S. 130). Damit dieser gewollte Lernerfolg sich einstellt, muss die emotionalisierende Werbeanzeige bzw. der Werbespot sehr häufig vom Umworbenen gesehen worden sein. Zudem ist anzunehmen, dass neben der reinen Konditionierung auch kognitive Prozesse eine Rolle spielen (vgl. Behrens 1991, S. 280).

Operante Konditionierung

Unter operanter Konditionierung versteht man die Erhöhung der Wahrscheinlichkeit des Auftretens einer Handlung durch einen verstärkenden Effekt. Dieser *verstärkende*

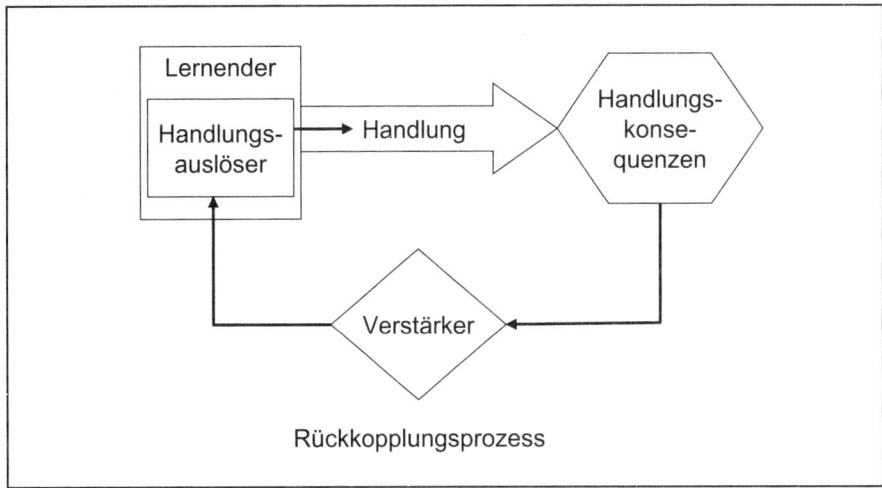

Abb. 2.19: Lernprozess nach dem Modell der operanten Konditionierung

Effekt kann z. B. eine Belohnung (positive Verstärkung) oder das Ausbleiben einer Bestrafung (negative Verstärkung) sein. Die Verstärkung ist somit ein *Rückkopplungsprozess*, in dem der Mensch Informationen über die Wirkung seines Verhaltens von der sozialen Umwelt bekommt (vgl. Abb. 2.19). Im Gegensatz zur klassischen Konditionierung werden hier nicht in erster Linie Verhaltensweisen betrachtet, die von externen Umweltreizen ausgelöst werden, sondern vor allem solche, die zunächst spontan ausgeführt werden. Dieser Lernprozess hängt also nicht von einem auszulösenden Reiz ab, sondern von den Konsequenzen des zu erlernenden Verhaltens (Skinner 1938; Thorndike 1901). Ein Stimulus ist ein *Verstärker*, wenn dadurch im Rahmen der operanten Konditionierung das erlernte Verhalten häufiger auftritt.

Auch diese Form des Lernens kann zur Erklärung der Werbewirkung eingesetzt werden. Da Werbung stets mit positiven Verstärkern wie Versprechungen, Lob, Glückwünschen etc. verbunden ist, wird dadurch die Wahrscheinlichkeit des Produktkaufs erhöht. Sehr viel zentraler ist der Mechanismus des operanten Lernens jedoch für die Entwicklung stabiler Präferenzen (z. B. beim Wiederholungskauf), die Bildung von Kaufgewohnheiten und die Entwicklung von Markentreue und Kundenloyalität[17] (Hoyer/MacInnis 2004, S. 254 ff.). Unabhängig davon, welcher Anlass zum Erstkauf eines Produktes geführt hat, evozieren Bedürfnisbefriedigung durch das Produkt und Zufriedenheit mit dem Produkt positive Affekte, die als Verstärker im Sinne der operanten Konditionie-

---

17 Vgl. auch Kap. 3.3.

rung wirken können. Direkt durch eine intensive sensorische Stimulation (z. B. durch den Konsum eines wohlschmeckenden Produkts oder das Schlemmererlebnis in einem Gourmet-Restaurant) ausgelöste Emotionen haben eine noch ausgeprägtere Verstärkungswirkung. Werden operante Lernvorgänge dieser Art mit klassischen Konditionierungsstrategien verknüpft, z. B. indem man einen *Markennamen* mit den affektiven Komponenten des Konsumerlebnisses assoziiert, kann markentreues Kaufverhalten erzeugt werden.

Lernen am Modell

Unter Lernen am Modell[18] versteht man die Übernahme von beobachteten Verhaltensweisen anderer Personen durch den Lernenden. Es wird angenommen, dass der Mensch durch soziales Lernen u. a. Umgangsformen, Muttersprache, Gebräuche, Sitten, Normen und Werte sowie auch Lebens- und Konsumstile erlernt (vgl. Behrens 1991, S. 280). Im Unterschied zu den bisher besprochenen Lernprozessen handelt es sich hierbei um sehr komplexe Lernvorgänge. Das Lernen am Modell kann sich auf die originalgetreue Nachahmung oder Imitation von beobachteten Verhaltensweisen beschränken. Da dieser Lernprozess auch von kognitiven Vorgängen beeinflusst wird, sollte zwischen dem Lernaspekt, d. h. dem kognitiven Erwerb des Modellverhaltens und seine Repräsentation im Gedächtnis, und dem Verhaltensaspekt (*Modelllernen*), d. h. der nachahmenden Ausführung des beobachteten Modellverhaltens *(Imitation)*, unterschieden werden (Behrens 1991, S. 282). Das beobachtete und gelernte Modellverhalten muss daher vom Individuum nicht unverändert ausgeführt werden. Es kann modifiziert, aber auch unterdrückt und mit anderen Modellverhalten verknüpft werden. Diese Lernformen besitzen sehr viele Freiheitsgrade und eine hohe Flexibilität in der Anpassung. Dieser Lernvorgang ist insbesondere abhängig von der Attraktivität des Modells für den Lernenden.

Die überzeugendste Theorie zur Erklärung des Lernens durch Modelle stammt von Bandura (1976). Diese Theorie beinhaltet die Prozesse Wahrnehmung, Gedächtnis, Speicherung und Motorik sowie Motivationsprozesse (vgl. Abb. 2.20). Motivationale Prozesse richten Verhaltensweisen auf bestimmte Ziele, d. h., es werden solche Verhaltensweisen aus dem Repertoire ausgesucht, die eine möglichst optimale Zielerreichung erwarten lassen. Bei der Auswahl spielen dabei die Verstärkungen, d. h. Information über den Erfolg und Misserfolg, beim Erreichen eines Zieles mit Hilfe einer bestimmten Verhaltensweise eine große Rolle. Verstärkungen können von außen kommen, durch Belohnung und Bestrafung (*externe Verstärkung*; vgl. operante Konditionierung), oder

---

18 Wird auch als *soziales Lernen* bezeichnet.

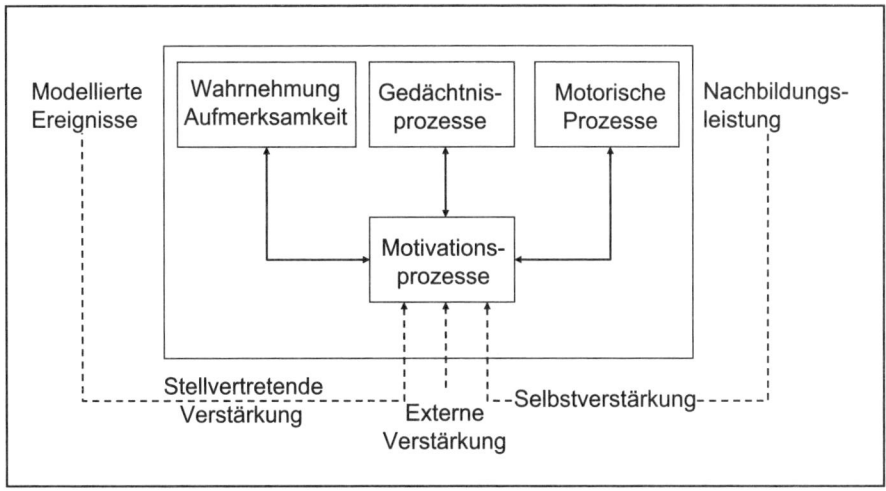

Abb. 2.20: Lernprozess nach dem Modell sozialen Lernens
Quelle: Behrens 1991, S. 284

auch von innen durch *Selbstverstärkung*, d. h. durch die eigene Beurteilung der auszuführenden Verhaltensweisen. Außerdem können die Konsequenzen des Verhaltens an Modellen selbst beobachtet werden (*stellvertretende Verstärkung*; Bandura/Walters 1963, vgl. auch Behrens 1991, S. 286).

Über die Wirkung von *Modellen in der Werbung* liegen nur wenige gesicherte Erkenntnisse vor (Trommsdorff 2004, S. 240). In der Werbung kann durch den Einsatz von „sozialen Konsummodellen" wie z. B. *Testimonials*, bekannte Persönlichkeiten oder Stars und Idole nicht nur die Übernahme von Produkten und Dienstleistungen durch die Umworbenen durch Imitationslernen gefördert werden, sondern es ist auch darüber hinaus möglich, spezifische Konsumnormen (z. B. „Geiz ist Geil") und Konsumstile (z. B. gesundheitsbewusstes Essen) bei den Konsumenten zu verankern (vgl. Abb. 2.21). Der Werbeerfolg, der durch die Darstellung einer Person in der Werbung als „Konsummodell" für eine Zielgruppe erreicht werden kann, ist von den folgenden Kriterien abhängig (Trommsdorff 2004, S. 241 f.):

- Bekanntheit der Personen für die Zielgruppe (z. B. Prominente),
- assoziiertes Expertentum (z. B. Experten) und
- assoziierte Parteilichkeit (z. B. neutrale Ratgeber).

Mayer (1987) typologisierte Modelle in der Werbung (auch Trommsdorff 2004, S. 242 f.):

Abb. 2.21: Beispiele für Testimonial- und Leitbildwerbung mit Persönlichkeiten

- *Dekorative Modelle* beeinflussen in der Werbung die allgemeine Beurteilung und Einstellung gegenüber der Werbung positiv. Aufmerksamkeit und Bereitschaft zur Auseinandersetzung mit der Anzeige steigen. Darüber hinaus wird eine positive Wahrnehmungsatmosphäre erzeugt.
- *Stars* fördern eine bessere Beurteilung der Werbung und des beworbenen Produkts und erhöhen die Aufmerksamkeit. Der Einsatz von Stars ist aber auch mit Risiken verbunden, da sich ihr eigenes Ansehen in der Öffentlichkeit schnell verändern kann. Zudem besitzen solche Persönlichkeiten oftmals keine spezifische Produktkompetenz.
- *Experten* erhöhen im Allgemeinen die Glaubwürdigkeit der Werbung.
- *Personen aus der Zielpopulation*: Die Darstellung typischer Produktnutzer induziert Imitations- und Identifikationsvorgänge. Dabei ist eine möglichst hohe Identität von „Konsummodellen" und Zielpersonen anzustreben (*Testimonialwerbung*).

Kognitive Lernprozesse

Kognitives Lernen bezieht sich auf den Erwerb von Wissen (z. B. Schemata) und Problemlösungsheuristiken (z. B. Skripten) durch den Menschen. Durch kognitives Lernen werden Informationen interpretiert und neues Wissen und neue Bedeutungen kreiert. Vom *Denken* sprechen wir, wenn der Mensch bewusst auf im Gedächtnis vorhandenes Wissen oder Problemlösungsprogramme zugreift. Denken kann sowohl als Erkenntnisprozess, als auch als Problemlösungsprozess aufgefasst werden (Behrens 1991, S. 158 ff.).

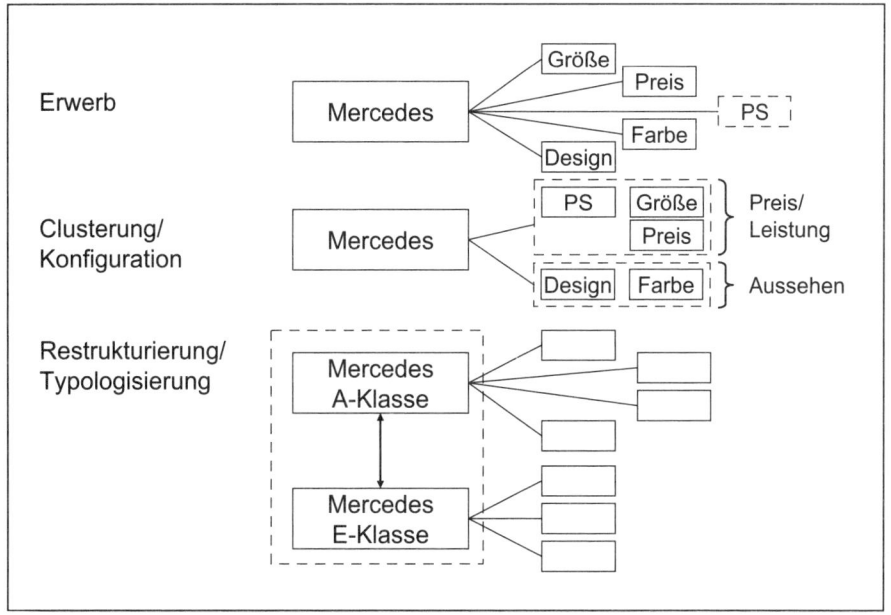

Abb. 2.22: Arten kognitiver Lernvorgänge dargestellt am Beispiel
Quelle: in Anlehnung an Peter et al. 1999, S. 55

Denken kann als *Erkenntnisprozess* aufgefasst werden, wenn es dem Konsumenten darum geht, Zusammenhänge zu erkennen, Chaos zu systematisieren sowie Regelmäßigkeiten und Strukturen zu entdecken. Erkenntnisprozesse können durch drei Arten des *Wissenserwerbs* unterstützt werden (Peter et al. 1999, S. 54 f.; vgl. Abb. 2.22):

- Erwerb von Wissen, Bedeutungen und Bewertungen: Wissenselemente werden in bestehende kognitive Netze eingefügt.
- Clusterung von Wissenskomplexen: Kognitionen mit einer gemeinsamen Bedeutung werden zu sinnvollen Einheiten zusammengefasst (*information chunks*).
- Restrukturierung von Wissenskomplexen: Wenn über die Zeit mehr und mehr Wissen zu einem Objekt angesammelt wurde, so müssen diese Strukturen neu und effizient organisiert werden.

Das Denken als *Problemlösungsprozess* beinhaltet den Prozess der Zusammenführung von Wissen zur Lösung von neuartigen Problemen. Sind Probleme einmal gelöst, so wird der „Lösungsalgorithmus" als Skript im Gedächtnis abgelegt und kann bei Wiederauftreten desselben Problems genutzt werden. *Problemlösungen* können in drei unterschiedlichen Ebenen praktiziert werden (Davidson/Sternberg 2003; auch Behrens 1991, S. 161 ff.):

- Problemlösung durch aktives Handeln bzw. praktisches Probieren.
- Programmgeleitetes Problemlösen: Hiermit wird eine Denkform angesprochen, die auf abgespeicherte Heuristiken zur Problemlösung zurückgreift (z. B. Skripten). Solche Programme beinhalten eine festgelegte Folge von Aktivitäten, die situativ angepasst werden können.
- Kognitiv kontrolliertes Problemlösen: Hiermit ist das Durchdenken eines Problems vor der tatsächlichen Ausführung konkreter Handlungen gemeint. Entlang der Dimensionen Bewusstseinsgrad und Grad der Systematik können Denkformen bei Kaufentscheidungen unterschieden werden (Behrens 1991, S. 164).

2.3 Konsumbedürfnisse und Konsummotive

2.3.1 Konsumbedürfnisse

Marketing zielt grundsätzlich darauf, durch eine bewusste Gestaltung von Marktprozessen, (Konsum-)Bedürfnisse von Menschen zu befriedigen. Das Marketing hat somit auch die Aufgabe, den Konsum treibende Bedürfnisse zu identifizieren, zu verändern, zu stabilisieren, zu verstärken und möglicherweise auch neue, bisher nur latent vorhandene menschliche Konsumbedürfnisse zu wecken. Das Marketing wirkt durch das Konsumgüterangebot an der Vermittlung, Veränderung und Konkretisierung von Konsumbedürfnissen mit (vgl. Specht 1974, S. 70). Produktinnovations- und Produktvariationspolitik sowie die Werbung sind typische Instrumente für diesen Zweck (Behrens 1991, S. 104). Nach Raffée (1979, S. 19) ist der Konsument infolge der hohen Plastizität seiner Bedürfnisse den Beeinflussungsversuchen des kommerziellen Marketing in starkem Maße ausgeliefert. Die Möglichkeit des Marketing, Bedürfnisse zu kreieren, widerspricht zudem dem *Leitbild der Konsumentensouveränität* (Raffée 1979, S. 16 ff.).

Die Begriffe Bedürfnis, Bedarf und Nutzen sind auf das engste miteinander verwoben und bilden, ergänzt durch die Nachfrage und den Verbrauch, eine gedankliche Schrittfolge ökonomischen Verhaltens (Wiswede 1973, S. 113). Ein *Bedürfnis* ist ein spezifischer Mangelzustand im Organismus, der einen unspezifischen Trieb von bestimmter Stärke hervorruft und verhaltensaktivierende Funktionen auslöst (Heckhausen/Heckhausen 2006, S. 31). Nach einer noch heute in den Wirtschaftswissenschaften gängigen Auffassung wird das mit dem *Wunsch* nach Beseitigung eines Mangels verbundene Gefühl als Bedürfnis bezeichnet, und in der Beseitigung des Mangels besteht die Befriedigung des Bedürfnisses. Insofern kann Bedürfnis auch als wahrgenommener Mangel an Zufrie-

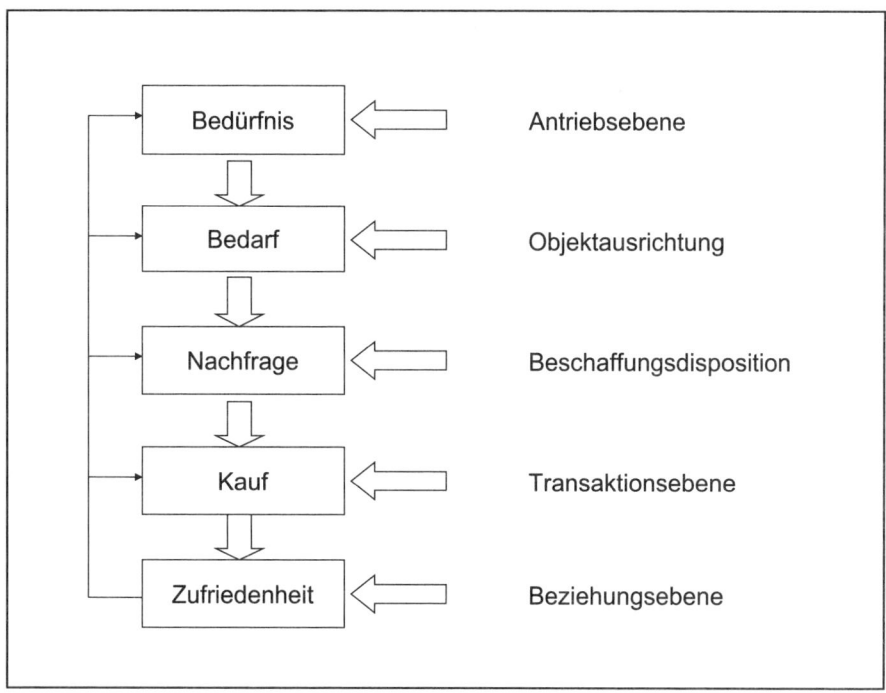

Abb. 2.23: Prozess der Bedürfniskonkretisierung

denstellung definiert werden (Kotler/Bliemel 2001, S. 13). Der *Bedarf* ist das auf ein Wirtschaftsgut konkretisierte Bedürfnis, verbunden mit dem *Wunsch*, dieses zu erwerben. Im Bedarf kommen somit diejenigen Bedürfnisse zur Geltung, deren Befriedigung sich der Mensch durch wirtschaftliche Güter erhofft. Da ein spezielles Bedürfnis (z. B. Hunger) oft auf sehr vielfältige Weise befriedigt werden kann, erfolgt eine konkrete Ausrichtung auf Mittel der Bedürfnisbefriedigung (Objektausrichtung) und damit auf den Bedarf erst in einer späten Phase der Bedürfniskonkretisierung (vgl. Balderjahn 1995, S. 179 ff.). Die *Nachfrage* ist der durch die Fähigkeit zum Kauf *(Kaufkraft)* gestützte Bedarf. Bedarf und Kaufkraft sind voneinander abhängige Phänomene, die sich im *Prozess der Bedürfniskonkretisierung* gegenseitig beeinflussen (Wiswede 1973, S. 113). Das konkrete Ausmaß an Bedürfnisbefriedigung durch ein Konsumgut spiegelt sich dann in der *Zufriedenheit* des Konsumenten mit diesem Gut wider (vgl. Abb. 2.23).

Ein Bedürfnis zeichnet sich nach allgemeiner Auffassung durch ein Mangelerlebnis (Stärke des Bedürfnisses), ein Anmutungsmoment (Bildhaftigkeit des Bedürfnisses), ein Antriebsmoment (triebhafter Bedürfnisdruck) sowie ein Richtungs- bzw. Gegenstandsmoment aus. Im Verlauf der *Bedürfniskonkretisierung* erfährt ein noch unbestimmtes, vielschichtiges Bedürfnis zunehmend eine Objekt- bzw. Produktausrichtung und ein Bedarf bzw. ein Wunsch entsteht. Hat ein Konsument Durst, so wünscht er sich möglicherweise ein kühles Bier. Auch wenn Bedürfnisse im Entstehungsprozess noch nicht auf konkrete Objekte bzw. Produkte ausgerichtet sind, so greift die Konsumwelt doch gestaltend auf die Ausbildung, Stabilisierung und Entfaltung von Konsumbedürfnissen ein. In manchen Fällen konstituiert sich erst ein Bedürfnis durch wahrgenommene Möglichkeiten angebotener Produkte und Dienstleistungen. Durch das Angebot tragbarer Abspielgeräte (*Walkman*) entstand bei vielen erst das Bedürfnis, unterwegs beim Joggen oder in der S-Bahn Musik zu hören. Bedürfnisentfaltung und -differenzierung erfolgt in einem komplexen Wechselspiel zwischen individuellen Bedürfnissen, sozialen Strukturen und konkreten Produktangeboten (vgl. Balderjahn 1995, S. 179 ff.).

Zur präzisen Begriffsbestimmung ist es erforderlich, Bedürfnisse von anderen, verwandten Konzepten wie Instinkte, Triebe und Motive abzugrenzen. *Instinkte* sind von Innen- oder Außenreizen ausgelöste, reaktiv ablaufende stereotype Verhaltensprogramme, die nicht, wie der Prozess der Bedürfnisbefriedigung, dem Bewusstsein unterworfen sind. *Triebe* sind besonders starke Antriebskräfte, die den Menschen in einen Zustand der Spannung und Erregung versetzen. *Motive* sind die Ursachen bzw. Beweggründe des Verhaltens. Bedürfnisse und Motive werden begrifflich oft synonym verwendet, obwohl ein Bedürfnis zwar ein Motiv sein kann, aber nicht alle Motive lassen sich auf Bedürfnisse zurückführen. Eine Person fährt mit dem Auto, um vor Gericht als Zeuge auszusagen (Motiv); eine Befriedigung tritt dadurch nicht ein (befriedigungsunabhängiges Motiv).

Eine allgemeine Bedürfnistheorie gibt es nicht. Bedürfnisse sind Gegenstand ökonomischer, anthropologischer, sozialpsychologischer und gesellschaftspolitischer Theorien. Das Bedürfnis gehört zu den Grundbegriffen *ökonomischer Theorien*. Die Nationalökonomie geht davon aus, dass die Bedürfnisse der Menschen isolierbar, beliebig teilbar und sättigbar sind. Merkmale, Entstehen und Entwicklung von Bedürfnissen werden in diesen Theorien nicht erklärt. Bedürfnisse werden der Individualpsychologie zugeordnet und als vorökonomisches Phänomen aus der ökonomischen Betrachtung ausgeklammert (vgl. Balderjahn 1995, S. 179 ff.).

- *Anthropologische Theorien* gehen von einer kulturspezifischen Überformung und Vereinheitlichung stammesgeschichtlich entwickelter Grundbedürfnisse aus. Bedürfnisse werden als variabel, plastisch und weitgehend unabhängig von vorhandenen Möglichkeiten der Bedürfnisbefriedigung aufgefasst (Scherhorn 1959, S. 31).

Im Laufe der kulturellen Entwicklung einer Gesellschaft stabilisieren sich Bedürfnisse durch Habitualisierung und Institutionalisierung (z. B. Ernährung, Kleidung etc.). Anthropologisch sind Bedürfnisse historisch-kulturell gebunden. So ist zum Beispiel in Italien das Bedürfnis nach Geselligkeit und sozialen Kontakten stärker ausgeprägt als in Deutschland. Dieser Erklärungsansatz impliziert im hohen Maße variable und differenzierte Möglichkeiten der Bedürfnisentfaltung und eine weitgehende Plastizität menschlicher Bedürfnisse.

- *Gesellschaftspolitische Theorien* stellen sich insbesondere die Frage nach der Steuerung und Bewertung individueller und kollektiver Bedürfnisse innerhalb einer Gesellschaftsform. Bedürfnisse werden in gesellschaftskritischen Beiträgen nicht selten in „wahre" und „falsche" oder „echte" und „künstliche" Bedürfnisse eingeteilt (vgl. auch Kroeber-Riel/Weinberg 2003, S. 158 f.). Nach Kroeber-Riel/Weinberg (2003, S. 159) stellt sich hier das Legitimationsproblem, d. h. die Frage, inwieweit Konsumgüteranbieter dazu legitimiert sind, durch ihre Macht- und Marktposition solche Bedürfnisse und Lebensstile von Menschen zu prägen, die unter Umständen den individuellen (z. B. Gesundheitsgefahren), sozialen (z. B. Arbeitslosigkeit) und ökologischen (z. B. Ressourcenverschwendung) Interessen der Menschen widersprechen. In dem Maß, wie eine Gesellschaft in der Lage ist, die Bedürfnisse ihrer Mitglieder zu befriedigen, stellt sich Lebensqualität ein.
- *Sozialpsychologische Theorien* unterstellen, dass individuell variierende Bedürfnisse innerhalb eines Kulturkreises weitgehend durch Sozialisationsprozesse, also durch Lernvorgänge, gebildet werden (Behrens 1991, S. 91 ff.). Die älteren Bedürfnistheorien, so genannte *thematische Bedürfnistheorien*, versuchen, die Bedeutung von Bedürfnissen für das menschliche Verhalten mittels einer einfachen Auflistung einzelner Bedürfnisse (Bedürfnislisten) oder einer systematisierten Zusammenstellung von Bedürfnissen (Bedürfniskataloge) zu beschreiben und zu erklären (vgl. Balderjahn 1995, S. 179 ff.). Der Erklärungswert solcher Bedürfnislisten oder -kataloge ist außerordentlich begrenzt.
- Zu den bekanntesten klassifikatorischen Ansätzen gehört die *Bedürfnistheorie von Abraham Maslow*. Nach dieser Theorie werden nicht einzelne Bedürfnisse, sondern ganze Bedürfnisgruppen voneinander abgegrenzt. Diese fünf Bedürfnisgruppen werden hinsichtlich ihrer Rolle in der Persönlichkeitsentwicklung hierarchisch angeordnet (Heckhausen/Heckhausen 2006, S. 59).

Der *Theorie von Maslow* liegt der Grundgedanke der relativen Vorrangigkeit (Dringlichkeit) von Bedürfnissen zugrunde, wonach immer erst Bedürfnisse der niederen Kategorie befriedigt sein müssen, bevor ein höheres Bedürfnis überhaupt aktiviert und

Abb. 2.24: Bedürfnishierarchie nach Maslow

verhaltenswirksam werden kann (vgl. Heckhausen/Heckhausen 2006, S.59; auch Trommsdorff 2004, S.118 f.). Allerdings aktivieren und beeinflussen das Verhalten nur unbefriedigte Bedürfnisse. Das Handeln wird mehr von den spezifischen Folgen der Bedürfnisse angezogen (pulled) und weniger von innen getrieben (pushed; Heckhausen/Heckhausen 2006, S.59).

Die Hierarchie der Bedürfnisse beginnt mit physiologischen Bedürfnissen, gefolgt von den Bedürfnissen nach Sicherheit, sozialer Bindung und Selbstachtung (vgl. Abb. 2.24). Diese Bedürfnisarten werden als Mangelbedürfnisse (deficiency needs) bezeichnet, da sie als prinzipiell sättigbar angesehen werden. Die Bedürfnishierarchie endet mit dem Bedürfnis nach Selbstverwirklichung. Von diesem Bedürfnis wird angenommen, dass es nie vollständig befriedigt werden kann (so genannte Wachstumsbedürfnisse: growth needs). Die *Hierarchiehypothese* von Maslow, wonach zuerst immer die niederen Bedürfnisse befriedigt werden müssen, bevor höhere Bedürfnisse aktualisiert und verhaltenswirksam werden können, ist oft kritisiert worden, da es sich um eine idealtypische Betrachtungsweise handelt. Anders als postuliert können beim Menschen unterschiedliche Bedürfnisrangfolgen ausgeprägt sein. Beispielsweise ist möglich, dass für einen Konsumenten die soziale Anerkennung wichtiger als die Geborgenheit innerhalb der Familie ist (Kroeber-Riel/Weinberg 2003, S.146 f.). Auch wenn die Bedürfnis-

bzw. Motivationshierarchie von Maslow in der betriebswirtschaftlichen Literatur und in vielen Büchern zum Konsumentenverhalten zitiert und gewürdigt wird, so weist sie doch beachtliche Mängel auf. Zum einen ist ihre empirische Fundierung schwach und zum anderen liegt dieser Theorie ein sehr ideologisches, humanistisch und emanzipatorisch geprägtes Menschenbild (der Mensch strebt immer nach Selbstverwirklichung) zugrunde, das der realen Betrachtung nicht unbedingt standhält (Kroeber-Riel/Weinberg 2003, S. 146 f.). Positiv ist, dass aus der Bedürfnisklassifikation für das Marketing relevante Konsumbedürfnisse abgeleitet werden können (vgl. Trommsdorff 2004, S. 120 ff.). Insgesamt betrachtet ist das Konzept der Bedürfnishierarchie aber inzwischen nur noch von ideengeschichtlicher Bedeutung.

2.3.2 Konsummotive

Motive sind die Ursachen des Verhaltens. Motivation ist der Prozess, der das Handeln antreibt (aktivierende Komponente) und auf ein Ziel ausrichtet (kognitive Komponente). Entsprechend wird unter Motivation ein das menschliche Verhalten antreibender Prozess mit Richtung gebender Handlungstendenz verstanden. *Kognitive Motivationstheorien* erklären die Stärke einer Motivation durch zwei voneinander unabhängig wirkende Komponenten (Atkinson 1964; Atkinson/Birch 1970; Eccles/Wigfield 2002; vgl. auch Kroeber-Riel/Weinberg 2003, S. 142 f.). Danach wird die Motivation beeinflusst

* von der subjektiv eingeschätzten Wahrscheinlichkeit, dass durch eine bestimmte (Konsum-)Handlung auch das angestrebte Ziel erreicht wird (Effektivität der Handlung), und
* vom subjektiven Wert der Zielerreichung (Nutzen der Handlung).

Dieser aus der Leistungsmotivationsforschung stammende Motivationsbegriff („Erwartung-mal-Wert-Modell") deckt sich weitestgehend mit dem Einstellungsbegriff nach Rosenberg (1956; siehe Kap. 2.4.3.2) und dem Begriff der Nutzenerwartung in der Entscheidungstheorie (siehe Kap. 2.1.2). Heckhausen/Heckhausen (2006, S. 235 ff.) unterscheiden zwischen impliziten und expliziten Motiven. *Implizite Motive* sind in der frühen Kindheit gelernte, emotional getönte Präferenzen bzw. habituelle Bereitschaften, sich immer wieder mit bestimmten Arten von Anreizen auseinander zu setzen. *Explizite Motive* sind demgegenüber bewusste und sprachlich fassbare Selbstbilder, Werte und Ziele, die eine Person ihrem Handeln selbst zuschreibt (Heckhausen/Heckhausen 2006, S. 4). Oft unterscheiden sich implizite und explizite Motive, da Menschen Vorstellungen über die Beweggründe ihres Handelns entwickeln können, die nicht mit den eigenen unbewussten Präferenzen übereinstimmen. Sogar Konflikte sind hier möglich. Bestenfalls werden implizite Motive in spezifische und den jeweiligen Situationen angepasste Zielsetzungen (explizite Motive) umgesetzt.

Die *psychoanalytisch-persönlichkeitspsychologische Motivationstheorie* geht auf die von *Freud* begründete Psychoanalyse zurück und versucht, alle Motive auf den Sexualtrieb zurückzuführen. So werden bestimmten Produkten spezifische Kaufmotive zugeordnet wie beispielsweise dem Spargel die Sexualität, Bohnen die Fruchtbarkeit, Sahne der Reichtum und Überfluss sowie dem Ketchup die Unabhängigkeit und Freiheit (vgl. Trommsdorff 2004, S. 115 f.). Die Aussagen dieser Forschungsrichtung sind wenig präzise und empirisch nicht fundiert. Weiterhin sind in der Literatur noch lern- und emotionspsychologische Ansätze zu finden.

Neuere kognitive Motivationstheorien (z. B. Gollwitzer/Bargh 1996; Kruglanski et al. 2002; Markman/Brendl 2000) konzentrieren sich auf die Vernetzung von Oberzielen (z. B. sich gesund zu ernähren) und Unterzielen (z. B. nur Produkte aus ökologisch kontrolliertem Anbau zu kaufen, weniger Fleisch und mehr Gemüse essen, auf Süßigkeiten zu verzichten) zu subjektiven Zielhierarchien. Zur Erreichung abstrakter Oberziele müssen in der Regel eine ganze Reihe von Unterzielen angestrebt und bewältigt werden. Ein umfangreiches Forschungsprogramm der Gruppe um Peter Gollwitzer hat gezeigt, dass die Erreichung abstrakter Oberziele umso wahrscheinlicher wird, je mehr und je detaillierter man Unterziele und entsprechende Ausführungsintentionen generiert, die Schritt für Schritt zur Erreichung des Oberziels führen (im Überblick: Gollwitzer 1999; vgl. auch Bagozzi/Dholakia 1999).

Abb. 2.25 zeigt die typische Struktur gegenwärtiger Modelle in der Motivationsforschung. Diese integrieren prä-intentionale (Motivation) und post-intentionale Prozesse

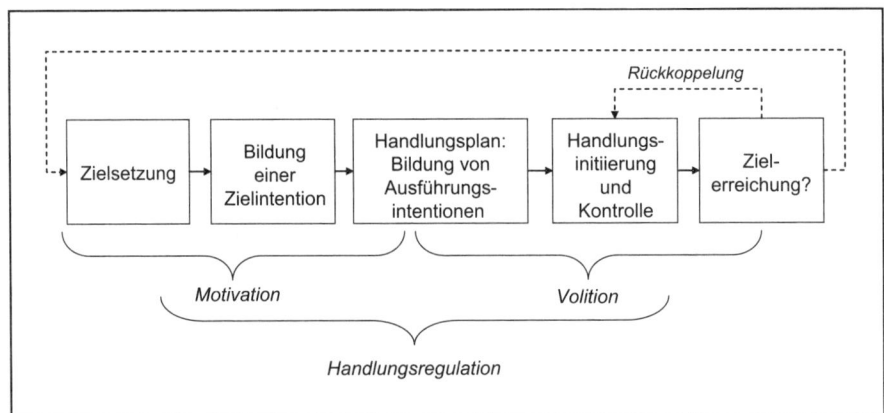

Abb. 2.25: Grundstruktur neuerer Motivationstheorien
Quelle: in Anlehnung an Bagozzi/Dholakia 1999, S. 20

(Volition) unter dem gemeinsamen Rahmen der *Handlungsregulation*. Neben den aus der eigentlichen Motivationsforschung stammenden Modellen zählen auch bestimmte Modelle aus der Einstellungsforschung (z. B. die Theorie des überlegten Handelns oder die Theorie des geplanten Verhaltens; siehe Kap. 2.4.3) zu dieser Modellklasse.

Zwischen Motiven können sich in konkreten Konsumsituationen (intrapersonelle) Konflikte einstellen. Ein *intrapersoneller Motivationskonflikt* liegt dann vor, wenn mindestens zwei Motive zueinander in Widerspruch geraten (vgl. Kroeber-Riel/Weinberg 2003, S. 160 f.). Es wird zwischen motivationalen und kognitiven Konflikten unterschieden. Bei *motivationalen Konflikten* treten konkurrierende Motive in Erscheinung und führen zu widersprüchlichen Handlungstendenzen. Beim Kauf eines relativ teuren Markenproduktes der Körperpflege können z. B. auf die Gesundheit und Schönheit gerichtete Motive mit solchen der Sparsamkeit in Konflikt treten. Zur Lösung motivationaler Konflikte liegen einfache Erklärungsmodelle vor (Kroeber-Riel/Weinberg 2003, 160 ff.). Diese Konfliktmodelle unterscheiden sich in positive und negative Reaktions- bzw. Verhaltenstendenzen. Positive Verhaltenstendenzen zeichnen sich durch eine Annäherung an das jeweilige Verhaltensziel (z. B. Kauf eines Produkts) aus. Dieses Annäherungsverhalten wird auch als *Appetenzverhalten* oder kurz als *Appetenz* bezeichnet. Negative Verhaltenstendenzen führen zu einer Vermeidung eines Verhaltenszieles (*Aversionsverhalten*). Ein zu hoher Preis eines Produktes kann zu einer solchen ablehnenden Verhaltenstendenz führen. Aus der Kombination widersprüchlicher Motivationen (anziehende oder abstoßende) können einfache Konflikte klassifiziert werden. Bei *kognitiven Konflikten* treten sich widersprechende Informationen (Kognitionen) auf und führen zu *kognitiven Dissonanzen*. So treten nach einem Kauf die Vorteile der ausgeschlagenen Alternativen in Konflikt mit dem Wissen und der Erfahrung des gekauften Produkts. Durch Umorganisation und Neubewertung von Wissen werden solche kognitiven Konflikte entschärft bzw. gelöst.

Die *Messung von Motiven* ist sehr schwierig, insbesondere die Messung impliziter Motive, die nicht sprachlich repräsentiert sind (Heckhausen/Heckhausen 2006, S. 236). Zwar ist es möglich, Teilaspekte der Motivation wie die *Aktivierung* zu messen oder die aufgewandte Energie, etwas zu erreichen (z. B. den Zeitverbrauch). Die Art oder Qualität der Motivation lässt sich allerdings nicht mit standardisierten, für die Marktforschung einsetzbaren Skalen valide erfassen (vgl. Trommsdorff 2004, S. 144.). Dazu werden in den Sozialwissenschaften Tiefeninterviews, Gruppendiskussionen und bestimmte Motivtests eingesetzt. Hier handelt es sich um qualitative Messverfahren, die eine große Bedeutung in der Exploration von Motiven haben können, deren Ergebnisse in der Regel aber nicht verallgemeinert werden können.

2.4 Konsumerwartungen, -einstellungen und -images

2.4.1 Übersicht

Phänomene des Konsumentenverhaltens können aus verschiedenen Paradigmen heraus betrachtet werden. In Kap. 1.2 wurde ausgeführt, dass gegenwärtig vor allem zwei Begriffsapparate die akademische Forschung zum Konsumentenverhalten dominieren:

- Konsumentenverhalten als Entscheidungsprozess und
- Konsumentenverhalten als soziale Kognition (siehe Simonson et al. 2001).

Das Nebeneinander dieser beiden Forschungstraditionen hat leider in vielerlei Hinsicht zu einer „Verdoppelung" von Forschungsthemen und Modellen geführt. In Kap. 2.1 wurde detailliert die entscheidungstheoretische Konzeption des Konsumentenverhaltens dargestellt. In Kap. 2.2 hingegen ging es um Kognition, also Gedächtnis und Informationsverarbeitung. Die dort behandelten strukturellen und dynamischen Konzepte bilden auch die Basis des allgemeinen sozialpsychologischen Ansatzes der *sozialen Kognition* (Wyer/Srull 1986; siehe auch Kunda 1999) und seiner Anwendung in der Konsumentenverhaltensforschung. In diesem Ansatz werden auch affektive Bewertungsprozesse im begrifflichen und methodischen Rahmen von Gedächtnisstrukturen und Informationsverarbeitungsprozessen analysiert. Zentrales Konzept dabei ist die *Einstellung*. Im folgenden Kapitel wird zunächst die Konsumerwartung als eine Teilkomponente vieler Einstellungskonzepte betrachtet, um dann eine Reihe historisch bedeutsamer Theorien zur Struktur und zur Änderung von Einstellungen vorzustellen.

Insbesondere die neueren Einstellungstheorien sind ausgesprochen allgemein und breit angelegt. In der *Einstellungstheorie von Russell Fazio* (1986) sind Einstellungen beispielsweise als beliebige Arten von Assoziationen zwischen einem Einstellungsobjekt und einer oder mehreren Bewertungen konzipiert. Praktisch alle evaluativen Konstrukte in der Konsumentenverhaltensforschung können aus dieser Perspektive als Spezialfälle von Einstellungen angesehen werden, also nicht nur die im Kap. 2.4.4 behandelten Images, sondern auch die Nutzenkonzepte der Einstellungstheorie (siehe Kap. 2.1), die Wertkonzepte der Motivationstheorie (siehe Kap. 2.3), die Wertkonzepte der Kultur vergleichenden Forschung (siehe Kap. 3.2.2), das Konzept der Kundenzufriedenheit (siehe Kap. 3.3), das Umweltbewusstsein von Konsumenten (siehe Kap. 3.5.4) und fast alle in Kap. 4 behandelten Bewertungsprozesse beim Konsumenten, die durch die verschiedenen Marketinginstrumente beeinflusst werden können.

2.4.2 Konsumerwartungen

Das Konstrukt der Erwartung wird in zahlreichen psychologischen wie auch ökonomischen Theorien zur Erklärung des Verhaltens von Menschen herangezogen. Im Gegensatz zu anderen verhaltenswissenschaftlichen Konstrukten, wie z. B. der Einstellung oder der Motivation, ist bisher jedoch keine eigenständige, explizite Theorie der Erwartung entwickelt worden, auf die in der Marketingtheorie zur Erklärung von Konsumentenverhalten zurückgegriffen werden könnte. Vielmehr ist dieses Konzept in einer Vielzahl von Wissenschaftsgebieten, wie der Lerntheorie (vgl. Tolman 1932), der Motivationstheorie (vgl. Vroom 1964), der Einstellungstheorie (vgl. Fishbein/Ajzen 1975), der volkswirtschaftlichen Theorie (vgl. Katona 1975), der Entscheidungstheorie (vgl. Edwards 1954) und der Sozialpsychologie (vgl. Sader 1969), als Erklärungsvariable bzw. Teilkomponente eines komplexeren Konstruktes verankert. Dies hat dazu geführt, dass bis heute keine einheitliche und zugleich spezifische Konzeptualisierung des Erwartungsbegriffs vorliegt. Erwartungen sind mit Unsicherheit verbundene Vorstellungen über zukünftige Ereignisse. Es sind wahrgenommene Chancen dafür, dass sich aus einer Situation, mit oder ohne eigenes Zutun, ein bestimmter Zielzustand ergibt (Heckhausen/Heckhausen 2006, S. 107). Es wird zwischen einer antizipativen bzw. prädiktiven und einer normativen Interpretation des Erwartungsbegriffs unterschieden (vgl. Bruhn 2004, S. 36 ff.; Wiswede 2000, S. 169). Eine *antizipative Erwartung* repräsentiert eine gedankliche Vorhersage von Ereignissen im Sinne einer subjektiven Einschätzung, die häufig als subjektive Wahrscheinlichkeitsaussage konzeptualisiert wird. Antizipative Erwartungen sind geprägt vom Wissen und der Erfahrung der Konsumenten. Das Konzept der antizipativen Erwartung entspricht damit dem Verständnis von Erwartungen innerhalb des verbreiteten *Erwartung-mal-Wert-Modells* vieler Handlungstheorien, das auch einigen Einstellungsmodellen und der Subjectively-Expected-Utility-Theorie (SEU) zugrunde liegt. In der *normativen Erwartung* kommen die Wünsche und die Anspruchsniveaus des Konsumenten für zukünftige Ereignisse zum Ausdruck. Das Konzept der normativen Erwartung entspricht einem Erwartungsbegriff, der häufig im Zusammenhang mit der Rollentheorie und anderen sozialpsychologischen Theorien, die sich mit der Gerechtigkeit von Austauschbeziehungen befassen, Anwendung findet (Wiswede 2000, S. 95 ff.).

In der Marketingforschung werden Erwartungen als maßgebliche Referenzgrößen eines Konsumenten in Entscheidungs- und Bewertungssituationen aufgefasst. Dieser Ansatz hat eine lange Tradition und geht auf die *Theorie sozialer Urteile* von Sherif und Hovland (1961) zurück. Insbesondere bei der Erklärung von wahrgenommener Produktqualität und Kundenzufriedenheit findet der Erwartungsbegriff breite Verwendung

(Bruhn 2000; Stauss 1999). Nach dem *Disconfirmation-of-expectations-Paradigma* dienen Erwartungen als Urteilsanker bzw. Vergleichsstandard des Konsumenten zur Bewertung einer tatsächlich erfahrenen Leistung. In der Literatur liegt eine Vielzahl von unterschiedlichen Definitionsansätzen für den Begriff der Konsum- bzw. Kundenerwartung vor. Eine weit verbreitete Auffassung ist, dass es sich bei Konsumerwartungen um *„pretrial beliefs about the product"* (Olson/Dover 1979, S. 181) handelt. Andere Autoren charakterisieren die Leistungserwartungen eines Konsumenten als *„perceptions of the most likely performance of a product or service"* (Gupta/Stewart 1996, S. 250) oder als *„a-priori theories about the product"* (Yi 1993, S. 503). Demnach spiegelt sich in Konsumerwartungen in Analogie zum antizipativen Erwartungsbegriff der Entscheidungstheorie und zum *belief*-Konzept der Einstellungsforschung eine kognitive Gegenstandsbeurteilung wider, die auf den Assoziationen zwischen einem Produkt und dessen Merkmalen beruht (vgl. Grunert 1990). Diese Assoziationen können sowohl Vorstellungen des Konsumenten über konkrete Eigenschaften des Produktes sein, als auch Vorstellungen über die Zwecktauglichkeit des Produktes zur individuellen Bedürfnisbefriedigung im Sinne von Nutzenerwartungen. Besitzen Konsumenten nur relativ vage Vorstellungen über eine Leistung, so können mehrere Merkmalsausprägungen bzw. Leistungsniveaus für möglich gehalten und jeweils als mehr oder weniger wahrscheinlich angesehen werden (vgl. Baumgartner/Hruschka 2002). Neben der Definition von Kundenerwartungen im Sinne einer antizipativen Erwartung werden in der Marketingforschung zahlreiche Varianten des Erwartungsbegriffs diskutiert.

Insbesondere die Kundenzufriedenheitsforschung hat zu einer starken Anreicherung des Erwartungsbegriffs geführt (vgl. Stauss 1999). So umfasst der Begriff der Konsumerwartung auch eine Fülle von normativen Erwartungskonzepten, die auf einer eher anspruchsbasierten Begriffsauffassung beruhen (z. B. *ideals, deserved expectations, should expectations, norms, minimum tolerable*; vgl. Boulding et al. 1993; Gupta/Stewart 1996; Kopalle/Lehmann 2001; Miller 1977; Tse/Wilton 1988). Ein umfassender Überblick über verschiedene so genannte *Kundenerwartungstypen* findet sich bei Bruhn und Georgi (2000, S. 188) sowie bei Ngobo (1997, S. 63). Die theoretischen Bezüge dieser Erwartungstypen untereinander sind in der Konsumentenforschung bisher jedoch unzureichend analysiert worden. Konsumerwartungen unterliegen unterschiedlichen Einflussfaktoren und sind als dynamisches Konzept anzusehen (vgl. Herrmann/Seilheimer 2000). Zentrale Determinanten von Konsumerwartungen sind sowohl die Bedürfnisse eines Konsumenten als auch sein Wissen und seine Erfahrung (vgl. Bruhn 2000; Esch/Billen 1994). Das Wissen kann auf direkten, eigenen Erfahrungen eines Konsumenten innerhalb einer Produktkategorie oder auf Informationen des Anbieters, Meinungen anderer Kunden usw. beruhen. Je mehr Erfahrungen ein Konsument innerhalb einer Produktkategorie gesammelt hat und je geringer die wahrgenommene Varianz der Leistungsniveaus und Leistungsmerkmale dabei war, desto genauer sind die Vorstellungen des Konsumenten über zukünftig zu erwartende Leistungsmerkmale (vgl. Meyer 1981; Oliver/Winer 1987, S. 474). Neben dem Wissen kommt weiteren Prozessen der Informationsaufnahme und -verarbeitung eine hohe Bedeutung bei der Bildung von Erwartungen zu (van Raaij 1991). Die Bildung von Konsumerwartungen anhand von während eines Kaufs zugänglichen Indikatoren wie z. B. Marke, Preis und Verpackung ist in der verhaltenswissenschaftlichen Konsumforschung vielfältig analysiert worden.

Bei der *Messung* von Erwartungen muss zunächst wieder zwischen antizipativen und normativen Erwartungen unterschieden werden. Weiterhin können Erwartungen sowohl für einzelne Produkteigenschaften als auch für den Gesamtnutzen eines Produkts (Nutzenerwartung) erfasst werden. Bruhn (2000, S. 1037) unterscheidet die in der Marketingforschung eingesetzten Ansätze zur Erwartungsmessung zusätzlich anhand von vier Dimensionen: Dimensionalität, Zeitpunkt, Direktheit und Explizitheit der Erwartungsmessung. Im Hinblick auf die *Dimensionalität der Erwartungsmessung* ist zwischen ein- und mehrdimensionalen Messungen zu unterscheiden. Bei einer eindimensionalen Messung werden die Erwartungen bezüglich der Gesamtleistung erhoben (Globalmessung). Eine mehrdimensionale Messung hingegen setzt an einzelnen Leistungsmerkmalen an (differenzierte Messung).

Trotz der verbreiteten Kritik sind globale Erwartungsskalen in der *Kundenzufriedenheitsforschung* weit verbreitet. Des Weiteren lassen sich Erwartungsmessungen nach dem *Zeitpunkt der Messung* unterscheiden. Die Messung kann vor der Leistungsinanspruchnahme (ex-ante-Messung) oder nach der Leistungsinanspruchnahme (ex-post-Messung) erfolgen. Ex-post-Messungen von Erwartungen werden häufig im Rahmen von Zufriedenheitsmessungen durchgeführt, sind jedoch mit dem Problem behaftet, dass die nachträgliche Erfassung von Vorkauferwartungen durch die aktuell wahrgenommene Leistung verzerrt ist. Bezüglich der *Direktheit der Erwartungsmessung* kann zwischen direkter und indirekter Messung unterschieden werden. Während bei einer direkten Messung die Kunden explizit nach ihren Erwartungen gefragt werden, werden bei einer indirekten Messung die Erwartungen aus Leistungsbeurteilungen abgeleitet. Schließlich können indirekte Erwartungsmessungen anhand des Kriteriums der *Explizitheit der Messung* unterschieden werden. Bei einer indirekten Erwartungsmessung kann explizit nach dem Erfüllungsgrad der Erwartung gefragt werden oder die Erwartung des Kunden implizit, ausgehend von allgemeinen Leistungsbeurteilungen ermittelt werden.

2.4.3 Konsumeinstellungen

Das Interesse der Einstellungsforschung im Marketing richtet sich in erster Linie auf Prozesse der Entstehung, Veränderung und Beeinflussung von Einstellungen zu Produkten sowie deren Wirkung auf die Kaufentscheidung. Einen weiteren Forschungsschwerpunkt beinhaltet die Analyse der Rolle von Einstellungen zur Werbung bei der Produktbewertung und -auswahl (MacKenzie/Lutz/Belch 1986).

Einstellungen haben im Marketing folgende Funktionen:

- *Einstellung als Diagnose- und Aktionsinstrument*: Einstellungen werden herangezogen, um z. B. den Markterfolg von Produkten zu prognostizieren, Schwachstellen von Produkten zu identifizieren und die Einstellungen zu Produkten durch Werbung zu verbessern. Zudem können Einstellungen als Basis einer Marktsegmentierung oder Marktpositionierung eingesetzt werden.
- *Einstellung als Ziel- und Kontrollgröße*: Marketingstrategien können auf die Verbesserung oder Veränderung von Einstellungen gerichtet sein. Das Erreichen dieser Ziele kann überprüft werden.

Ganz wesentlich geht es dem Marketing um die gezielte Schaffung, Veränderung oder Stabilisierung von Produkteinstellungen durch kommunikative Maßnahmen. Ob Einstellungen durch Massenkommunikation verändert werden können oder nicht, ist insbesondere von bestimmten Kommunikationsstrategien, -techniken und -bedingungen abhängig.

2.4.3.1 Der Einstellungsbegriff

Einstellungen sind hypothetische Variablen, so genannte *Konstrukte*, die als Elemente von Theorien in Erscheinung treten und dort ihre inhaltliche und funktionale Zweckbestimmung erhalten (vgl. Balderjahn 1995, S. 542 ff.). Als intervenierende Variable repräsentieren Einstellungen in den SOR-Verhaltensmodellen der Konsumentenforschung einen psychischen Zustand (vgl. Kap. 1.2). Die Einstellung gehört zu denjenigen sozialwissenschaftlichen Konzepten, die in den 1970er und 1980er Jahren ein sehr starkes Forschungsinteresse im Marketing auf sich gezogen haben. Einstellungen werden nach einer noch heute gültigen Begriffsdefinition von Allport (1935, S. 810) aufgefasst als *„a mental and neural state of readiness, organized through experience, exerting a directive or dynamic influence upon individual's response to all objects and situations with which it is related"*. Die Einstellung ist also eine erlernte und relativ stabile Bereitschaft (Prädisposition) des Konsumenten, auf bestimmte Objekte (z. B. bestimmte Marken oder Unternehmen) und Personen regelmäßig gleichartig zu reagieren (Trommsdorff 2004,

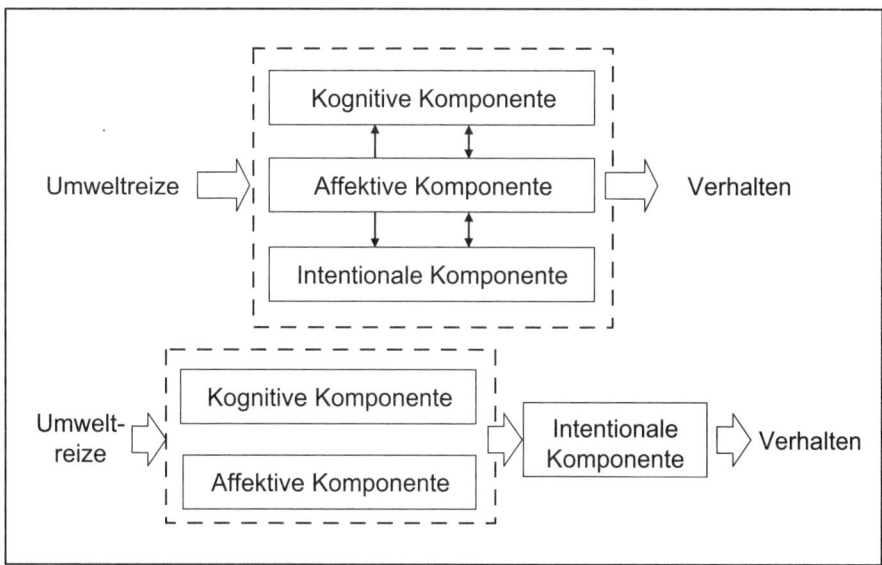

Abb. 2.26: Zwei Varianten des Drei-Komponenten-Modells der Einstellung

S. 150). Die Einstellung dient somit der Reduktion der Wahrnehmungs- und Bewertungskomplexität. Eine einmal gebildete Einstellung zu einem Objekt, einer Person oder einem Verhalten bestimmt über einen längeren Zeitraum den Umgang mit diesem Einstellungsgegenstand. Erst wenn sich einstellungsdiskrepante Erfahrungen einstellen sollten, können sich Einstellungen wieder ändern. Besitzt ein Konsument eine positive Einstellung zu einem Markenprodukt, so wird diese positive Einschätzung der Marke nicht ständig wieder hinterfragt, sondern bleibt längere Zeit gültig und bestimmt das Kaufverhalten wesentlich.

Sehr häufig, insbesondere in der Marktforschungspraxis, wird die Auffassung vertreten, dass Einstellungen umfassende Bewertungen von Objekten durch Individuen sind. Diese Begriffsauffassung betont den affektiven, evaluativen Charakter von Einstellungen (Einstellung als Affekt). Auf der Beobachtungsebene könnten Einstellungen auch als messbare Verhaltensregelmäßigkeiten gegenüber einem Einstellungsobjekt definiert werden (Silberer 1983, S. 535). Insbesondere aber in der Wissenschaft wird Einstellung als ein mehrdimensionales Konstrukt aufgefasst, das auch handlungsmotivierende Funktionen hat. Diese Begriffsauffassung korrespondiert mit dem so genannten *Drei-Komponenten-Modell* der Einstellung (vgl. Abb. 2.26).

Nach diesem Drei-Komponenten-Modell der Einstellung reagieren Konsumenten auf Einstellungsobjekte kognitiv (gedanklich), affektiv (emotional) und konativ (intentional). Diese drei Komponenten der Einstellung, das „Denken", „Fühlen/Gefallen" und „Handeln", stimmen in konsistenter, harmonischer Weise miteinander überein und beeinflussen und stützen sich gegenseitig (Triandis 1975, S. 11). Die *kognitive Einstellungskomponente* erstreckt sich auf eine gedankliche Auseinandersetzung mit dem Einstellungsgegenstand und beinhaltet Prozesse des Verstehens, der Bildung von Überzeugungen und des Lernens. Das Gefühl, das ein Konsument einem Einstellungsobjekt entgegenbringt, kommt in der *affektiven Komponente der Einstellung* zum Ausdruck und die auf den Einstellungsgegenstand gerichtete Handlungsbereitschaft wird durch die *konative Einstellungskomponente* erfasst.

Über die strukturellen Beziehungen zwischen diesen drei Einstellungskomponenten gibt es allerdings unterschiedliche Auffassungen (vgl. Bagozzi/Burnkrant 1979; Behrens 1991, S. 114). Kritiker der Drei-Komponenten-Theorie weisen die Vorstellung einer generellen Konsistenz zwischen den drei Komponenten zurück und definieren die Einstellungskomponenten als voneinander weitgehend unabhängige Phänomene (Fishbein 1967). Diese Auffassung kommt in der motivationstheoretisch geprägten Zweck-Mittel-Konzeption (*Means-end Konzeption*) der Einstellung zum Tragen, nach der Einstellung als subjektiv wahrgenommene Eignung eines Objektes (Produkt, Person, Verhalten) zur Befriedigung eines Bedürfnisses definiert wird (Rosenberg 1956; vgl. Kroeber-Riel/ Weinberg 2003, S. 169). Einstellungen reflektieren nach diesem Konzept die Instrumentalität eines Objekts, Bedürfnisse zu befriedigen. Die Einstellung wird nach der *Means-end Konzeption* nur aus dem Zusammenspiel von kognitiven und affektiven Prozessen definiert (vgl. Abb. 2.26 unteres Bild). Die Verhaltensintention und das Verhalten selbst sind dann von der Einstellung abhängige Größen. Diese Verhalten antreibende und Verhalten steuernde Wirkung der Einstellung wird dann in der so genannten *E-V-Hypothese* formuliert (Kroeber-Riel/Weinberg 2003, S. 171 ff.). Insbesondere in den multiattributiven Einstellungsmodellen kommt die Means-end Konzeption der Einstellung zum Tragen. Trotz der Kritik und der immer noch ausstehenden empirischen Bestätigung (vgl. Hormuth 1979, S. 5) kann die Drei-Komponenten-Theorie der Einstellungsforschung auch heute noch als „heuristisches Orientierungsschema" dienen (Kroeber-Riel/Weinberg 2003, S. 170). Zudem liefert sie die begriffliche Grundlage für konsistenztheoretische Erklärungen von Einstellungsänderungen.

Einstellungen weisen zu anderen Begriffen des Marketing und der Konsumentenforschung starke Bezüge und Ähnlichkeiten auf. Der Einstellung am ähnlichsten ist der Imagebegriff. Das *Image* ist nach herrschender Meinung das Bild, das sich jemand von einem Objekt macht (Kroeber-Riel/Weinberg 2003, S. 197; Trommsdorff 2003, S. 159). Images werden auch als mehrdimensionale Einstellungen definiert (Kroeber-Riel/Weinberg 2003, S. 197). Im Unterschied zur individuellen Einstellung handelt es sich beim

Image aber um eine von vielen Personen geteilte Kognition über ein Objekt, dem dieses Image „anhaftet". Insofern *haben* Objekte (z. B. Unternehmen, Marken, Personen) ein Image. In einem Land kann z. B. ein Unternehmen das Image haben, vertrauenswürdig und verantwortungsbewusst zu sein. Images fassen ähnliche Vorstellungen und Assoziationen einer Gruppe von Personen (z. B. einer Zielgruppe) bzw. einer sozialen Gemeinschaft zu bestimmten Objekten bildhaft zusammen. Das Image erlangt damit eine „soziale" Gültigkeit. Einstellungen bilden deshalb nur die Grundlage von Images und sind nicht das Image selbst (vgl. Trommsdorff 2004, S. 158). *Präferenz* ist die relativierte Vorteilhaftigkeit eines Produkts im Vergleich zu anderen Marktangeboten (vgl. Trommsdorff, 2004, S. 151). Allerdings sollte hier noch unterschieden werden, ob Präferenzen auch Kaufrestriktionen bzw. Kosten umfassen (constrained preferences) oder nicht (unconstrained preferences; Balderjahn 1993, S. 22 f.). Ein weiteres Konstrukt, die *Zufriedenheit*, wird definiert als das Ergebnis einer vergleichenden Bewertung von Kauferwartungen einerseits und der tatsächlich wahrgenommenen Produktleistung andererseits (vgl. Kap. 3.3.1). Die Gemeinsamkeit zwischen Einstellung und Zufriedenheit liegt im beiderseitigen Ansatz der mehrdimensionalen Produktbewertung.

2.4.3.2 Einstellungstheorien

Für das Marketing ist die Frage nach der Entstehung und Wirkung von Einstellungen von ebenso großer Bedeutung wie die Frage nach den Möglichkeiten und Bedingungen ihrer Beeinflussung und Veränderung. Beeinflussungsstrategien können darauf zielen, Einstellungen zu schaffen, zu verändern oder bestehende Einstellungen in ihrer Intensität zu erhöhen (Frey 1979, S. 32). Da Einstellungen definitionsgemäß erlernt sind, werden insbesondere *lerntheoretische und kognitive Ansätze* zur Erklärung der Entstehung und Wandlung von Einstellungen herangezogen (vgl. Silberer 1983, S. 578 ff.). Greenwald (1972, S. 364 ff.) ordnet den drei Einstellungskomponenten spezifische Lernprozesse zu (vgl. Kap. 2.2.3). Danach bildet sich die affektive Komponente nach dem Prinzip der klassischen Konditionierung, für die Herausbildung der kognitiven Einstellungskomponente sind kognitive Lernprozesse der Informationsverarbeitung verantwortlich und die konative Komponente prägt sich nach dem Prinzip des instrumentellen Lernens.

Die Vielzahl von Theorien zur Einstellung lässt sich in die folgenden Gruppen einteilen (vgl. auch Hormuth, 1979, S. 7):
- konsistenz- und gleichgewichtstheoretische Ansätze,
- kommunikations- und informationstheoretische Ansätze,
- wahrnehmungstheoretische Ansätze,

* funktionale Ansätze,
* multiattributive Ansätze und
* Theorien der Einstellungsänderung.

Die ersten drei Theoriegruppen (konsistenz-, kommunikations- und wahrnehmungstheoretische Ansätze) dominierten die Einstellungsforschung bis weit in die 1960er Jahre hinein. Sie weisen drei interessante Gemeinsamkeiten auf, die sie von den gegen Ende der 1960er Jahre populär werdenden multiattributiven Ansätzen unterscheiden:

* Die erste dieser Gemeinsamkeiten ist die *inhärent dynamische Konzeption* dieser drei Ansätze. Das Individuum wird hier niemals als „tabula rasa" angesehen. Einstellungen, Überzeugungen und Präferenzen entwickeln sich immer unter Bezugnahme auf bereits existierende Einstellungen, Überzeugungen und Präferenzen. Dies hat zur Konsequenz, dass Einstellungsbildung, Einstellungsstruktur und Einstellungsänderung in der Regel mit dem gleichen Begriffsapparat beschrieben werden.
* Die zweite Gemeinsamkeit ist die *Dominanz der affektiven Komponente*. Die konsistenz-, kommunikations- und wahrnehmungstheoretischen Ansätze erlebten ihre Blütezeit *vor* der so genannten „kognitiven Wende" der Psychologie, die für die nächsten zwei bis drei Jahrzehnte die Beschäftigung mit affektiven und emotionalen Facetten unpopulär werden ließ (vgl. Eagly/Chaiken 1993, S. 389 ff.).
* Die dritte Gemeinsamkeit dieser Ansätze ist ihre relative *Einfachheit* im Vergleich zu multiattributiven Modellen der Einstellung. Sie weisen daher starke Parallelen zu den heuristischen Modellen der Entscheidungstheorie auf, während multiattributive Modelle den Rational-Choice-Ansätzen in der Entscheidungstheorie gleichen.

Theorien kognitiver Konsistenz

Nach den Theorien kognitiver Konsistenz hat jedes Individuum ein Bedürfnis, auftretende Widersprüche (so genannte Inkonsistenzen) in seinen Gedanken (kognitives System) zu beseitigen oder von vornherein zu vermeiden (Kroeber-Riel/Weinberg 2003, S. 182). Inkonsistenzen können sowohl zwischen den einzelnen Komponenten einer Einstellung (z. B. zwischen Denken und Fühlen) als auch zwischen verschiedenen Einstellungen selbst auftreten (Kroeber-Riel/Weinberg 2003, S. 183). Gleichgewichtstheoretische Ansätze sind die Balance-Theorie von Heider (1946), Kongruenz-Theorie von Osgood und Tannenbaum (1955) sowie die Theorie der kognitiv-affektiven Konsistenz von Rosenberg (1956; vgl. Eagly/Chaiken 1993, S. 455 ff.; Silberer 1983, S. 568 ff.).

Die bekannteste und am weitesten verbreitete Konsistenztheorie ist die *Theorie der kognitiven Dissonanz* von *Leon Festinger* (1957). Nach der Grundidee dieser Theorie streben Menschen ein möglichst stabiles seelisches Gleichgewicht an. Wahrnehmung, Wissen, Überzeugungen und Handeln sollen möglichst harmonisch aufeinander bezogen sein. Disharmonien zwischen kognitiven Elementen empfindet der Konsument als unangenehme psychische Spannung, die er versucht zu vermeiden bzw. zu reduzieren (vgl. Eagly/Chaiken 1993, S. 455 ff.; Kroeber-Riel/Weinberg 2003, S. 182). Kognitive Dissonanzen entstehen insbesondere nach Kaufentscheidungen (*Nachkauf-Dissonanzen*). Wenn der Konsument zwischen einer größeren Anzahl relativ ähnlicher Produkte freiwillig und ohne äußeren Zwang eine Entscheidung treffen muss, sind nach dem Kauf starke Dissonanzen zu erwarten, da das gewählte Produkt sicher nicht in allen Aspekten den ausgeschlagenen Produkten überlegen war.

Weitere Gründe für das Entstehen von Dissonanzen sind:

- Aufnahme neuer, der eigenen Einstellung widersprechender Informationen (z. B. Werbung von Konkurrenzprodukten),
- Abweichung von bisherigen, üblichen Kaufentscheidungen (z. B. Wechsel der Automarke, die viele Jahre gefahren wurde),
- einstellungsdiskrepantes Verhalten (z. B. ein nur wenig präferiertes Produkt wird dem Wunschprodukt vorgezogen, da es zu einem besonders günstigen Preis angeboten wurde)

(vgl. Eagly/Chaiken 1993, S. 469 ff.; Kroeber-Riel/Weinberg 2003, S. 185; Frey 1979, S. 38). Der Konsument reagiert auf Dissonanzen mit psychischen Strategien, diese zu reduzieren. Dazu gehören (vgl. auch Kroeber-Riel/Weinberg 2003, S. 184):

- *Umbewertung bzw. Re-Interpretation* betroffener Kognitionen: Die Schwächen der gewählten Alternative bzw. die Vorteile der ausgeschlagenen Alternativen werden nachträglich abgewertet und umgekehrt. Hadert ein Konsument mit dem hohen Preis, den er gerade für ein Produkt bezahlt hat, so kann er durch eine Höherbewertung der Qualität dieses Produkts im Vergleich zu den Konkurrenzprodukten seine Dissonanz reduzieren bzw. beseitigen. Dazu gehört auch, dass kritische, potenziell dissonanzinduzierende Merkmale der ausgewählten und der ausgeschlagenen Alternativen als weitgehend ähnlich bewertet werden.
- *Selektive Wahrnehmung*: Hiernach werden vom Konsumenten nur noch solche Informationen (selektiv) aufgenommen, die vorhandene Dissonanzen reduzieren bzw. ein Auftreten von Dissonanzen möglichst vermeiden. Diskrepante Informationen werden gemieden. Käufer von Automobilen versuchen, ihre Entscheidung durch die Betrachtung der Werbung für diesen Pkw zu bestätigen.

- *Rationalisierung*: Nach dieser Strategie versucht der Konsument, rationale Gründe zu finden, die ihm keine Schuld an den vorhandenen Dissonanzen geben (z.B. wird ein „Schuldiger" für diese Entscheidung gesucht).
- *Verdrängung* aus dem Bewusstsein (stop thinking).

Als Folge von Dissonanzen bzw. Inkonsistenzen sind Einstellungsänderungen möglich. In der Konsumentenverhaltensforschung spielen die Theorien kognitiver Konsistenz heute insbesondere deshalb nur noch eine untergeordnete Rolle, weil die grundlegende Konsistenzannahme dieser Theorien in empirischen Studien nicht überzeugend bestätigt werden konnte. Allerdings finden sich grundlegende Annahmen auch in aktuellen Einstellungstheorien wieder (vgl. Kroeber-Riel/Weinberg 2003, S. 182).

Kommunikationsansatz

Der Kommunikationsansatz betont die zentrale und dominante Bedeutung der Kommunikation bei der Entstehung und Änderung von Einstellungen. Dieser Ansatz greift auf Theorien der Lernpsychologie und der kognitiven Psychologie zurück, die Prozesse der Informationsverarbeitung in den Mittelpunkt der Erklärung menschlichen Verhaltens stellen. Zu diesem Bereich zählen insbesondere kommunikationstheoretische Erklärungen zum Einstellungswandel. Der klassische Ansatz der *Yale-Schule* zur beeinflussenden Massenkommunikation (Hovland et al. 1953) unterscheidet Effekte der Quelle (z.B. Glaubwürdigkeit), der Botschaft (z.B. Anzahl und Art der Argumente) und Effekte der Rezipienten (z.B. Silberer 1983, S. 572).

Wahrnehmungstheoretische Ansätze

Die wahrnehmungstheoretischen Ansätze konzentrieren sich auf die Erklärung von Einstellungsänderungen, die sich durch eine veränderte Wahrnehmung von Außenreizen einstellen. Hierbei spielen vor allem Vorgänge der selektiven und verzerrten Wahrnehmung sowie der Re-Interpretation des Wahrgenommenen eine herausragende Rolle (Eagly/Chaiken 1993, S. 590ff.; Hormuth 1979, S. 8). Die wichtigste Theorie dieser im Konsumentenverhalten ansonsten wenig einflussreichen Forschungsrichtung ist die *Theorie sozialer Urteile* (auch *Assimilation-Kontrast-Theorie*; Sherif/Hovland 1961, Hovland et al. 1957; Sherif 1935). Die Theorie sozialer Urteile (social-judgment-theory) nimmt an, dass alle einstellungsrelevanten Informationen bzw. Reize vom Konsumenten auf ein latentes, bipolares Bewertungskontinuum abgebildet werden. Bereits existierende Einstellungen, Präferenzen oder Erwartungen (z.B. bezüglich der Qualität eines gerade gekauften Produktes) dienen dabei als *Urteilsanker*. Um diesen Urteilsanker herum befindet sich der so genannte Akzeptierungsbereich (latitude of acceptance;

vgl. Abb. 2.27). Reize, deren objektive Valenz[19] in diesen Bereich fällt, werden *assimiliert*, d. h., ihre Interpretation durch den Konsumenten wird in Richtung des Urteilsankers hin verzerrt. Diese, dem Urteilsanker objektiv schon recht ähnlichen Reize werden also subjektiv als noch ähnlicher wahrgenommen. Diese Wahrnehmungsverzerrung fällt umso stärker aus, je weiter sich die objektive Reizvalenz vom Urteilsanker entfernt. In beiden Richtungen des latenten, bipolaren Bewertungskontinuums schließt sich an den Akzeptierungsbereich ein Indifferenzbereich an (latitude of noncommitment; vgl. Abb. 2.27). In diesem Bereich finden bis zu einem bestimmten Schwellenwert die stärksten Assimilationen zum Urteilsanker hin statt. Wird dieser Schwellenwert aber überschritten, so wird der Reiz kontrastiert, d. h., seine Interpretation durch den Konsumenten wird vom Urteilsanker weg verzerrt. Der kontrastierte Reiz wird als noch unähnlicher zum Urteilsanker wahrgenommen als es seiner objektiven Valenz entspricht. Die Kontrastierung verläuft umso stärker, je weiter sich die objektive Reizvalenz vom Urteilsanker entfernt. An den Indifferenzbereich schließt sich der Ablehnungsbereich an (latitude of rejection; vgl. Abb. 2.27). Neben der Ähnlichkeit bzw. Nähe des wahrgenommenen Reizes zum individuellen Urteilsanker spielt auch das *Involvement* noch eine entscheidende Rolle (Hovland et al. 1957): Je größer das Involvement[20], desto schmaler ist der Bereich der Akzeptierung und desto größer der Kontrastbereich. Bei Einstellungen, die mit einem hohen Involvement verbunden sind (wichtige, zentrale Einstellungen), ist der Konsument weniger tolerant gegenüber einstellungsdiskrepanten Informationen.

Einstellungsänderung entsteht nach der Theorie sozialer Urteile dadurch, dass einstellungsrelevante Informationen (z. B. sensorische Wahrnehmung der Qualität eines Produktes, Werbeaussagen zur Qualität eines Produktes) entweder der eigenen Einstellung (Urteilsanker) assimiliert (angenähert) oder kontrastiert (entfernt) werden. Je stärker der Assimilations- bzw. Kontrastierungseffekt (Diskrepanzeffekt) ist, desto stärker beeinflussen neu wahrgenommene Informationen die aktuelle Einstellung bzw. den Urteilsanker. Der Einfluss der Diskrepanz zwischen der wahrgenommen Information und der Einstellungsänderung ist somit kurvlinear (vgl. Abb. 2.27).

Obwohl die Theorie sozialer Urteile in gängigen Lehrbüchern nur noch wenig diskutiert wird, sollte ihr enormer Einfluss gerade innerhalb des Marketing nicht unterschätzt werden. Sie bildet nach wie vor das Grundgerüst praktisch aller Modelle der *Qualitätswahrnehmung* (siehe z. B. Anderson 1973; Cardello 1995; Olson/Dover 1979) und *Kundenzufriedenheit* (siehe z. B. Oliver 1980, 1996; Oliver/Winer 1987; Parasura-

---

19 Mit *Valenz* wird der Wert bzw. der Anziehungscharakter eines Objektes bzw. eines Reizes beschrieben. Die objektive Valenz erfasst hier den objektiv gemessenen Wert eines Reizes.

20 Zum Begriff des Involvement siehe Kap. 1.1.

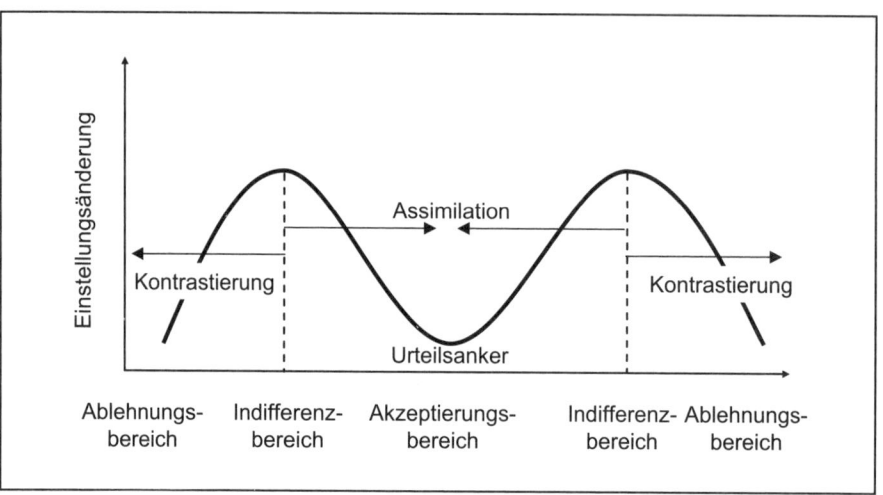

Abb. 2.27: Einstellungsänderung nach der Assimilations-Kontrast-Theorie

man et al. 1985). Darüber hinaus sind im Rahmen dieser Theorie die *Idealpunktmodelle* und das Konstrukt des *Involvements* entstanden (siehe unten). In der Sozialpsychologie erlebt diese Theorie zurzeit eine Renaissance, die insbesondere den Arbeiten von *Fritz Strack* und *Thomas Mussweiler* über die Vorhersagbarkeit der Verzerrungsrichtung und die heuristischen Mechanismen dahinter zu verdanken ist (siehe z. B. Mussweiler et al. 2004; Strack/Mussweiler 1997).

Ansatz der funktionalen Analyse

Der Ansatz der funktionalen Analyse beschäftigt sich mit den Funktionen von Einstellungen für den Einzelnen und mit den in Einstellungen zum Ausdruck kommenden Aspekten der Persönlichkeit (Triandis 1975, S. 6). Nach Katz (1969) können vier Einstellungsfunktionen unterschieden werden:

- Die *Anpassungsfunktion*: Diese Funktion zielt darauf, sich den im sozialen Umfeld vorherrschenden Erwartungen anzupassen, um anerkannt zu werden.
- Die *Selbstbehauptungsfunktion*: Diese Funktion zielt auf die Abwehr unbequemer Informationen, um das eigene Selbstkonzept aufrechterhalten zu können.
- Die *Selbstdarstellungsfunktion*: Diese Funktion dient dem Konsumenten dazu, seine Werthaltungen nach außen zu kommunizieren (Meinungsäußerung).
- Die *Erkenntnis- und Entlastungsfunktion*: Diese Funktion zielt auf eine einfache und überschaubare Strukturierung einer ansonsten komplexen Umwelt.

2.4.3.3 Multiattributive Einstellungsmodelle

Multiattributive Einstellungsmodelle setzen voraus, dass sich die Einstellung zu einem Objekt aus der Wahrnehmung (*kognitiver Aspekt*) und Bewertung (*affektiver Aspekt*) einzelner Merkmale (Attribute) des Objekts ergibt. Von der Vielzahl möglicher Attribute werden vom Konsumenten in der Regel nur relativ wenige zur Einstellungsbildung herangezogen und auch nur solche, die kognitiv „aktiviert" sind (so genannte *saliente Attribute*[21]). Insofern ist es ein wichtiger Schritt zum Verständnis der Einstellungsbildung, die jeweils salienten Attribute zu erkennen. Je nach Konsumsituationen oder Konsumzeitpunkten können unterschiedliche Sets von salienten Attributen beim Konsumenten aktiviert werden und zu unterschiedlichen Einstellungen hinsichtlich eines Produkts führen.

In der Literatur werden unterschiedliche multiattributive Einstellungsmodelle vorgeschlagen:

Das Einstellungsmodell von Rosenberg

Das im Modell von Rosenberg zum Ausdruck kommende Prinzip der *Means-end chains* (Zweck-Mittel-Zusammenhang) besagt, dass eine Einstellung davon abhängig ist, wie gut oder schlecht ein Objekt (Mittel) Bedürfnisse (Zweck) der Konsumenten erfüllen kann. Nach diesem Modell ergibt sich die Einstellung zu einem Produkt aus der wahrgenommenen bzw. erwarteten Fähigkeit des Produkts (Instrumentalität), solche Bedürfnisse des Konsumenten zu befriedigen, für deren Befriedigung das Produkt vom Konsumenten ausgesucht wurde. Das Modell von Rosenberg stellt die Komponenten *Instrumentalität I* des Produkts (kognitive Einstellungsdimension) und *Bedeutung V* der vom Produkt befriedigten Bedürfnisse (affektive Einstellungsdimension) dar (siehe Kroeber-Riel/Weinberg 2003, S. 200). Die Einstellung ergibt sich aus der Summe der Beiträge, die ein Produkt zur Befriedigung wichtiger Bedürfnisse leistet. Die Einstellung zu einem Auto könnte nach dem Rosenbergmodell davon abhängen, wie gut eine bestimmte Automarke z. B. Bedürfnisse nach Sicherheit, sozialer Anerkennung, Unabhängigkeit und Selbstbestätigung erfüllt.

$$A_{ij} = \sum_{k=1}^{K} I_{ijk} \, V_{ik}$$

A_{ij}: Einstellung von Person i zu Produkt j

I_{ijk}: wahrgenommene Eignung von Produkt j, Bedürfnis k von Person i zu befriedigen (perceived instrumentality)

V_{ik}: Bedeutung von Bedürfnis k für Person i (value importance)

---

[21] Seit etwa zwei Jahrzehnten hat im angloamerikanischen Sprachgebrauch jedoch der Begriff *accessibility* das alte Konzept der *salience* ersetzt.

Die jeweiligen Modellkomponenten, wahrgenommene Instrumentalität I_{ijk} (z. B.: *Wie gut erfüllt ein Pkw der Marke X das Bedürfnis, sicher zu fahren?*) und Bedeutung der jeweiligen Bedürfnisse V_{ik} (z. B.: *Wie wichtig ist es ihnen, ein sicheres Auto zu fahren?*), erfolgen in der Regel über Ratingskalen. Da allerdings die Ermittlung der durch das Produkt zu befriedigenden Konsumbedürfnisse schwierig ist und zudem der Bezug von Bedürfnissen zu bestimmten, gestaltbaren Produktmerkmalen, wenn überhaupt, nur indirekt gegeben ist[22], hat sich das *Rosenberg-Modell* in der praktischen Marktforschung nicht durchsetzen können.

Das Einstellungsmodell nach Fishbein

Während das Modell von Rosenberg einem *Means-end chains Ansatz* entspricht, gehört das multiattributive Einstellungsmodell des Sozialpsychologen Fishbein (vgl. Ajzen/ Fishbein 1980; Fishbein/Ajzen 1975) zur Klasse der Erwartungs-Wert-Modelle (*expectancy value models*). Die Einstellung ergibt sich nach diesem Modell durch Multiplikation subjektiver Wahrscheinlichkeiten (*beliefs*) über das Vorhandensein bestimmter Produktmerkmale (kognitiver Aspekt) mit subjektiven Bewertungen (*evaluations*) dieser Merkmale (affektiver Aspekt). Diese Produkte werden auch als *Eindruckswerte* bezeichnet und zur Abbildung des Einstellungswertes über alle salienten, d. h. zum Zeitpunkt der Einstellungsbildung kognitiv aktivierten Produktmerkmale aufaddiert (vgl. Fishbein/Ajzen 1975; vgl. auch Kroeber-Riel/Weinberg 2003, S. 201). Analog zum statistischen Erwartungswert kann in diesem Modell die Einstellung als subjektiv „erwarteter Nutzen" (*expected value*) eines Produkts definiert werden:

$$A_{ij} = \sum_{k=1}^{K} B_{ijk}\, a_{ijk}$$

A_{ij} : Einstellung von Konsument i zu Produkt j

B_{ijk}: von Konsument i wahrgenommene Wahrscheinlichkeit dafür, dass Produkt j das Merkmal k besitzt (*belief*)

a_{ijk}: Bewertung von Merkmal k bei Produkt j durch Konsument i (*evaluation*)

Das *Fishbein-Modell* unterstellt ein durch Informationen gestütztes, überlegtes bzw. rationales Verhalten von Individuen (Bagozzi/Warshaw 1990, S. 127). Das geht zum einen aus der relativ komplexen, multiattributiven Modellstruktur hervor und zum anderen daraus, dass die individuellen Überzeugungen den jeweiligen Informationsstand der

---

22 Welche Produktmerkmale eines Autos befriedigen z. B. das Bedürfnis nach sozialer Anerkennung?

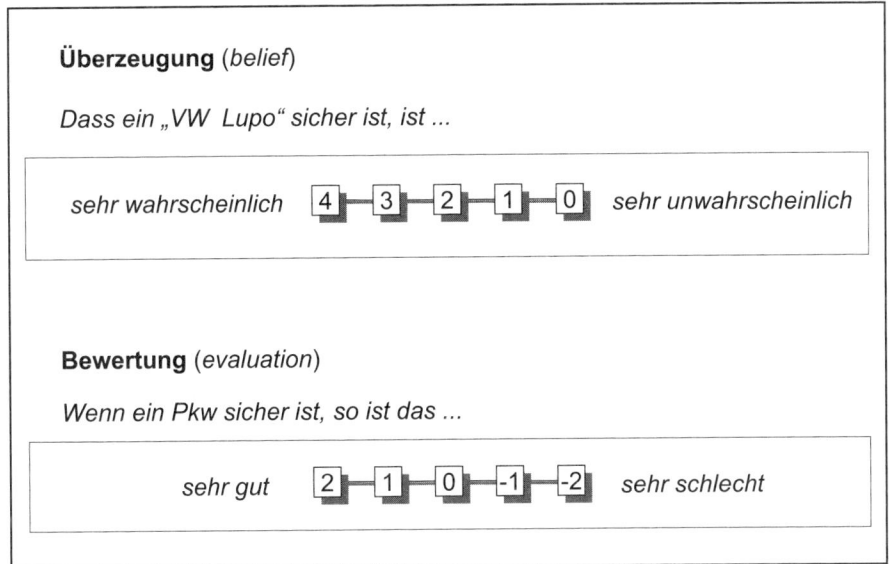

Abb. 2.28: Operationalisierung des Modells von Fishbein am Beispiel des Merkmals Sicherheit eines Pkw

Individuen widerspiegeln. Das Fishbein-Modell entspricht daher in vielerlei Hinsicht den Rational-Choice-Ansätzen in der Entscheidungstheorie.

Die Operationalisierung des Fishbein-Modells erfolgt über zwei Ratingskalen (vgl. Abb. 2.28). Zum einen werden Überzeugungen (*beliefs*) als subjektive Wahrscheinlichkeiten dafür, dass das Objekt bestimmte Merkmale aufweist, gemessen. Zum anderen erfolgt die Messung der Bewertung (*evaluation*) einzelner Merkmale über eine „gut-schlecht" Einschätzung. Für alle salienten Merkmale eines Objekts werden so nacheinander die subjektiven Wahrscheinlichkeiten und Bewertungen erfragt. Die beiden Messwerte je Merkmal werden sodann miteinander multipliziert und diese Produkte (*Eindruckswerte*) über alle Merkmale aufsummiert. So erhält man einen intervallskalierten Einstellungswert je Individuum. Diese Einstellungswerte können dann durch den Einsatz statistischer Verfahren zur Beschreibung und Erklärung von Einstellungen sowie zur Erklärung der Wirkung von Einstellungen auf das Kaufverhalten herangezogen werden. Das Einstellungsmodell weist eine *kompensatorische*, d.h., es findet ein Ausgleich zwischen starken und schwachen Einstellungseindrücken statt, und *kompositionelle* Struktur, d.h., der Einstellungswert ergibt sich aus den Einzelwerten der Eindrücke, auf.

In der Sozialpsychologie wurde dieses Einstellungsmodell vor allem wegen der fehlenden Validität der *beliefs* bei der Vorhersage anderer Einstellungsmaße und Außenkriterien kritisiert (O'Keefe 2002, S. 62 f.) und hat daher nur geringe Bedeutung für die zeitgenössische, eher grundlagenorientierte Einstellungsforschung erlangt. Inzwischen hat sich dort das Verständnis durchgesetzt, dass die Überzeugungen (*beliefs*) im Fishbein-Modell eher als Näherungsgrößen für den Aktivierungsgrad (*accessibility* bzw. *salience*) einer Attributbewertung angesehen werden sollten. In der akademischen Forschung zum Konsumentenverhalten wurde das Modell zeitweise sehr stark beachtet, fand aber dennoch in der praktischen Marktforschung nur einen recht geringen Zuspruch. Der Grund dafür liegt in der Spezifikation der Überzeugungen (*beliefs*) als subjektive Wahrscheinlichkeit. Es wird damit zwar das Vorhandensein von Eigenschaften (z. B. subjektive Wahrscheinlichkeit dafür, dass ein bestimmtes Automobil sicher ist) erfasst, nicht aber der für das Marketing viel wichtigere Aspekt der Wahrnehmung gradueller Ausprägungen dieser Eigenschaften (z. B. subjektive Einschätzung, darüber, wie sicher ein bestimmtes Automobil ist). Gerade aber auf die graduellen Merkmalsunterschiede kommt es häufig im Marketing an. Zudem wird auch die „gut-schlecht" Bewertung kritisiert, da sie zu wenig auf die Bedeutung bzw. Wichtigkeit eines Merkmals bei der Kaufentscheidung hinweist.

Die Theorie des überlegten Handelns

Das *Fishbein-Modell* erfasst die Einstellung zu einem Objekt. Es geht davon aus, dass ein Konsument z. B. einen *Ford* gut und einen *Opel* weniger gut finden kann oder umgekehrt. Da das Einstellungskonstrukt im Marketing im Wesentlichen dazu genutzt werden soll, das Kaufverhalten zu erklären und zu prognostizieren, bietet es sich an, das so genannte „erweiterte" Fishbein-Modell dieser Problemstellung zugrunde zu legen. Dieses Modell stützt sich auf die Aussagen der *Theorie des überlegten Handelns* (theory of reasoned action), wonach die Einstellung nicht zu einem Objekt, sondern zu einem Verhalten betrachtet wird (*attitude toward the behavior*). Nach dem obigen Beispiel geht es also darum festzustellen, welche Einstellungen Konsumenten beispielsweise zum Kauf eines *Fords* bzw. zum Kauf eines *Opels* haben. Zur Einstellungsbildung werden nicht die Produktattribute herangezogen, sondern Konsequenzen, die mit dem Kauf eines Produkts verbunden sind. Darüber hinaus wird neben der Einstellung die *soziale Norm* (subjective norm) als eine weitere Verhaltensdeterminante in diesem Modell spezifiziert. Sowohl die Einstellung als auch die soziale Norm beeinflussen über die Verhaltensintention (*behavioral intention*) indirekt das Verhalten von Individuen (behavior; vgl. Abb. 2.29).

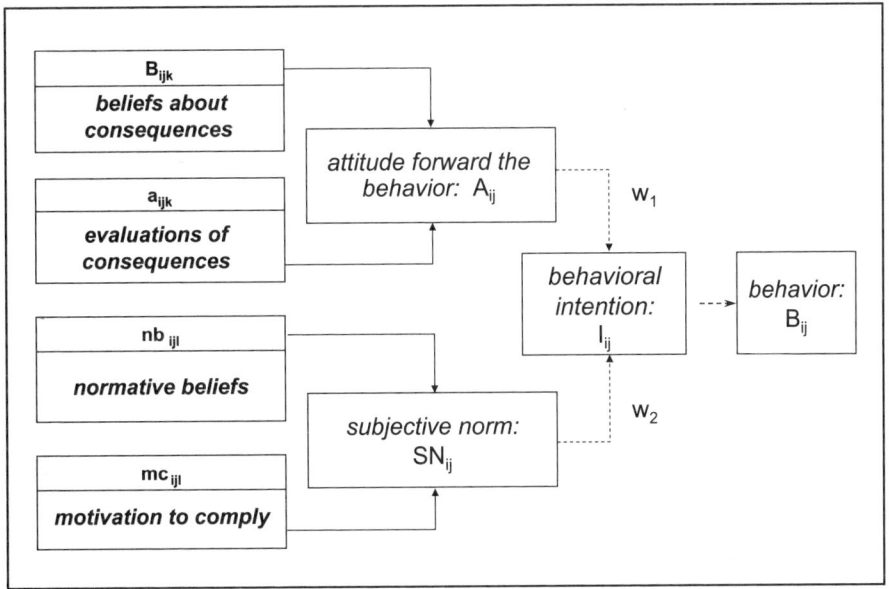

Abb. 2.29: Die Theorie des überlegten Handelns

Das Modell kann wie in folgender Weise formalisiert werden:

$$I_{ij} = w_1 A_{ij} + w_2 SN_{ij}$$
$$I_{ij} \sim B_{ij}$$

mit:

$$A_{ij} = \sum_{k=1}^{K} B_{ijk} a_{ijk} \quad und \quad SN_{ij} = \sum_{r=1}^{R} nb_{ijr} mc_{ijr}$$

I_{ij}: Absicht von Konsument i, Produkt j zu kaufen (Handlungsintention)

B_{ij}: Kauf von Produkt j durch Konsument i

A_{ij}: Einstellung von Konsument i zum Kauf von Produkt j

B_{ijk}: Subjektive Wahrscheinlichkeit, mit der durch den Kauf von Produkt j Konsequenz k für Konsument i eintritt (*belief*)

a_{ijk}: Bewertung der durch den Kauf von Produkt j erwarteten Konsequenz k durch Konsument i

w_1, w_2: empirische Gewichte, die aus Daten geschätzt werden

SN_{ij}: von Konsument i wahrgenommene soziale Erwartung (*soziale Norm*), dass er Produkt j kaufen soll

nb_{ijr}:   vom Konsument i wahrgenommene Wahrscheinlichkeit dafür, dass Referenz-
gruppe r den Kauf von Produkt j von ihm erwartet (*normativ belief*)

mc_{ijr}:   Bereitschaft von Konsument i, dem wahrgenommenen sozialen Einfluss von r
zu folgen (*motivation to comply*)

Normen sind Erwartungen der sozialen Umgebung hinsichtlich spezifischer Verhaltensweisen, deren Einhaltung kontrolliert und sanktioniert wird (z. B. Pünktlichkeit, Kleidung, Umgangsformen, aber auch Produktpräferenzen innerhalb der Familie eines Konsumenten). Konsumnormen werden von sozialen Institutionen und Bezugsgruppen
sanktioniert (z. B. Familie, Freundeskreis, Schulen) und beeinflussen das Kauf- und
Konsumverhalten (vgl. Kap. 2.5). Dies ist insbesondere bei Produkten der Fall, die als
Status- oder Lebensstilindikatoren dienen, öffentlich sichtbar genutzt werden und solchen, die von einer ganzen Gruppe gemeinsam genutzt bzw. konsumiert werden, (z. B.
Musik-CDs im Kreis der Freunde). Das erweiterte Fishbein-Modell erfasst diesen sozialen Einfluss *SN* durch die subjektiv wahrgenommene Stärke des Einflusses bestimmter Referenzpersonen bzw. -gruppen *nb* (z. B. Freunde) und der Motivation *mc*, dem Einfluss dieser Personen bzw. Gruppen Folge zu leisten zu wollen (vgl. Abb. 2.29).

Das Einstellungsmodell von Trommsdorff

Neben den oben schon genannten Problemen mit dem Modell von Fishbein weist
Trommsdorff (1975, S. 64 f.) zusätzlich noch auf messtechnische Probleme des Fishbein-Modells hin, die mit der Multiplikation von Ratingskalen verbunden sind. Deshalb
schlägt er (Trommsdorff 2004, S. 163) ein alternatives Modell vor, das, ohne auf die getrennte Messung von kognitiven und affektiven Einstellungsaspekten zu verzichten,
keine Multiplikation von Ratingskalen erfordert. Das Trommsdorff-Modell, das zur
Klasse der *Idealpunktmodelle* gehört, spezifiziert die Einstellung aus den ungewichteten
Differenzen zwischen real wahrgenommenen und als ideal empfundenen Produkteigenschaften. Die Hauptkritik an dem Trommsdorff-Modell richtet sich auf das Problem
einer validen Messung von Idealpositionen. Das Konzept des Idealpunkts stammt aus
der Theorie sozialer Urteile (auch Assimilations-Kontrast-Theorie genannt, siehe oben;
Hovland et al. 1957; Sherif/Hovland 1961). Das Idealpunktkonzept wurde von Coombs
(1964) im Rahmen seines *Unfolding-Ansatzes* der Skalierung formalisiert. Unfolding-Mo-
delle verwenden keine direkte Messung des Idealpunkts, wie es beim Trommsdorff-Modell der Fall ist, sondern schätzen den Idealpunkt als Parameter eines Modells, das
durch eine Skala von Ja-Nein-Einstellungsfragen oder Paarvergleichsdaten gemeinsam
spezifiziert wird. Eine neuere, sehr allgemeine Formalisierung dieses Modellansatzes
ist bei Luo (1998) zu finden.

Das Idealpunktmodell:

$$A_{ij} = \sqrt{\sum_{k=1}^{K} (B_{ijk} - I_{ik})^2}$$

Das Trommsdorff-Modell:

$$A_{ij} = \sum_{k=1}^{K} |B_{ijk} - I_{ik}|$$

A_{ij}:   Einstellung von Konsument i zu Produkt j

I_{ik}:   von Konsument i als ideal eingeschätzte Ausprägung der Eigenschaft k innerhalb der jeweiligen Produktklasse

B_{ijk}:   von Konsument i wahrgenommene Ausprägung von Eigenschaft k bei Produkt j

Das Adäquanz-Wichtigkeits-Modell (adequacy importance-model)

Das *Adequacy Importance-Modell* genießt in der Marktforschungspraxis große Beliebtheit. Unter Beibehaltung der formalen Struktur des Fishbein-Modells wird die Spezifizierung von *Beliefs* und *Evaluations* verändert: Überzeugungen reflektieren subjektiv wahrgenommene Ausprägungen einzelner Produktattribute und die Bewertung erfolgt über die Wichtigkeit einzelner Merkmale für den Konsumenten.

$$A_{ij} = \sum_{k=1}^{K} B_{ijk} \; a_{ijk}$$

A_{ij}:   Einstellung von Konsument i zu Produkt j

a_{ijk}:   Wichtigkeit der Eigenschaft k bei Produkt j für Konsument i

B_{ijk}:   von Konsument i wahrgenommene Ausprägung von Eigenschaft k bei Produkt j

Den multiattributiven Einstellungsmodellen liegen folgende *Prämissen* bzw. Strukturannahmen zugrunde:

- *Multiplikationsprämisse*: Setzt die Unabhängigkeit der beiden Einstellungskomponenten voraus, d.h., Überzeugungen und Bewertungen dürfen sich nicht gegenseitig beeinflussen (gilt nicht für das Trommsdorff-Modell).
- *Additionsprämisse*: Einstellungen ergeben sich aus der Summe von Einzeleindrücken.
- *Rationalitätsprämisse*: Unterstellt wird ein sehr umfassender, informationsgestütz-

ter Prozess der Produktbewertung, wie er nur im Rahmen von extensiven Entscheidungsprozessen stattfindet.

* *Linearitätsprämisse*: Veränderungen von Eindruckswerten wirken linear auf die Einstellung.

* *Kompensatorische Modellstruktur*: Positive und negative Eindrücke können sich gegenseitig ausgleichen. Das kann u.a. dann zu unrealistischen Aussagen bzw. Ergebnissen führen und zu einer Überschätzung der Wirkung der Einstellung auf das Kaufverhalten beitragen, wenn Eigenschaften in die Einstellungsbildung mit einbezogen werden, die nicht oder nur begrenzt kompensiert werden können (z.B. der Produktpreis). In solchen Fällen könnte das Einstellungsmodell durch nicht-kompensatorische Elemente ergänzt werden.

* *Komponierender, parametrisierender Ansatz*: Die Einstellung ergibt sich aus einer zusammenfassenden Wirkung mehrerer einzelner Merkmalseindrücke, wobei sich jeder Eindruck aus zwei voneinander unabhängigen Komponenten ergibt. Die messtechnischen Vorschriften der multiattributiven Einstellungsmodelle erfordern eine getrennte Erhebung aller Parameter (z.B. B_{ijk} und a_{ijk}) und deren arithmetische Verknüpfung zur Bildung des Einstellungswertes. Es handelt sich also um hoch parametrisierte Modelle. Von dieser komponierenden Vorgehensweise müssen *dekomponierende Ansätze* unterschieden werden, die aus Präferenzen Teilbeiträge oder Teilnutzenwerte einzelner Merkmale ableiten[23] (Balderjahn 1993, S.69).

Für alle multiattributiven Einstellungsmodelle gilt zusammengefasst folgende Kritik:
* Es wird unterstellt, dass die Durchführung einer mit einer Einstellung verbundenen Handlung ausschließlich vom Willen des Individuums (*will power)* abhängt, nicht aber von eventuell erforderlichen Ressourcen an Geld, Zeit und Kraft. Die Möglichkeit aber, eine getroffene Entscheidung auch umzusetzen, ist abhängig von der individuellen *Handlungskontrolle* (*volitional control*). Diese ist umso stärker eingeschränkt, je mehr Ressourcen eine Handlung benötigt (vgl. Balderjahn 1993, S.78)
* Verhalten wird als singulärer Akt aufgefasst. Verhaltensprozesse, die sich über einen längeren Zeitraum abspielen und immer wieder neue Entscheidungen und eine stabile psychische Antriebskraft (*will power*) erfordern (z.B. die Absicht, abzunehmen oder mit dem Rauchen aufzuhören), werden nicht mit diesen Modellen erfasst (vgl. Gollwitzer 1993; 1999). Je stärker die Handlung von *Gewohnheiten*

---

23 *Conjoin-Analyse* und *Discrete-Choice-Analyse* verfolgen einen dekompositionellen Ansatz.

bestimmt wird, desto geringer ist der Einfluss der Einstellung auf diese Handlung. Es wird nur die Einstellungsbildung in extensiven Entscheidungsprozessen bei hohem Involvement erfasst. Insofern kann gewohnheitsmäßiges Verhalten mit diesen Modellen nicht erklärt werden (siehe dazu die Meta-Analyse von Oulette/Wood 1998).

- Unerwartete *Situationseinflüsse* schwächen die Einstellungswirkung.
- Ist die Handlungsdurchführung von der Mitwirkung anderer Personen abhängig, reduziert sich die Einstellungswirkung.
- Die Modelle gehen davon aus, dass das Einstellungsobjekt isoliert und unabhängig von anderen Alternativen bewertet wird. Es werden zwischen den Einstellungsobjekten keine Austausch- bzw. Konkurrenzbeziehungen („trade-offs") berücksichtigt[24].

Theorie der Handlungskontrolle

Durch Berücksichtigung einer mangelnden *Handlungskontrolle* kann die Konsistenz zwischen Einstellungen und Verhalten verbessert werden. Die Theorie der Handlungskontrolle (*Theory of Action Control*) von Kuhl (1985) definiert die Handlungskontrolle als motivationalen Faktor zur Umsetzung einer Entscheidung in konkludentes Handeln. Ob auf eine Entscheidung Taten folgen, ist der Theorie zufolge von der Stärke dieses motivationalen Faktors abhängig (siehe Kap. 2.2 und vgl. Balderjahn 1993, S. 80). Kuhl (1985, S. 118) unterscheidet darüber hinaus zwischen dispositional lage- und handlungsorientierten Personen. *Lageorientierte Personen* konzentrieren sich auf eine möglichst genaue Beurteilung der Entscheidungssituation durch intensives Abwägen von Entscheidungsalternativen. Dabei kommen auch komplexere Bewertungs- und Entscheidungsregeln zum Einsatz. Diese Personen sind in ihrem Verhalten sehr zögerlich und haben deutlich mehr Probleme, Entscheidungen umzusetzen, als so genannte *handlungsorientierte Personen*. Diese nämlich entscheiden viel unkomplizierter und schneller und konzentrierten sich im Wesentlichen auf die Ausführung der Entscheidung.

Theorie geplanten Verhaltens

Ajzen (1985) erweitert die Theorie des überlegten Handelns zu einer Theorie des geplanten Verhaltens (*Theory of Planned Behavior*) durch eine explizite Berücksichtigung handlungshemmender Einflüsse. Die Verhaltensintention BI_{ij} der Theorie des überlegten Handelns wird hier ersetzt durch das Konstrukt einer Zielintention GI_{ij} (*goal intention*). Diese Handlungsintention ist im Ajzen-Modell kein unmittelbarer Prädiktor

---

24 Trade-offs werden z. B. im Rahmen der Conjoint Analyse erfasst.

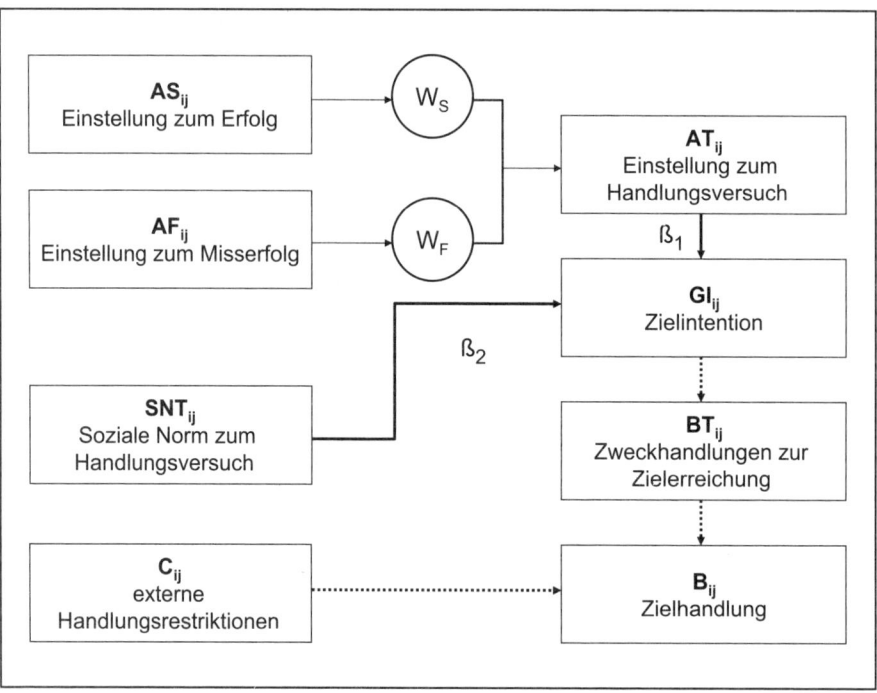

Abb. 2.30: Das Modell geplanten Verhaltens von Ajzen (1985)

einer Handlung B_{ij}, sondern ein Maß für die Intensität BT_{ij}, mit der ein Individuum versucht, das angestrebte Ziel einer Handlung (z. B. Erwerb eines bestimmten Produkts) zu erreichen (vgl. Abb. 2.30).

Das Konstrukt BT_{ij} korrespondiert insofern mit der Antriebskraft der Theorie von Kuhl (siehe oben). Die für die Zielerreichung erforderlichen Aktionen werden in einem Plan festgelegt (Ajzen 1985, S. 31). Prädiktoren der Zielintention sind, ähnlich wie in der Theorie des überlegten Handelns, die Einstellung und die soziale Norm. Unterschiede ergeben sich jedoch dadurch, dass sich im Ajzen-Modell die Einstellung auf den Handlungsversuch bezieht (AT$_{ij}$), und zwar differenziert danach, ob der Versuch erfolgreich sein wird (AS_{ij}) oder misslingt (AF_{ij}). Die beiden Einstellungen ergeben sich nach dem *Expectancy-value-Konzept* aus der Summe der wahrgenommenen und bewerteten Konsequenzen einer erfolgreichen bzw. einer nicht erfolgreichen Zielerreichung (vgl. Balderjahn 1993, S. 82). Auch die Soziale Norm SNT$_{ij}$ bezieht sich auf den Handlungsversuch.

Die *Modellgleichung* lautet:

$B_{ij} = BT_{ij} C_{ij} \sim GI_{ij} = \beta_1 AT_{ij} + \beta_2 SNT_{ij}$

mit: $AT_{ij} = WS_{ij} AS_{ij} + WF_{ij} AF_{ij}$

$WF_{ij} = 1 - WS_{ij}$

β_1 und β_2 sind empirische Gewichte

i: Konsument

j: Produkt

Die Gewichte *WS* und *WF* sind Maße für die subjektive Wahrscheinlichkeit eines erfolgreichen (*success*) bzw. eines nicht erfolgreichen (*failure*) Zielerreichungsversuchs. In den Gewichten schlagen sich die Wirkungen subjektiv wahrgenommener Restriktionen nieder. Für den Fall einer vollständigen Handlungskontrolle, d.h. ein Scheitern wird von dem Individuum ausgeschlossen, ist WS = 1 (vgl. Balderjahn 1993, S. 82 f.).

2.4.3.4 Einstellungsänderung

Die meisten der in den vorhergehenden Abschnitten behandelten Einstellungstheorien sind mit bestimmten Modellen der Einstellungsänderung verknüpft. Als Beispiel kann die bekannteste und am weitesten verbreitete Konsistenztheorie dienen, die *Theorie der kognitiven Dissonanz* (Festinger 1957; siehe oben). Nach der Grundidee dieser Theorie sind Dissonanzen, also Disharmonien zwischen Kognitionen, ein eigenständiger motivierender Faktor, der auf die Vermeidung und Reduktion von eben diesen Dissonanzen gerichtet ist. Inkonsistenzen können sowohl zwischen den Komponenten einer Einstellung (z.B. Qualität wird gut, der Preis aber als viel zu hoch bewertet) als auch zwischen verschiedenen Einstellungen entstehen (z.B. die Einstellung zu einem berühmten Schauspieler ist gut; die Einstellung zu dem Produkt, für das der Schauspieler in einer Anzeige wirbt, aber schlecht).

Einstellungsänderungen können durch gezieltes *Erzeugen von Dissonanzen* beim Konsumenten erreicht werden. Dafür sorgen psychische Prozesse der Dissonanzreduktion. Beispielsweise kann sich bei einem hohen Preis eines Produkts die Qualitätsbewertung verbessern, um die Diskrepanz zwischen beiden Merkmalen zu reduzieren. Dadurch verbessert sich die Einstellung insgesamt. Auch die Einstellung zu einem uninteressanten Produkt, das von einem Idol in der Werbung verwendet wird, kann sich so verbessern (vgl. Kap. 4.2.3.5). Warnhinweise auf Zigarettenpackungen sollen in gleicher Weise Dissonanzen auslösen und die Einstellung zum Rauchen verschlechtern (vgl. Abb. 2.31). Diese Strategien setzen immer *Umbewertungen* einzelner Kognitionen als Reduktionsmechanismus voraus. Die Richtung der Umbewertung ist allerdings oft

Abb. 2.31: Warnhinweise auf Zigarettenpackungen

schwer prognostizierbar: „weil rauchen tödlich ist, kann rauchen nicht cool sein" oder „rauchen ist cool, weil rauchen tödlich ist".

Richard Petty und John Cacioppo haben in den 1980er Jahren den ehrgeizigen Versuch unternommen, praktisch alle bis dahin etablierten Ansätze zur Erklärung und Vorhersage von Einstellungsänderung zu integrieren (Petty/Cacioppo 1981; 1986; vgl. O'Keefe 2002, S. 137 ff.; Eagly/Chaiken 1993, S. 305 ff.; Petty et al. 1997). Ihr Modell der Elaborationswahrscheinlichkeit (*elaboration likelihood model*) ist ein integratives, eklektisches Modell, das eine ganze Reihe bereits länger etablierter Einstellungsänderungsmodelle mit nur partiellem Gültigkeitsanspruch unter einem gemeinsamen *dualen Prozessansatz* synthetisiert.

Das Modell nimmt an, dass Einstellungsänderung grundsätzlich auf zwei Wegen erfolgen kann: auf dem „zentralen Weg" absichtsvoller und bewusster Informationsverarbeitung und auf dem „peripheren Weg" spontaner und beiläufiger Informationsverarbeitung. Die Wahrscheinlichkeit, dass ein Rezipient die in einer Kommunikation enthaltene Information zentral verarbeitet, hängt zunächst von motivationalen Faktoren ab und hier hauptsächlich von den Voreinstellungen über das Kommunikationsobjekt und der Involviertheit des Rezipienten mit dem Kommunikationsobjekt (Petty et al.

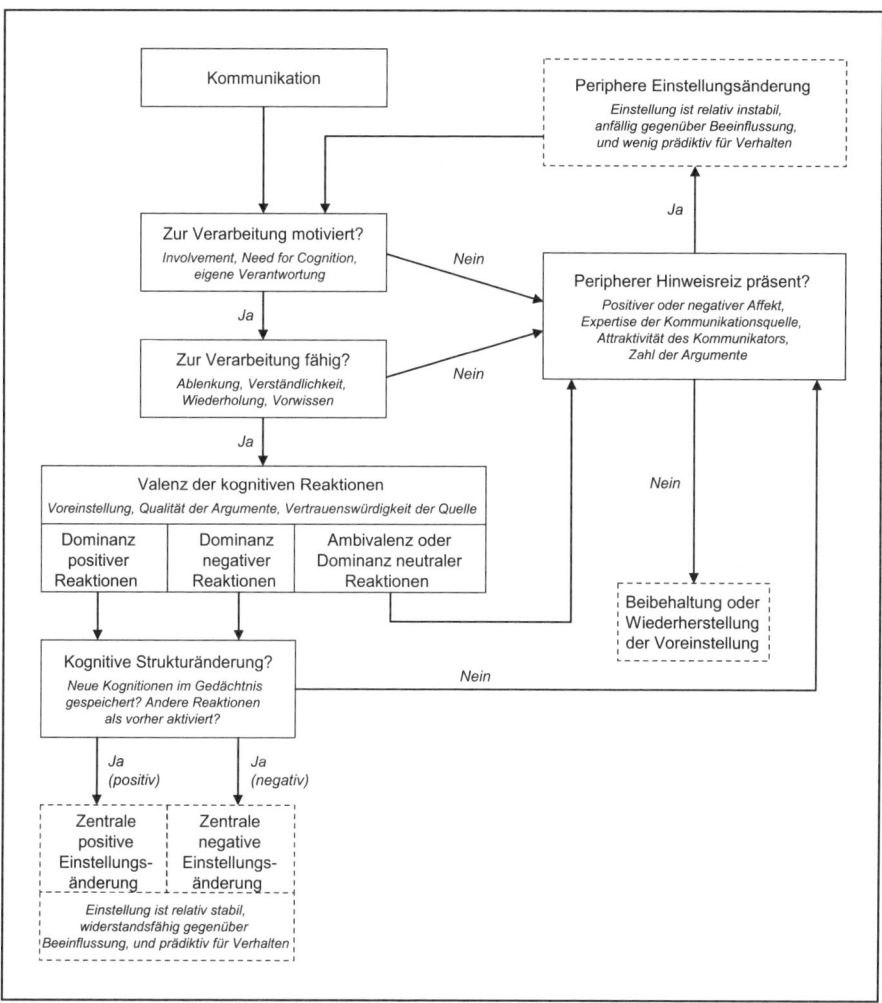

Abb. 2.32: Elaboration Likelihood Model von Petty und Cacioppo
Quelle: Petty/Cacioppo 1986, S.126

1983). *Involviertheit* bzw. Involvement bezeichnet die subjektive Wichtigkeit und das persönliche Interesse des Rezipienten am Kommunikationsobjekt (siehe Kap. 2.7).

Im zweiten Schritt hängt die *zentrale Verarbeitung* zum einen von der *Verfügbarkeit kognitiver Ressourcen* ab: Die Wahrscheinlichkeit zentraler Verarbeitung ist umso höher, je weniger die Aufmerksamkeit des Rezipienten von anderen Dingen in Anspruch genommen wird, je verständlicher die Information ist und je mehr Vorwissen der Konsument über das Kommunikationsobjekt hat (Ratneshwar/Chaiken 1991; Petty/Cacioppo

1986). Zum anderen hängt die zentrale Verarbeitung von der *Quellenglaubwürdigkeit* ab: Die Wahrscheinlichkeit zentraler Verarbeitung ist umso höher, je vertrauenswürdiger die Quelle der Information ist (Priester/Petty 1995). Sind beide Bedingungen, Verfügbarkeit und Glaubwürdigkeit, erfüllt, wird der Rezipient die in einer Kommunikation enthaltenen Informationen mit hoher Wahrscheinlichkeit bewusst, absichtsvoll und kritisch verarbeiten und ihre Inhalte durch Zugriff auf assoziierte Gedächtnisinformationen kognitiv elaborieren. Werden von diesen Elaborationen überwiegend positive Urteile und Bewertungen des Kommunikationsobjekts ausgelöst und werden diese im Gedächtnis abgespeichert, so resultiert daraus eine zentrale positive Einstellungsänderung. Werden von den Elaborationen überwiegend negative Bewertungen ausgelöst und werden diese im Gedächtnis abgespeichert, resultiert daraus eine zentrale negative Einstellungsänderung. Zentrale Einstellungsänderung positiver oder negativer Art gilt als relativ überdauernd, verhaltensrelevant und relativ resistent gegenüber gegenläufigen Beeinflussungsversuchen.

Wenn eine oder mehrere der oben genannten Bedingungen nicht erfüllt sind, kann eine Einstellungsänderung immer noch auf „peripherem Weg" erfolgen. *Periphere Einstellungsänderung* hängt von der Präsenz bestimmter *Hinweisreize* ab, die vom Rezipienten heuristisch, spontan und beiläufig verarbeitet werden. Besonders wichtig sind hier die wahrgenommene Expertise der Informationsquelle, die wahrgenommene Ähnlichkeit der Informationsquelle bzw. des Kommunikators zur eigenen Person (Petty/Cacioppo 1984a) sowie positive oder negative Affekte, die als Urteilsheuristiken dienen können (Finucane et al. 2000; vgl. auch Kap. 4.2.3.5).

Eine zentrale Schlussfolgerung aus der Forschung zum Modell der Elaborationswahrscheinlichkeit ist, dass Einstellungsänderung oft nicht durch einfache Haupteffekte erklärt werden kann. Entscheidend sind oft Wechselwirkungen zwischen Charakteristiken der Botschaft und des Rezipienten. Petty und Cacioppo (1984b) berichten zum Beispiel über ein Experiment, in dem eine Dreifach-Interaktion zwischen der Anzahl der Argumente in einer Botschaft, der Qualität dieser Argumente und dem Involvement des Rezipienten ausschlaggebend für den Grad der Einstellungsänderung war. Die Anzahl der Argumente – ungeachtet ihrer Qualität – hatte nur bei Rezipienten mit geringem Involvement einen peripheren Einstellungsänderungseffekt. Bei Personen mit hohem Involvement hing der Einstellungsänderungseffekt zusätzlich auch noch von der Qualität der Argumente ab: Nur wenn die Argumente tatsächlich gut waren, hatte ihre Anzahl einen positiven Effekt auf die Einstellungsänderung. Waren die Argumente dagegen schwach, zeigte sich sogar einen *Bumerang-Effekt* (vgl. Abb. 2.33).

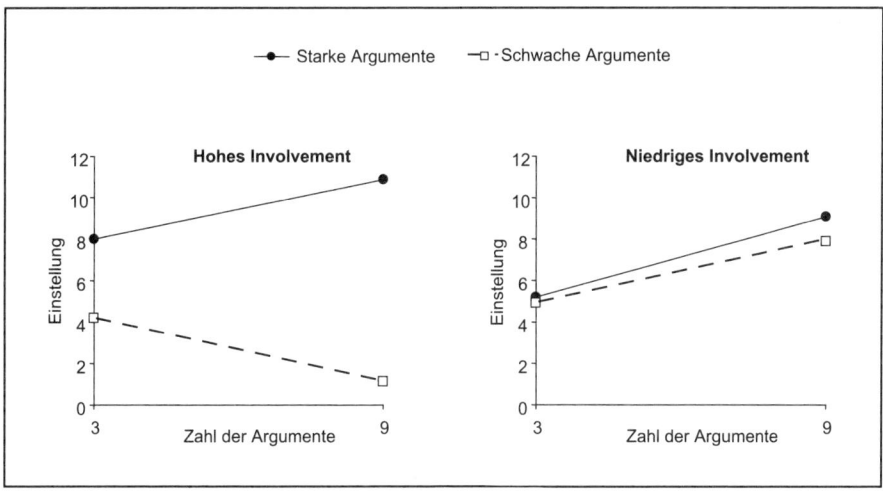

Abb. 2.33: Interaktionseffekt zwischen Zahl der Argumente in einer Botschaft,
Qualität dieser Argumente und Involvement des Rezipienten auf den Grad
der Einstellungsänderung
Quelle: Petty/Cacioppo 1984b, S. 77

2.4.3.5 Messung von Einstellungen

Zur Messung von Einstellungen ist es erforderlich, zwischen einer theoretisch-begriffli-
chen, der Beobachtung nicht zugänglichen latenten Ebene und einer empirisch-methodi-
schen, der Beobachtung zugänglichen manifesten Ebene zu unterscheiden (vgl. Kroe-
ber-Riel/Weinberg 2003, S. 189 ff.; auch Balderjahn 2003b). Die drei Komponenten der
Einstellung stellen die theoretische Ebene dar. Theorie und Empirie werden durch Messmodelle verknüpft. *Messmodelle* sind erforderlich, um die Konstrukte der Theorie mess-
bar zu machen und um ihnen eine empirische Bedeutung zu geben (Bagozzi, 1998,
S. 59). Dazu stehen zwei Messmodelle zur Verfügung (vgl. Balderjahn 2003b): Nach dem
Modell operationaler Definition wird ein Konstrukt vollständig durch die dieses Konstrukt messenden Beobachtungen definiert und inhaltlich erfasst. Diese Vorgehensweise
kann grundsätzlich nicht empfohlen werden, da eine allgemeine Theoriebildung wegen
der Abhängigkeit der Konstrukte von den jeweiligen Messungen kaum möglich ist. Alternative (multiple) Operationalisierungen sind nicht zulässig, so dass sich die Frage
der Validität der Konstrukte hier nicht stellt (Bagozzi 1998, S. 66). Das *Modell kausaler
Indikatoren* unterstellt dagegen, dass ein Konstrukt eine eigenständige, von den Beobachtungen unabhängige Bedeutung hat. Konstrukte beeinflussen hiernach kausal bestimmte Beobachtungen, die als *Indikatoren* bezeichnet werden. Jeder Indikator erfasst
nur einen Teilbereich oder Aspekt des vom Konstrukt repräsentierten theoretischen

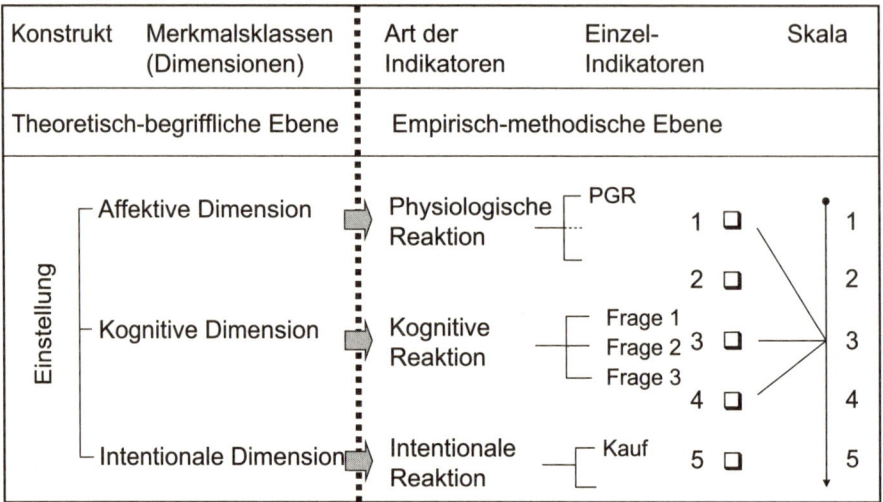

Abb. 2.34: Vom mehrdimensionalen Einstellungskonstrukt zur Messung
Quelle: In Anlehnung an Kroeber-Riel/Weinberg 2003, S.190

Bedeutungsuniversums. Dieses Messmodell erlaubt einerseits alternative Operationalisierungen (z. B. unterschiedliche Messmethoden), erfordert allerdings andererseits eine Prüfung der Validität der Konstruktmessung (Bagozzi 1998, S. 67 ff.).

Messmodelle legen also fest, welche Indikatoren zur Messung der Einstellung herangezogen werden können, in welchem Zusammenhang sie zum Einstellungskonstrukt stehen und wie sie zur Messwertbestimmung miteinander verknüpft werden müssen (vgl. Abb. 2.34). In systematischer Weise entwickelte Modelle zur Messung theoretischer Begriffe werden *Skalen* genannt. Skalen liefern den Maßstab für die Messung eines Konstrukts. Der Vorgang, der zur Entwicklung einer Skala führt, heißt Skalierung. Im Rahmen der *Operationalisierung* findet die Auswahl eines Messmodells bzw. einer Skala zur Messung der Einstellung statt.

Einstellungsmessungen müssen den Kriterien Reliabilität (Zuverlässigkeit) und Validität (Gültigkeit) genügen. Die *Reliabilität* (Zuverlässigkeit) einer Messung ist ein Maß für die Abwesenheit zufälliger Messfehler. Von der *Validität* (Gültigkeit) einer Messung wird gesprochen, wenn eine Messung wirklich das misst, was zu messen intendiert wurde. Validität stellt die wichtigste wissenschaftstheoretische Anforderung an Messinstrumente dar (vgl. Balderjahn 2003b).

Bekannte *eindimensionale Messverfahren* sind die *Rating-Skala* sowie die Skalierungen nach *Thurstone, Likert* und *Guttman* (vgl. Hammann/Erichson 2000, S. 340 ff.). Am häufigsten finden globale Einstellungsmessungen mit Hilfe von *Rating-Skalen* statt.

Eine Rating-Skala besteht aus einer Frage über die Einschätzung eines Einstellungsobjekts und einer zu dieser Frage passenden, diskreten Anzahl von vorgegebenen Antwortmöglichkeiten, die nach der Intensität der durch sie zum Ausdruck kommenden Einstellung abgestuft sind (Hammann/Erichson 2000, S. 341 f.). Sehr beliebt sind auch Ratings in Form von Zustimmungsfragen (Statements), auf denen der Befragte den Grad seiner Übereinstimmung mit einer bestimmten Aussage über den Einstellungsgegenstand angibt. Rating-Skalen haben den Vorteil der einfachen Konstruktion und problemlosen Anwendung. Nachteilig wirken sich die zahlreichen Antworttendenzen (z. B. soziale Wünschbarkeit) aus, die die Validität der Messung erheblich einschränken können. Wird dem Befragten die Möglichkeit eröffnet, anstatt auf diskret abgestufte Antworten zu reagieren, seine Empfindungen zum Einstellungsobjekt unmittelbar in physikalische Größen (z. B. Länge von Linien, Größe von Kreisen) umzusetzen, so spricht man von einer *Magnitude-Skalierung*.

Während sich eindimensionale Einstellungsmessungen meistens auf den affektiven Aspekt der Einstellung beschränken, zielen *mehrdimensionale Einstellungsmessungen* auf die simultane Messung mehrerer Einstellungskomponenten. Ein sehr beliebtes Instrument zur mehrdimensionalen Einstellungsmessung ist das *Semantische Differential*. Die in der heutigen Marktforschung üblichen Versionen des Semantischen Differentials bestehen aus einer Menge von Paaren gegensätzlicher Eigenschaftswörter (z. B. warm – kalt), zwischen denen in Form bipolarer Rating-Skalen eine semantische Abstufung erfolgt (Hammann/Erichson 2000, S. 348 ff.). Zur Messung der Einstellung müssen die Probanden angeben, welche Eigenschaften sie mit dem Einstellungsgegenstand assoziieren. Damit eine mehrdimensionale Messung erfolgt, müssen sich die vorab sorgfältig ausgewählten Eigenschaften sowohl auf bewertende (z. B. schön – hässlich) als auch auf kognitive (z. B. schnell – langsam) Aspekte des Einstellungsgegenstandes beziehen. Werden die Mittelwerte der Rating-Skalen in einer graphischen Darstellung verbunden, entsteht ein Einstellungs- bzw. Imageprofil.

Während das Semantische Differential in der Marktforschungspraxis sehr häufig zur Anwendung kommt, setzt die marketingwissenschaftliche Forschung vor allem *multiattributive Einstellungsmessungen* ein. Hier werden die beiden Komponenten jeweils getrennt mit entsprechend abgestuften Rating-Skalen gemessen und zur Einstellungsbildung arithmetisch miteinander verknüpft (vgl. Kap. 2.4.3.3).

2.4.3.6 Einstellungs-Verhaltens-Konsistenz

In der Konsumentenverhaltensforschung nahm das Einstellungskonzept zeitweilig eine dominante Stellung wegen der weit verbreiteten Auffassung vieler Wissenschaftler ein, dass Einstellungen einerseits maßgeblich das Verhalten von Konsumenten beeinflussen (so genannte *EV-Hypothese*) und andererseits selbst mittels marketingpolitischer Instrumente zielorientiert beeinflusst werden können (vgl. Kroeber-Riel/Weinberg 2003, S. 171 ff.). Richtig ist allerdings, dass die empirische Forschung sehr widersprüchliche und insgesamt enttäuschende Ergebnisse zur Verhaltensrelevanz von Einstellungen geliefert hat (Wiswede 1998, S. 324). Eine Meta-Analyse zur Wirkung der *Einstellung zum Umweltschutz* auf Umwelt schützende Handlungen ergab nur recht geringe Korrelationen (Hines et al. 1987; vgl. Abb. 2.35). Gründe für die scheinbar geringe Verhaltensrelevanz von Einstellungen sind:

- Mangelnde *Übereinstimmung* zwischen Einstellung und Verhalten in empirischen Studien bezüglich der Elemente Handlung, Objekt, Zeit und Situation.
- Je größer die *zeitliche Distanz* zwischen der Einstellung(smessung) und dem (beobachteten) Verhalten, desto geringer die prognostische Kraft von Einstellungen (Wiswede 1998, S. 325).
- Mangelnde *Handlungskontrolle* bei konkurrierenden Motiven oder Einstellungen und Gewohnheiten (Balderjahn 1993, S. 78 ff.).
- Geringe Verfestigung bzw. *Aktivierbarkeit der Einstellung* beim Konsumenten (Fazio 1986, siehe unten).

Ein sehr hilfreicher Ansatz zur Vorhersage des Grades, zu dem Einstellung und Verhalten zusammenhängen, wurde von Russel Fazio (1990) entwickelt. Sein *MODE-Modell* gehört zur Klasse der dualen Prozessmodelle[25]. Fazio unterscheidet zwischen einem absichtsvollen und einem spontanen Modus der Verarbeitung einstellungsrelevanter Information. Im Fall absichtsvoller (kontrollierter und expliziter) Informationsverarbeitung können Modelle wie die *Theorie der geplanten Verhaltens* (Ajzen 1985) den Einstellungs-Verhaltens-Prozess gut beschreiben und vorhersagen. Im Fall spontaner (automatischer und impliziter) Informationsverarbeitung können sie dies jedoch nicht. Im spontanen Modus werden nur solche Einstellungen zu einstellungskonsistentem Verhalten führen, die stark genug sind, um durch die bloße Konfrontation mit dem Einstellungsobjekt automatisch aktiviert zu werden (siehe Fazio et al. 1986).

Die Aktivierbarkeit (*accessibility*) einer Einstellung hängt von der Struktur des assoziativen Netzes ab, durch das die Einstellung im Gedächtnis des Konsumenten repräsentiert ist. Fazio versteht Einstellungen als Netzwerke von Assoziationen zwischen dem Einstellungsobjekt und beliebig gearteten Evaluationen. Einstellungen, die aus zahlreichen Objekt-Evaluations-Assoziationen bestehen, sind leicht aktivierbar und führen daher mit hoher Wahrscheinlichkeit zu einstellungskonsistentem Verhalten.

---

25 Dazu gehört auch das Modell der Elaborationswahrscheinlichkeit von Petty/Cacioppo 1986, siehe unten.

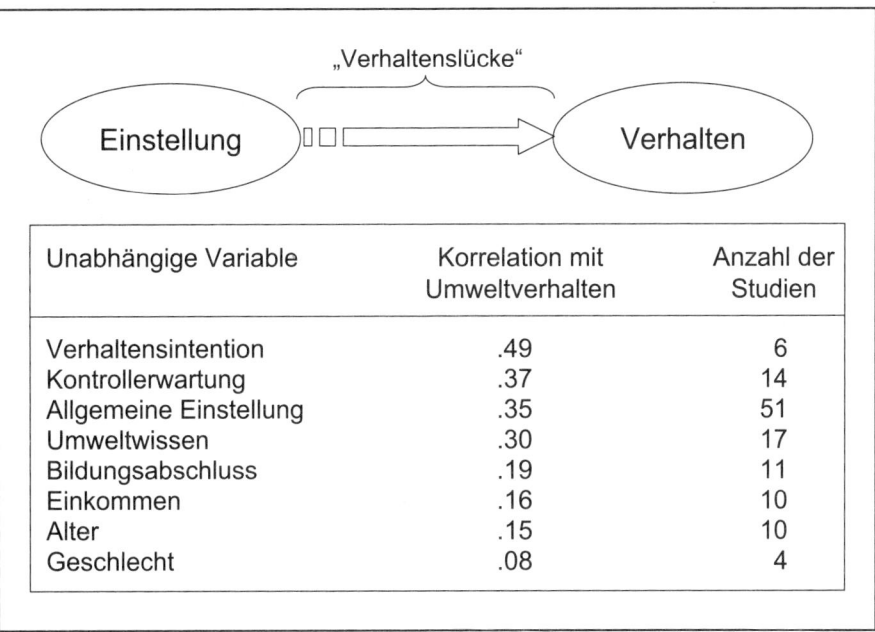

Abb. 2.35: Metaanalyse zum Einstellungs-Verhaltens-Zusammenhang im Umweltschutz
Quelle: Hines et al. 1987

Einstellungen, die aus nur wenigen Objekt-Evaluations-Assoziationen bestehen, sind nur schwer aktivierbar und sagen tatsächliches Verhalten daher in der Regel kaum oder gar nicht vorher (Fazio 1986; Fazio/Zanna 1981). Die stärkste Determinante der Aktivierbarkeit einer Einstellung ist die Menge und Diversität direkter *Erfahrungen*, die ein Konsument mit dem Einstellungsobjekt gemacht hat. Berger und Mitchell (1989) haben zum Beispiel in einem sehr gelungenen Experiment gezeigt, dass drei wiederholte Konfrontationen mit derselben Produktwerbung nötig sind, um beim Konsumenten zumindest annähernd denselben Grad von Einstellungsaktivierbarkeit und Einstellungs-Verhaltens-Konsistenz zu erreichen wie dies durch eine einmalige Produktnutzung erreicht werden kann.

2.4.4 Konsumimages

Image ist das Gesamtbild, das sich jemand von einem Objekt macht (Kroeber-Riel/Weinberg 2003, S. 197). Deshalb werden Images oft auch als mehrdimensionale Einstellungen definiert (Kroeber-Riel/Weinberg 2003, S. 197). Allerdings bilden Einstellungen nur die

Grundlage von Images und sind nicht das Image selbst (vgl. Trommsdorff 2004, S. 168). Zur Einstellung unterscheidet sich ein Image insbesondere darin, dass es aus eher gefühlsbetonten, schematisierten, intuitiven und wertenden Eindrücken zum Imageobjekt besteht und weniger auf Wissen und Informationen begründet ist (vgl. auch Schweiger/ Schrattenecker 2005, S. 26). Darüber hinaus können Images auch losgelöst vom Individuum auf das Imageobjekt bezogen werden und das Image als die in einer Zielgruppe vorhandene, interpersonal stereotypisierte Vorstellung von einem Objekt definiert werden. In diesem Sinne *hat* ein Objekt, ein Produkt, eine Marke, ein Unternehmen oder eine Person ein Image. So kann eine Marke das Image eines qualitativ hochwertigen und zuverlässigen Produkts haben und ein Unternehmen ein vertrauenswürdiges und verantwortungsbewusstes Image. Ohne von der Auffassung abzurücken, dass ein Image ein Gesamtbild repräsentiert, kann dieses Gesamtbild durch einige, sehr wenige (ca. 2 bis 5) so genannte *Imagedimensionen* unterlegt werden. Emotionalität, Vertrauen und Leistung sind Beispiele für solche Imagedimensionen. Für das Marketing kann zwischen *Markenimages* (z. B. Persil, Mercedes, Coca Cola), *Firmenimages* (z. B. *Henkel, DaimlerChrysler, Lufthansa*) und *Länderimages* (z. B. Deutschland, Italien) unterschieden werden. Images haben insbesondere folgende Funktionen:

- Images sind Schlüsselkriterien bei Konsumentscheidungen.

   Images dienen dem Konsumenten zur Reduktion von Unsicherheit und Komplexität bei Kaufentscheidungen. Sie vereinfachen ihm die Wahrnehmung, da Produkt- bzw. Markenimages als *Schemata* im Gedächtnis verankert sind, und sie entlasten ihn bei der Urteilsbildung und Entscheidung, da sie als Wissensersatz (insbesondere bei Vertrauensgütern) und *Schlüsselkriterien* vom Konsumenten verwendet werden (vgl. Schweiger/Schrattenecker 2005, S. 25 f.).

- Images haben einen Zusatznutzencharakter und dienen der Positionierung.

   Im Wettbewerb übt das Markenimage für ein Unternehmen die Funktion eines Zusatznutzens (*value added*) aus, der im Konzept der *Produktpositionierung* zur Erzielung von Wettbewerbsvorteilen eingesetzt werden kann (vgl. Schweiger/ Schrattenecker 2005, S. 26 f.; Trommsdorff 2004, S. 169). Da sich die Produkte auf gesättigten Märkten oftmals kaum noch funktional und qualitativ voneinander unterscheiden, stellt dort das Produktimage einen zentralen Wettbewerbsfaktor dar. Teilweise findet der *Imagewettbewerb* nur auf einzelnen Imagedimensionen statt, die als Alleinstellungsmerkmale (*unique selling propositions*) profiliert werden (z. B. Preis bei Fluglinien).

- Images schaffen Präferenzen und reduzieren die Preissensibilität bei Konsumenten.

   Da Images Präferenzen schaffen und als Kaufkriterium von den Konsumenten herangezogen werden, ist es Aufgabe des Marketing, *Markenimages* aufzubauen und *Markenpersönlichkeiten* zu schaffen. Nach dem Markenpersönlichkeitsansatz von Aaker (2005) werden einer Marke zahlreiche menschliche Eigenschaften zugeordnet (z. B. ehrlich, temperamentvoll, sicher, männlich; vgl. Baumgarth 2004, S. 45 f.). Dies erfolgt in der Regel über kommunikationspolitische Strategien (*Imagewerbung*). Marken reduzieren im Allgemeinen auch die Preissensibilität der Konsumenten, so dass für Markenartikel ein vergleichsweise höherer Preis erzielt werden kann (vgl. auch Haedrich et al. 2003, S. 211).

- Images lassen sich auf andere Produkte übertragen
  Unter *Imagetransfer* wird die Übertragung eines Images von einem Produkt auf ein anderes unter Ausnutzung positiver Ausstrahlungseffekte verstanden (vgl. Baumgarth 2004, S. 142 ff.). Der Imagetransfer wird insbesondere in der *Markenpolitik* eingesetzt. Das gute Image einer eingeführten Marke kann bei einer *Line and Brand-Extension* sowie bei der Dachmarkenstrategie genutzt werden (vgl. Esch 2005, S. 325; Trommsdorff 2004, S. 176 ff.). Im internationalen Marketing ist es der so genannte *Country-of-Origin-Effekt* (Herkunftslandeffekt), bei dem Länderimages auf Produkte des Herkunftslandes übertragen werden (Wein aus Italien, Uhren aus der Schweiz, Maschinen aus Deutschland). Das Image eines Landes ist das Kapital für seine Exportwirtschaft und kann für die Vermarktung der heimischen Produkte und Dienstleistungen auf Auslandsmärkten sowie für das Anlocken von Investoren im *Standortmarketing* (vgl. Balderjahn 2000) genutzt werden.

Das Image kann streng genommen nur ganzheitlich und bildhaft gemessen werden. Insbesondere Multiattributivmodelle werden zur *Messung von Images* abgelehnt, da sie von ihrer Konstruktion her eine Eindruckszerlegung erfordern. Am häufigsten werden *semantische Differentiale* zur Messung von Markenimages eingesetzt (vgl. Esch 2005, S. 500 ff.). Darüber hinaus gibt es Ansätze, nonverbale Messungen (z. B. *Bilderskalen*) zur Messung von Markenimages einzusetzen (vgl. Bekmeier-Feuerhahn 2005).

2.5 Konsumnormen

Soziale Normen sind Erwartungen von Mitgliedern einer Zielgruppe hinsichtlich spezifischer Verhaltensweisen von Gruppenmitgliedern, deren Einhaltung von der Gruppe kontrolliert und sanktioniert werden (z. B. Pünktlichkeit, Kleidung, Umgangsformen).

Normen haben eine Konflikt sparende und Verhalten stabilisierende bzw. -normiernde Wirkung. Sie beeinflussen das Konsumverhalten dadurch, dass sie

- die bei der Produktauswahl ablaufenden Kaufprozesse steuern und
- innerhalb bestimmter Produktkategorien die persönliche Konsumfreiheit auf „sozial akzeptierte" Konsumalternativen beschränken.

In der Marketingforschung ist der Einfluss von Normen auf das Konsumverhalten insbesondere im so genannten *erweiterten Fishbein-Modell* erfasst und untersucht worden (vgl. Trommsdorff 2004, S. 203 f.; vgl. Kap. 2.4.3.3). In diesem Modell wird die „soziale Norm" als Produkt aus dem wahrgenommenen sozialen Verhaltensdruck bestimmter Bezugs- bzw. Referenzgruppen (*normative belief*) und der persönlichen Bereitschaft, diesen Rollenerwartungen folgen zu wollen (*motivation to comply*), spezifiziert. Das Marketing kann sich auf vorhandene Konsumnormen beziehen (z. B. „der ehrliche Verkäufer"), Normen eine größere Verbreitung verschaffen (z. B. Sauberkeit, Hygiene, Mobilität), Normen verstärken oder modifizieren (z. B. Gesellligkeit, Abenteuer) und neue Konsumnormen schaffen (z. B. eine neue „coole" Marke).

Zur Beschreibung und Erklärung sozialer Einflüsse auf das Konsumentenverhalten ist es sinnvoll, zwischen einer näheren (z. B. die Familie) und einer weiteren sozialen Umwelt (der Arbeitsplatz) zu unterscheiden (Kroeber-Riel/Weinberg 2003, S. 439). Ganz allgemein können soziale Einflüsse durch die „Feldtheorie" vom deutschen Persönlichkeitstheoretiker *Kurt Lewin* erfasst werden (vgl. Heckhausen/Heckhausen 2006, S. 23):

$$V = f(U, P)$$

Danach ergibt sich eine Verhaltenswirkung *V* aus dem wechselseitigen Zusammenwirken von der Person *P* (z. B. Motive, Wissen der Person) und der Situation *U* (z. B. Gesprächspartner im Geschäft). Diese „Feldkräfte" *U* und *P* bilden nach Lewin den *„Lebensraum"* des Menschen. Handlungsabläufe werden hiernach auf die Bedingungskonstellation des jeweiligen „Feldes" bzw. des Lebensraums zurückgeführt und erklärt (Heckhausen/Heckhausen 2006, S. 107). Der Einfluss der sozialen Umwelt auf den Konsumenten erfolgt über soziale Einheiten (z. B. Gruppen, soziale Institutionen und Organisationen). Die wohl wichtigste soziale Basiseinheit ist die Gruppe. Unter einer *Gruppe* verstehen wir eine Zusammenfassung von Personen, die in wiederholten, relativ engen und nicht nur zufälligen wechselseitigen Beziehungen zueinander stehen (Kroeber-Riel/ Weinberg 2003, S. 444). Gruppen weisen eine eigene *Identität* auf (Wir-Gefühl), verfügen über eine innere *Ordnung bzw. Struktur* (z. B. Hierarchien) sowie spezifische *Gruppen-*

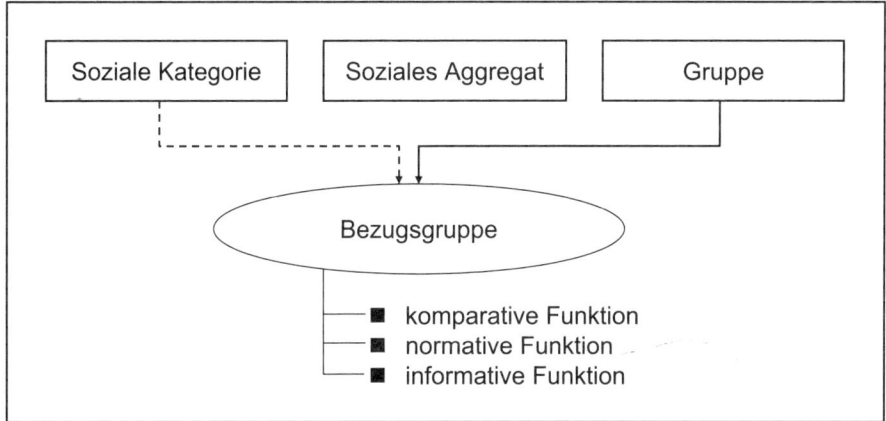

Abb. 2.36: Bezugsgruppen und Bezugspersonen

normen und -werte (Kroeber-Riel/Weinberg 2003, S. 444). Diese Merkmale unterscheiden die Gruppe von der *sozialen Kategorie,* womit eine Anzahl von Menschen mit
ähnlichen Merkmalen gemeint ist (z. B. ein Marktsegment) und dem *sozialen Aggregat,*
womit räumliche Ansammlungen von Personen (z. B. Publikum im Kino) bezeichnet
werden (vgl. Kroeber-Riel/Weinberg 2003, S. 442 f.). Kleine, überschaubare und infor-
mell strukturierte Gruppen mit starken persönlichen Bindungen (z. B. Familie, Freunde)
werden als *Primärgruppen* bezeichnet. Im Unterschied dazu sind *Sekundärgruppen* eher
groß, weniger unüberschaubar und formell organisiert, ohne dass spezifische persönliche Kontakte zwischen den Mitgliedern stattfinden müssen (z. B. Gemeinden, Nationen; vgl. Kroeber-Riel/Weinberg 2003, S. 444 f.).

Für das Konsumverhalten haben so genannte Bezugsgruppen eine besondere Bedeutung. *Bezugsgruppen* sind Gruppen, die dem Individuum Halt und Orientierung geben.
Hierfür kommt es nicht darauf an, ob das Individuum selbst zur Gruppe gehört
(Mitgliedschaftsgruppe) oder nicht (Fremdgruppe; vgl. Kroeber-Riel/Weinberg 2003,
S. 446). Ausschlaggebend ist die Attraktivität der Gruppe für den Einzelnen. Der Einfluss von Bezugsgruppen auf das Individuum erfolgt über die Vermittlung von Bewer-
tungsmaßstäben (komparative Funktion), Normen (normative Funktion) und Informationen (informative Funktion; vgl. Kroeber-Riel/Weinberg 2003, S. 478 f., 490 ff.). Der
Bezugsgruppeneinfluss fördert ein standardisiertes, Gruppennormen konformes Konsumverhalten (vgl. Abb. 2.36).

Individuelles Konsumverhalten kann vor allem dann, wenn Präferenzen schwach
ausgeprägt sind, stärker vom Bezugsgruppeneinfluss abhängig sein als von individuellen Präferenzen. Der Einfluss von Bezugsgruppen auf Konsumentscheidungen ist bei

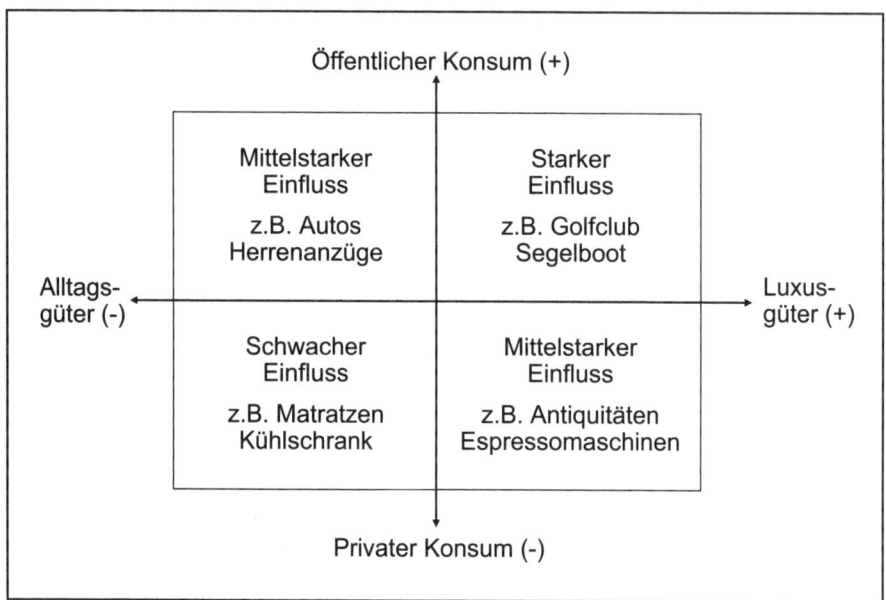

Abb. 2.37: Einfluss von Bezugsgruppen auf die Kaufentscheidung
Quelle: in Anlehnung an Kroeber-Riel/Weinberg 2003, S. 486

sozial auffälligen Produkten hoch. Indikatoren der *sozialen Auffälligkeit* von Produkten sind (vgl. Abb. 2.37):

- Die öffentliche Wahrnehmbarkeit der Produktnutzung (z. B. bei Kleidung),
- Die soziale Bedeutung der Produkte (z. B. bei Luxusgütern).

Produkte haben dann eine soziale Bedeutung, wenn durch sie dem Besitzer von anderen Personen sozial wichtige Eigenschaften zugeschrieben werden (z. B. Wohlstand, Zugehörigkeit zu einer sozialen Gruppe). Diese Produkte können dann auch einem *demonstrativen Konsum* dienen. Den Bezugsgruppeneinfluss kann sich das Marketing zu Nutze machen, indem z. B. in der Kommunikation Mitglieder von Bezugsgruppen, die sich für das beworbene Produkt aussprechen, so genannte *Testimonials*, eingesetzt werden. Auch von der Darstellung von bekannten Personen, Stars und Idolen kann eine solche Wirkung ausgehen.

2.6 Konsumgewohnheiten und Konsumstile

2.6.1 Konsumgewohnheiten und Konsumentensozialisation

Konsumgewohnheiten entwickeln sich langfristig im Prozess der *Konsumentensozialisation* (vgl. Kuhlmann 1990). Unter *Sozialisation* versteht man den Erwerb von Prädispositionen (das sind erlernte Anlagen wie z.B. Einstellungen) und Verhaltensweisen (z.B. Fähigkeiten) durch Prozesse sozialer Interaktionen. Unter *sozialer Interaktion* versteht man Formen wechselseitiger Einwirkung und Bezugnahme von an der Interaktion beteiligten Personen durch Kommunikation und Handeln. Das klassische Sozialisationsmodell beschreibt den sozialen Einfluss verschiedener sozialer Akteure, den so genannten *Sozialisationsagenten* wie z.B. die Familie, die Freunde und das Fernsehen, in unterschiedlichen Lebensphasen und Lernsituationen auf den (jungen) Menschen (den so genannten *Sozialisanden;* Abb. 2.38*)*.

Die Konsumentensozialisation erfasst den speziellen Aspekt des Lernens der *Konsumentenrolle*, d.h. das Lernen von Erwartungen, welche die Gesellschaft innerhalb ihrer *Konsumkultur* an einen Konsumenten stellt (Kroeber-Riel/Weinberg 2003, S. 650). Insbesondere Kinder lernen von ihren Eltern, Freunden und anderen Sozialisationsagenten spezifische Konsumpräferenzen, Konsumnormen, Konsumstile und Konsumgewohnheiten. Die Übernahme (*Internalisierung*) der Konsumentenrolle im Laufe der Sozialisation vollzieht sich insbesondere durch Beobachtungs- und Modelllernen (vgl. Kap. 2.2.3) sowie durch die Ausübung sozialer Macht von Sozialisationsagenten.

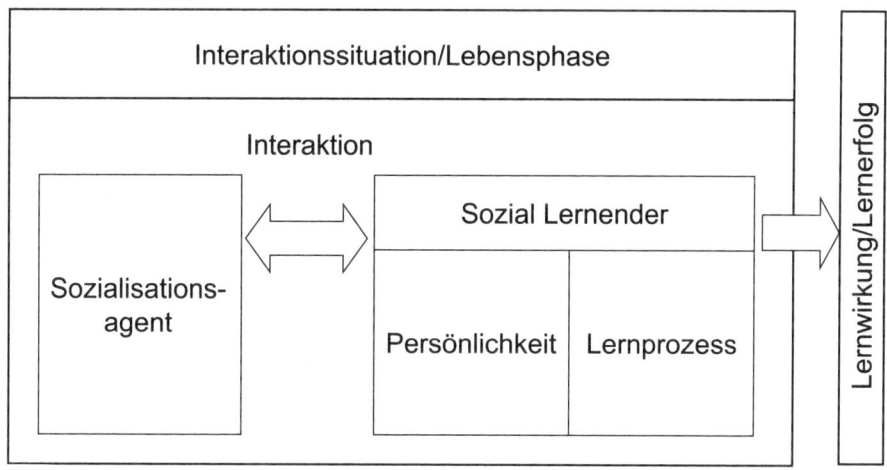

Abb. 2.38: Modell zur Konsumentensozialisation
Quelle: in Anlehnung an Kuhlmann 1990

Der Einfluss der Sozialisationsagenten auf den Sozialisanden ist abhängig vom Ausmaß ihrer sozialen Macht. Sozialisationsagenten verkörpern soziale Vorbilder, die über
den Einsatz von Machtmitteln ihren Einfluss ausüben. Unter *sozialer Macht* versteht
man die Fähigkeit einer Person, auch gegen den Willen einer anderen Person diese zu
einem bestimmten Verhalten zu bewegen, das im Interesse des Machtausübenden liegt.
Die dazu eingesetzten *Machtmittel* (Machtquellen) unterscheidet man in Sanktions-
macht (z.B. Besitz von Ressourcen wie z.B. Geld), Expertenmacht (z.B. Anerkennung
von Autoritäten, Führungspersonen), Vorbild- bzw. Identifikationsmacht (z.B. Prestige,
Status), Informationsmacht (z.B. spezielles Wissen) sowie legitimierte Macht (z.B.
staatliche Macht; vgl. auch Heckhausen/Heckhausen 2006, S. 214). Der soziale Einfluss
kann durch direkte Einwirkung (z.B. Überredung, Drohung, Versprechung, Belohnung,
Gewalt, Zwang, Anweisungen) oder indirekt durch Beobachtung und *Modeling* des Sozialisationsagenten erfolgen. Eine indirekte Beeinflussung erfolgt z.B., wenn Kinder
hören, wie Eltern über Produkte und Marken sprechen, oder wenn Eltern sie zum Einkauf mitnehmen. Kinder lernen von ihren Eltern Konsumfähigkeiten wie z.B. die Suche
nach guten und preisgünstigen Produkten, Reklamationen und Preisverhandlungen.
Der Einfluss der Sozialisationsagenten ist in den ersten Lebensphasen des Menschen
am stärksten (so genannte *formative Zeit*). Sozialisation bewirkt eine Zunahme des Verhaltensrepertoires, ohne dass sich das erlernte Verhalten unmittelbar äußern muss. Oft
gehen viele Jahre ins Land, bevor ein in früheren Jahren erlerntes Konsumverhalten
tatsächlich – exakt oder modifiziert – ausgeführt wird.

Sozialer Einfluss ist ein alltägliches Phänomen, das in vier Kategorien unterteilt werden kann:

- Der *direkte Einfluss* (z.B. Anweisungen) ist auf den Einsatz wahrgenommener
  Machtmittel (Sanktionen) zurückzuführen.
- Von *Manipulation* wird dann gesprochen, wenn der Beeinflussungsversuch vom
  Sozialisanden nicht wahrgenommen bzw. nicht durchschaut wird.
- *Antizipation* ist eine Verhaltensänderung aufgrund eines erwarteten Machtmittel-
  einsatzes („vorauseilender Gehorsam").
- Unter *Assimilation* versteht man die unbewusste Anpassung einer Person an seine
  soziale Umgebung (kulturelle Anpassung durch Enkulturations- und Akkulturati-
  onsprozesse).

Enkulturation wird mit Sozialisation gleichgesetzt und erfasst die Prozesse der Übernahme sozialer Normen, Werte und Verhaltensweisen innerhalb einer Kultur. Der Aus-
tausch zwischen verschiedenen Kulturen wird durch *Akkulturationsprozesse* erfasst. Es
handelt sich um Diffusions- und Austauschprozesse zwischen der Kultur, in der ein In-

dividuum aktuell lebt, mit der Kultur, in der das Individuum groß wurde. Man unterscheidet vier Arten von *Akkulturationsprozessen* (Gentry et al. 1995):

- *Integration*: Das akkulturierte Individuum übernimmt Teile der herrschenden Kultur unter Beibehaltung spezifischer Aspekte der Heimatkultur.
- *Assimilation*: Das akkulturierte Individuum übernimmt sukzessive die herrschende Kultur und löst sich von der Heimatkultur.
- *Separierung*: Das akkulturierte Individuum vermeidet den Kontakt mit der herrschenden Kultur und pflegt die Heimatkultur.
- *Marginalisierung*: Das akkulturierte Individuum fühlt sich von der herrschenden Kultur abgelehnt. Die Heimatkultur wird nicht gepflegt („kultur-" bzw. heimatlos).

Die Wirkung bzw. der Erfolg der Einflussnahme der Sozialisationsagenten auf den Sozialisanden kann erklärt werden durch Persönlichkeitsmerkmale der Sozialisanden (z.B. Alter, Bildung), Merkmale der Sozialisationsagenten (z.B. Machtmittel, Attraktivität), die Art der Interaktion (z.B. Massenkommunikation oder persönliche Kommunikation), die Art der Interaktionssituation (z.B. Schule, TV im Wohnzimmer) und die Art des Lernprozesses (vgl. Kap. 2.2.3.2).

Auf lange Sicht können Unternehmen als „Sozialisationsagenten" Einfluss auf Konsumenten ausüben. Einzelne Möglichkeiten und Instrumente dafür sind:

- Der gezielte Einsatz von „*Konsummodellen*" in der Werbung. Hierbei handelt es sich um Personen, deren (Konsum-)Verhalten für Konsumenten der Zielgruppe maßgeblich ist (z.B. bekannte Persönlichkeiten, Idole).
- Der gezielte Einsatz von Experten in der Werbung. Autoritätshörigkeit wird oft im Elternhaus und in der Schule anerzogen. Der Einsatz von Autoritätssymbolen wie Titel, Berufskleidung (Ärzte) und Rangzeichen kann zu einer gewünschten Beeinflussung führen.
- Der Hinweis auf die Meinung der „*sozialen Mehrheit*". Insbesondere bei Unsicherheit orientieren sich viele an dem, was die soziale Mehrheit macht bzw. denkt.
- Eine inszenierte Selbstdarstellung von Unternehmen mit der Absicht, bei den Konsumenten und in der Öffentlichkeit eine bestimmte, nach der Sozialisationstheorie zu erwartende Wirkung zu erzielen.

2.6.2 Lebens- und Konsumstile

Das Lifestyle-Konzept wurde 1964 von Lazer für das Marketing aufgegriffen. Die Ursprünge dieses theoretischen Konstrukts sind in der Soziologie und in der Psychologie zu finden. Innerhalb der soziologischen Ungleichheitsforschung setzten sich schon relativ früh Max Weber („Formen der Lebensführung"), Georg Simmel („Formen innerer und äußerer Erscheinungen") und Thorstein Veblen („Formen expressiven Verhaltens") mit Lebens- und Konsumstilen auseinander (Wiswede 1998, S. 311). Auch die *Theory of Personal Constructs* des Psychologen Kelly gilt als Säule der Lebensstilforschung (Kelly 1963; vgl. Banning 1987, S. 20).

Im Marketing dominieren das *Activities and Attitudes*-Lebensstilkonzept (AA-Konzept) von Hustad und Pessemier (1974), insbesondere aber das wohl bekannteste Lebensstilkonzept, der *Activities, Interests and Opinions*-Ansatz (AIO-Konzept) von Wells und Tigert (1971). Nach dem AA-Konzept versteht man unter Lebensstil eine Menge miteinander verbundener Einstellungen (z. B. zum Einkaufen, Essen, Wohnen) und Aktivitäten (z. B. in der Freizeit, beim Einkaufen), durch die das Verhalten der Konsumenten ein spezifisches Profil bekommt (Kroeber-Riel/Weinberg 2003, S. 441). Nach dem klassischen *AIO-Ansatz* drücken sich im Lebensstil die durch Aktivitäten (z. B. in Freizeit, Arbeit, Konsum), Interessen (z. B. für Familie, Beruf, Essen) und Meinungen (z. B. zu Wirtschaft, Politik, Produkten) manifestierten Muster der Lebensführung einer Person aus (Kotler/Bliemel 2001, S. 337; Wind/Green 1974; vgl. Abb. 2.39).

Der Lebensstilbegriff ist trotz der relativ langen Forschungstradition bis heute vage und wenig griffig geblieben und wird inhaltlich nicht übereinstimmend in Forschung und Praxis verwendet. Nach Wind und Green (1974, S. 106) beziehen sich Lebensstile auf „ ... the overall manner in which people live and spend time and money" (vgl. auch Blackwell et al. 2006, S. 277). Im Lebensstil drückt sich demnach aus, wie der Einzelne seine Zeit verbringt und wofür er Geld ausgibt. Darüber hinaus werden Lebensstile sowohl als ein individuelles Konstrukt als auch als sozio-kulturelles Phänomen betrachtet (Banning 1987, S. 75). Insbesondere unterscheiden sich die Auffassungen danach, ob der Lebensstil ausschließlich als latentes Konzept oder als Gemisch von latenten (z. B. Einstellungen) und manifesten Merkmalen (z. B. Produktwahl) definiert werden soll (vgl. Anderson 1996, S. 406; Antonides/Van Raaij 1998, S. 376 f.; Peter et al. 1999, S. 337). Während Grunert et al. (1997) einem latenten Konzept folgen und Lebensstil dadurch definieren, „ ... how consumers mentally link products to the attainment of life values", umfasst der AIO-Ansatz auch das Verhalten (vgl. Abb. 2.40).

Weiterhin werden die Bedeutung und Funktion von Werten (*values*) im Lebensstilkonzept unterschiedlich gesehen. Werte werden einerseits als integraler Bestandteil von Lebensstilen angesehen (z. B. Blackwell et al. 2006) und andererseits im Sinne des Means-End Chain Ansatzes als Zielgrößen von Lebensstilen aufgefasst (Brunsø et al. 2004a, 2004b; Scholderer et al. 2002). Von den meisten Lebensstilkonzepten wird unterstellt, dass sich Lebensstile im Verlauf der Sozialisation herausbilden und somit als

Aktivitäten *bezüglich*	Interessen *bezüglich*	Meinungen *betreffend*	Demographische Merkmale
Arbeit	Familie	sich selbst	Alter
Hobbys	Zuhause	soziale Belange	Geschlecht
soziale Ereignisse	Beruf	Politik	Ausbildung
Urlaub	Erholung	Wirtschaft	Einkommen
Kultur	Mode	Erziehung	Beruf
Unterhaltung	Essen	Bildung	Familiengröße
Verein	Medien	Produkte	Wohnverhältnisse
Sport	Leistung	Zukunft	Nationalität
Gemeinschaften		Kultur	Lebensabschnitt
Einkaufen			

Abb. 2.39: Das AIO-Konzept
Quelle: Plummer 1974, S. 34

Resultat von kulturellen Einflüssen, Werten und Normen einerseits sowie persönlichen Motiven, Einstellungen, Erfahrungen, Ressourcen und der sozialen Position andererseits angesehen werden können (vgl. Wiswede 1998, S. 313). Lediglich die Means-End-Theorie der Lebensstile von Scholderer, Brunsø und Grunert (2002, siehe unten) stellt eine theoretische Aufarbeitung des Zusammenhangs zwischen diesen Größen und dem Lebensstil zur Verfügung. In Anbetracht der ansonsten vorherrschenden Begriffsverwirrung schlagen wir vor, Lebensstile in Anlehnung an das Means-End-Konzept als habitualisierte, untereinander assoziierte und situativ aktivierte Bündel von Schemata und Verhaltensskripten zu definieren, die zwischen persönlichen Motiven, Zielen und Werten einerseits sowie Produktwahrnehmung und beobachtbarem Konsumverhalten andererseits vermitteln.

Die grundlegende Annahme der Lifestyle-Forschung ist, dass der Lebensstil eine der Schlüsselgrößen zur Erklärung des Konsumentenverhaltens ist (Wind/Green 1974, S. 101). Aus diesem Grund erhofft man sich durch Lebensstilanalysen wertvolle Hinweise auf Möglichkeiten der Produktentwicklung, Produktdifferenzierung und -positionierung, lifestyleorientierter Mehrmarkenstrategien, der Schaffung von Lifestyle-Marken (*Swatch, Coca Cola, Joop*) und Lifestyle-Betriebstypen des Einzelhandels (Citybank, Benetton, Ikea), einer lifestylegerechten Gestaltung von Produktdesign und Verpackung sowie Hinweise zur Werbeplanung (Lingenfelder 1995, Sp. 1383). Als Lifestyle-Produkte

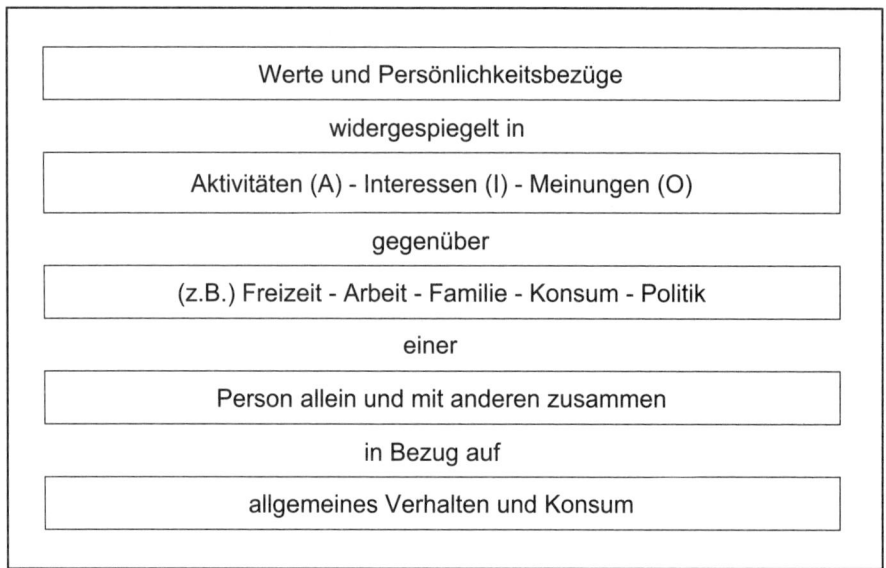

Abb. 2.40: Bezugsrahmen zum Lebensstilkonzept
Quelle: Freter 2001, S. 900

gelten insbesondere Autos, Kleidung, Uhren, Mobiltelefone, Kosmetikartikel, Kreditkarten, Bier, Urlaubsreisen, Wellness-Angebote und Wohnungseinrichtungen.

Trotz dieser Bedeutung und des unterstellten hohen Nutzens des Lifestyle-Konzepts wird von vielen Wissenschaftlern die schwache theoretische Basis einschlägiger Lebensstilansätze bemängelt (Grunert et al. 1997, S. 337 f.; Peter et al. 1999, S. 337; Wiswede 1998, S. 314). Unter den soziologisch orientierten Ansätzen wird der klassentheoretische Ansatz von Bourdieu (1982) als rühmliche Ausnahme angesehen. In *Bourdieus Modell* vermittelt der Habitus im Sinne eines Wahrnehmungs-, Denk- und Interpretationsschemas zwischen der objektiven Lage (z. B. Verfügbarkeit über Kapital, Beziehungen, Bildung und Geschmack) und dem jeweiligen Lebensstil (Art der Güterverwendung) einer Person (Wiswede 1998, S. 313 f.). Diesem theoretisch anspruchsvollen Ansatz stehen allerdings erhebliche Probleme der empirischen Prüfung gegenüber.

Die marketingorientierte Lebensstilforschung kann nicht als ein eigenständiges Theoriegebäude angesehen werden (Lingenfelder 1995, Sp. 1378). Sie ist entstanden als Versuch, die als zu schwach empfundene Verhaltensrelevanz einzelner demographischer Käufermerkmale dadurch zu überwinden, dass möglichst viele Käuferdaten über ein breites Merkmalsspektrum kombiniert der Segmentierung zugrunde gelegt werden (Böhler 1995, Sp. 1103). Diese Philosophie der marketingorientierten Lebensstilforschung kann auch heute noch treffend durch die Auffassung von Plummer (1974, S. 33) beschrieben werden, wonach *„the basic premise of life style research is that the more you know and understand about your customers the more effectively you can communicate and market to them"*. Lebensstiltypen werden deshalb überwiegend in Studien kommerzieller Marktforschungsinstitute, Werbeagenturen und Verlage (z. B. Spiegel-Verlag: Outfit; Gruner & Jahr: Brigitte-Frauentypologie), einem *kognitiv-induktiven Ansatz* folgend (Grunert et al. 1997, S. 340) und ohne eine hinreichende theoretische Basis (post hoc) aus einer Vielzahl - teilweise einigen hundert - von „Lebensstilfragen" heraus empirisch erzeugt. Bekannte Vertreter dieser Lifestyle-Richtung sind die Studien von *Arnold Mitchell* (VALS), *Michael Conrad & Leo Burnett*, *Everyday-Life-Research International* (SINUS-Institut) und vom *Centre de Communication Avancé (CCA)/Europanel-Institut* (Euro-Socio-Styles).

VALS™-Ansatz

Der auf Arbeiten von *Arnold Mitchell* zurückgehende und 1978 am *Stanford Research Institute* (SRI) entwickelte *VALS-Ansatz* (values and life-styles) ist inzwischen zum zweiten Male überarbeitet und verändert worden (SRI 2002). Mit dem Ziel, das Verhalten von Konsumenten möglichst genau aus den Lebensstildefinitionen heraus prognostizieren zu können, wurde die Orientierung auf Einstellungen und Werte der ersten Version von VALS (VALS1) zugunsten einer auf Persönlichkeitsdimensionen (z. B. self-confidence, novelty seeking, leadership) begründeten Segmentierung aufgegeben (VALS2). Im aktuellen VALS-Ansatz (VALS™) wurde zudem die auf soziale Reifung (social maturation) begründete Lebensstilhierarchie von VALS2 durch eine Ressourcendimension ersetzt (SRI International 2002; vgl. auch Blackwell et al. 2006, S. 281 f.). Drei primäre Konsummotivationen (Ideals, Achievement und Self-Expression), die sich aus der Persönlichkeit der Konsumenten ableiten lassen, sowie die individuelle Ressourcenlage (hoch bzw. gering), die sich aus demographischen Merkmalen (Alter, Ausbildung, Einkommen) ergibt, bestimmen nach dem aktuellen VALS-Ansatz den individuellen Lebensstil (vgl. Abb. 2.41).

Dieser Ansatz geht also davon aus, dass Motivation und Ressourcen den Lebensstil und damit auch das Konsumverhalten bestimmen. Es werden drei *Motivationsdimensionen* unterschieden:

- *Ideals*: Konsumentscheidungen werden durch persönliche „Ideale" wie z. B. Tradition, Qualität, Umweltschutz geprägt.
- *Achievement*: Konsumentscheidungen werden durch soziale Normen solcher Gruppen geprägt, zu denen der Konsument gehört bzw. gehören möchte (Bezugsgruppen).

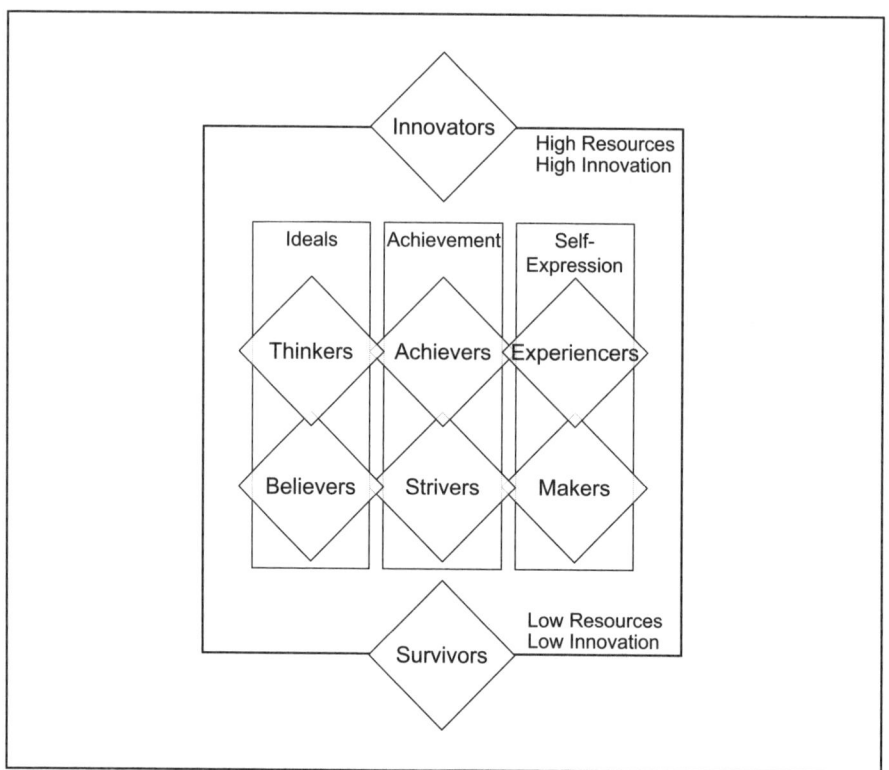

Abb. 2.41: VALS™-Konsumententypologie
Quelle: Kotler/Bliemel 2001, S. 340; SRI International 2002

- *Self-Expression:* Konsumentscheidungen werden vom Spaß am Konsumieren und von den Möglichkeiten, sich persönlich durch einen bestimmten Konsumstil aus-zudrücken, geprägt.

Die *Ressourcendimension* beschränkt die Konsummöglichkeiten. Die Englisch spre-chende amerikanische Bevölkerung ab 18 Jahren wird in 8 *Lebensstilgruppen* eingeteilt (SRI International 2002; vgl. auch Kotler/Bliemel 2001, S. 338 ff.):
- *Innovators* (take-charge, sophisticated, curious),
- *Thinkers* (reflective, informed, content),
- *Achievers* (goal oriented, brand conscious, conventional),
- *Experiences* (trend setting, impulsive, variety seeking),
- *Survivors* (nostalgic, constrained, cautious),
- *Believers* (literal, loyal, moralistic),

- *Strivers* (contemporary, imitative, style conscious),
- *Makers* (responsible, practical, self-sufficient).

Es liegt inzwischen eine Vielzahl von Anwendungen im Marketing vor. VALS™ wird eingesetzt bei der Neuprodukteinführung (Ideenkreation, Konzepttest), zur Prognose des Marktpotenzials und der Diffusion, zur Produktpositionierung und zur Werbung (SRI International 2002).

Konzept von Michael Conrad & Leo Burnett

Michael Conrad & Leo Burnett wollten mit ihren Lebensstilstudien die Werbegestaltung, Medienauswahl und strategische Markenpositionierung auf eine bessere Grundlage stellen (Böhler 1995, Sp. 1094 f.). Dieser AIO-orientierte Ansatz verwendet ca. 250 Lifestyle-Items, 25 demographische Merkmale und Informationen zum Konsumverhalten in 50 Produktkategorien sowie zur Mediennutzung (Lingenfelder 1995, Sp. 1389 f.). Als Ergebnis werden elf clusteranalytisch ermittelte und teilweise geschlechtsspezifisch definierte Lebensstiltypen präsentiert (Drieseberg 1995, S.149 ff.; Trommsdorff 2004, S.227 f.).

Die Sinus-Milieus®

Die *Sinus-Milieus®* fassen Milieus als Lebensumstände auf, die den Alltag eines Menschen spezifisch machen. Dabei werden zahlreiche Erlebnisbereiche, die für den Menschen wichtig sind, mit in die Analyse einbezogen, um ein möglichst ganzheitliches Verständnis alltäglicher Lebens- und Konsummuster zu erhalten. Individuen, die sich hinsichtlich ihrer Lebensauffassung sowie ihrer Lebens- und Konsumstile ähnlich sind, werden zu Milieus zusammengefasst und fotografisch dokumentiert (Sinus Sociovision 2006). Dieser Milieuansatz wurde erstmals Ende der 1970er Jahre auf der Basis einer Vielzahl qualitativer Interviews entwickelt. Seit 1982 wird ein standardisiertes Instrument, der *Sinus-Milieuindikator*, zur Datenerhebung eingesetzt. Dieser Milieuindikator setzt sich aus zahlreichen Einzelindikatoren zusammen, die faktoranalytisch verschiedenen Milieudimensionen zugeordnet werden. Die Indikatorenbasis wird laufend überprüft und den jeweiligen gesellschaftlichen und kulturellen Bedingungen angepasst (Sinus Sociovision 2006).

Sinus-Milieus® werden einerseits hinsichtlich ihrer sozialen Lage und andererseits nach ihrer sozialen Grundorientierung auf der so genannten *Kartoffel-Grafik* positioniert. Die Ordinate dieser Grafik ordnet die einzelnen Milieus nach ihrer *sozialen Lage*[26], die durch Bildung, Beruf und Einkommen der Milieumitglieder definiert wird (vgl. Abb.

---

26 Die soziale Lage korrespondiert mit dem *sozialen Status*.

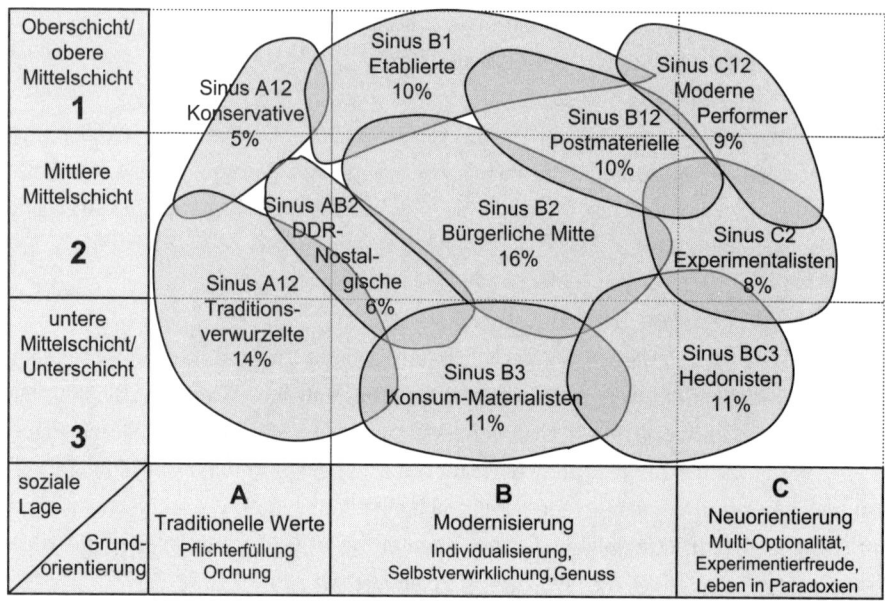

Abb. 2.42: Sinus-Milieus® in Deutschland
Quelle: in Anlehnung an http://www.sinus-sociovision.de

2.42). Auf der Abszisse werden die Milieus nach ihrer *Grundorientierung* von traditionell bis postmodern angeordnet (Sinus Sociovision 2006). Es wird angenommen, dass sich Konsumstile zwischen den einzelnen Milieus deutlich und abgrenzbar unterscheiden, so dass die *Sinus-Milieus®* als Zielgruppen bzw. Marktsegmente aufgefasst werden können. Unterschiede in den Konsumgewohnheiten zwischen den Milieus, insbesondere bei den Produkt- und Markenpräferenzen sowie den Einkaufsgewohnheiten, können ermittelt und als Ausgangspunkt für ein Marketingkonzept eingesetzt werden. Die Milieustruktur hat sich seit den Anfängen dieses Ansatzes immer wieder leicht verändert. Zudem sind die seit 1991 getrennt für West- und Ostdeutschland ermittelten Milieus heute zu einem gesamtdeutschen Modell zusammengeführt worden.

Die einzelnen Milieus werden einerseits verbal beschrieben und andererseits fotografisch dokumentiert. So wird das *konservative Milieu* (Sinus A12) als altes deutsches Bildungsbürgertum mit einer konservativen Kulturkritik, humanistisch geprägten Pflichtauffassung und gepflegten Umgangsformen beschrieben. Die *Etablierten* (Sinus B1) sind vom Machbarkeitsdenken geprägt und pflegen Exklusivitätsansprüche. *Hedonisten* gehören zur Spaß orientierten modernen Unterschicht bzw. unteren Mittelschicht. Sie zeichnen sich vor allem dadurch aus, dass sie sich gesellschaftlichen Konventionen und Normen der Leistungsgesellschaft verweigern. Zu jeder Milieubeschreibung wird ein Bild der spezifischen Lebenswelt entworfen sowie die soziale Lage erläutert. So neigen die *Konsum-Materialisten* (Sinus B3) gerade wegen ihrer beschränkten finanziellen Mittel zum ausgeprägten prestigeträchtigen Konsum. Beruflich fehlt ihnen oft eine qualifizierte Ausbildung. In der Freizeit suchen sie Unterhaltung und Ablenkung. Sie streben eine gute Ausstattung mit Unterhaltungselektronik an. Es handelt sich hier um überdurchschnittlich viele Arbeiter, Facharbeiter und Arbeitslose (Sinus Sociovision 2006).

Means-End-Theorie der Lebensstile

Aufbauend auf Vorarbeiten von Grunert (1993) haben Scholderer, Brunsø und Grunert (2002; Brunsø et al. 2004a) ein kognitiv-behaviorales Konzept der Lebensstile entwickelt. Lebensstile sind hier definiert als untereinander assoziierte Bündel von Schemata und Verhaltensskripten, die zwischen motivationalen Größen einerseits (persönliche Ziele und Werte) und situationspezifischen Größen andererseits (Produktwahrnehmungen, beobachtbares Konsumverhalten) vermitteln (vgl. Abb. 2.43). Die von diesen drei Ebenen (Ziele und Werte, Schemata und Skripten, Konsumverhalten) gebildete kognitive Struktur kann in zwei Richtungen aktiviert werden: Die *Bottom-up*-Aktivierung ist gleichbedeutend mit dem in Kap. 4.1.1.2 behandelten Means-End Chain-Modell des subjektiven Verstehens von Produktbedeutungen (Gutman 1982; vgl. Scholderer/Grunert 2005) und die *Top-down*-Aktivierung ist im Sinne der in Kap. 2.3.2 behandelten Modelle zielgerichteten Handelns und der Handlungsregulation zu verstehen (Gollwitzer 1999; vgl. auch Bagozzi/Dholakia 1999).

Die Means-End-Theorie der Lebensstile nimmt an, dass Lebensstile ihren dispositionalen Charakter durch instrumentelle und assoziative Lernprozesse erlangen (vgl. Kap. 2.2.3). Erweist sich eine instantiierte, dem Konsumenten also bewusste Konfiguration von Schemata und Skripten als instrumentell für die Erreichung persönlicher Wertvorstellungen und Ziele, dann werden sowohl ihre Assoziationen mit den situativen Auslösern als auch ihre Assoziationen untereinander und mit den erreichten Zielen verstärkt. Das dadurch bei wiederholter Aktivierung und Verstärkung entstehende Netzwerk wird als *Lebensstil* bezeichnet. Die Theorie nimmt hingegen nicht an, dass Lebensstile über mehrere Lebensbereiche übergreifend existieren. Die den meisten anderen Lebensstilkonzepten innewohnende Annahme, dass auch sehr unterschiedliche Verhaltensbereiche wie z.B. die Einrichtung einer Wohnung, der Lebensmittelkonsum, die Nutzung von Medien oder Präferenzen für Verkehrsmittel durch eine einzige Lebensstilklasse erfassbar seien, wird als unrealistisch aufgefasst. Auf der Grundlage der allgemeinen Theorie haben die Autoren daher ein bereichsspezifisches Instrument zur Messung le-

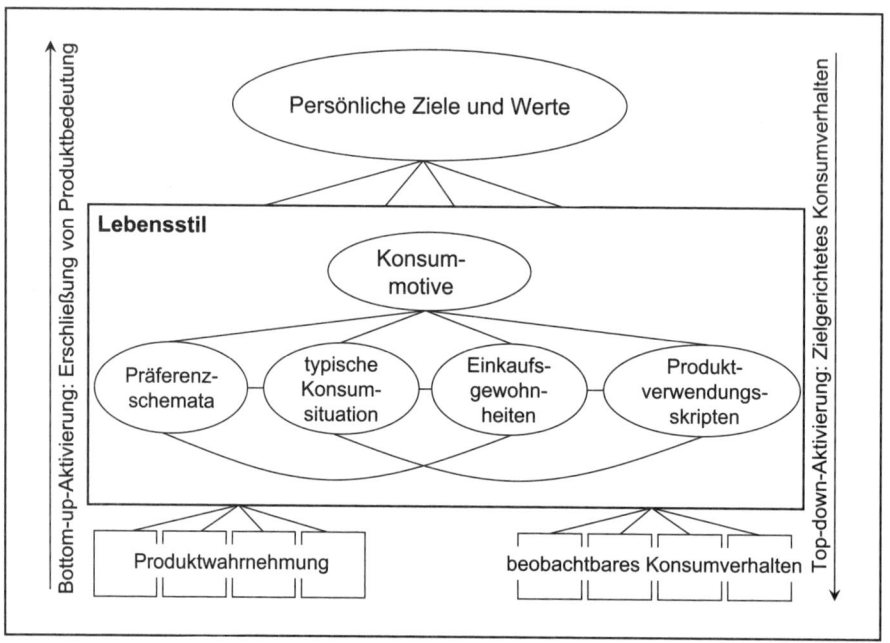

Abb. 2.43: Means-End-Theorie der Lebensstile

bensmittelbezogener Lebensstile entwickelt (*Food-Related Lifestyle*; FRL). Das Instrument umfasst 69 Items, die insgesamt 23 Lebensstildimensionen in fünf Konstruktbereichen (z.B. Qualitätsaspekte, Einkaufsgewohnheiten) messen. Die strukturellen Vorhersagen der Theorie konnten für den Geltungsbereich dieses Instruments weitgehend bestätigt werden (Brunsø et al. 2004a, 2004b; Scholderer et al. 2002; Scholderer/ Grunert 2005). Die faktorielle Struktur des Instruments erwies sich als valide für alle bisher untersuchten westlichen Gesellschaften (Scholderer et al. 2004; O'Sullivan et al. 2005). Die Anwendung des Instruments in Dänemark, Deutschland, England, Finnland, Franreich, Irland, den Niederlanden, Spanien sowie Australien ergab in der Regel fünf lebensmittelorientierte Lebensstile (z.B. der sorglose – *uninvolved* – Esser; im Überblick: Grunert et al. 2001), die sich über die Zeit hinweg interessanterweise stärker zu pluralisieren und zu fragmentieren scheinen. Diese Lebensstile differenzieren sich sowohl interindividuell (Entstehen weiterer Segmente) als auch intraindividuell (gleichzeitige Zugehörigkeit eines Konsumenten zu mehreren Segmenten).

2.7 Konsuminvolvement

Das Konstrukt des Involvements stammt aus der *Theorie sozialer Urteile* von Sherif und Hovland (1961; siehe auch Sherif/Cantril 1947; Sherif et al. 1965) und bezeichnet die *subjektive Wichtigkeit* eines Einstellungsobjekts für eine Person. Die Gruppe um Sherif nahm an, dass mit steigendem Involvement die Akzeptanz- und Indifferenzbereiche, die einen subjektiven Urteilsanker umgeben, schmaler würden (siehe Kap. 2.4.3.2), so dass einstellungsrelevante Informationen vom Individuum aufmerksamer, kritischer und skeptischer verarbeitet würden. Das *Modell der Elaborationswahrscheinlichkeit* (Petty/ Cacioppo 1986; siehe Kapitel 2.4.3.4) hat das Involvementkonzept in sehr ähnlicher Form übernommen. Das Involvement ist aus der Einstellungsforschung nicht wegzudenken.

Auch in der Marketingforschung wird das Involvement als Schlüssel- bzw. Basiskonstrukt der Marketingtheorie angesehen (z.B. Trommsdorff 2004, S. 55 f.). Trommsdorff (2004, S. 56) definiert Involvement als Aktivierungsgrad bzw. Motivstärke zur Objekt gerichteten Informationssuche, -aufnahme, -verarbeitung und -speicherung. Damit ist das Involvement die auf die Informationsverarbeitung gerichtete *Aktivierung*. Zurückgehend auf die Arbeit von Krugman (1965) zur Beschreibung der Wirkung von Fernsehwerbung, dient das Involvement im Marketing heute dazu, Konsumhandlungen dahingehend zu unterscheiden, ob sie mit einem hohen (*High-Involvement*) oder geringen Aktivierungsniveau (*Low-Involvement*) ausgeführt werden. Während sich die High-Involvement-Situation auf stark bewusst informationsverarbeitende Konsumsituationen bezieht (z.B. bei extensiven Kaufentscheidungen), erfassen Low-Involvement-Situationen beiläufige, zum Teil unbewusst stattfindende Konsumhandlungen (z.B. das Anschauen von Werbespots im Fernsehen).

Eine Beachtung des Involvements ist insbesondere zur Erklärung von unterschiedlichen Kaufentscheidungsprozessen und zur Erklärung der Werbewirkung erforderlich (Petty et al. 1983; vgl. Kroeber-Riel/Weinberg 2003, 368 ff.). Da Werbung in der Regel nicht aufmerksam, sondern eher beiläufig und oberflächlich betrachtet wird (Low-Involvement-Situation), begründet sich die Werbewirkung oft weniger auf einer bewussten, aktiven und kontrollierten Informationsverarbeitung, sondern eher auf passiven und automatisch ablaufenden kognitiven Prozessen (Celsi/Olson 1988).

Höheres Involvement führt zu einer stärkeren gedanklichen Auseinandersetzung und zu einer differenzierten, weniger oberflächlichen Bewertung von Produkten (Antonides/van Raaij 1998, S. 118). In solchen Situationen verfügen Konsumenten häufig über relativ viel Wissen und sind stärker motiviert. Konsumenten mit geringem Involve-

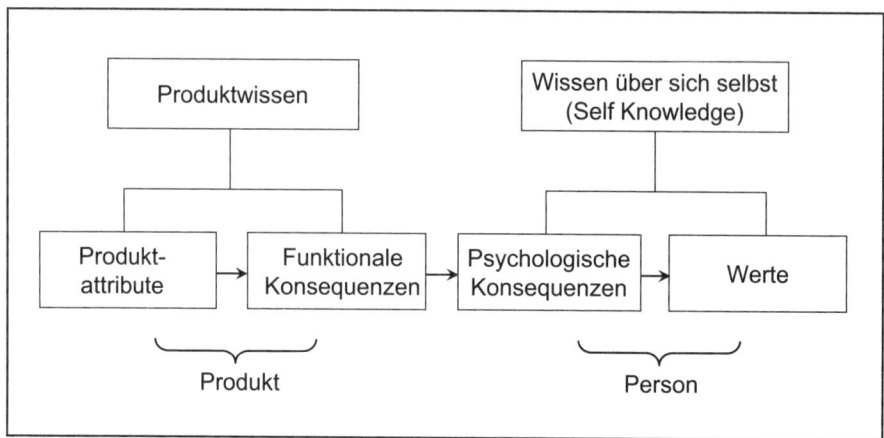

Abb. 2.44: Means-End-Modell zum Involvement
Quelle: in Anlehnung an Peter et al. 1999, S. 78

ment tendieren demgegenüber zu stark vereinfachten Urteils- und Entscheidungsheuristiken. Im Involvement drückt sich somit auch die Stärke einer *Konsument-Produkt-Beziehung* aus (vgl. Abb. 2.44). Vorhandenes Wissen über Produkteigenschaften und Produktkonsequenzen können mit persönlichen Werten und Zielen verknüpft werden (Peter et al. 1999, S. 77). Diese *Means-End-Beziehung* umfasst auch die persönliche Bedeutung und den Wert eines Produkts für einen Konsumenten.

Das Involvement ist eine komplexe, mehrdimensionale Größe (Laaksonen 1994; Laurent/Kapferer 1985; Mittal/Lee 1989; Zaichkowsky 1986). Nach dem Involvementmodell von Trommsdorff (2004, S. 58; vgl. auch Peter et al. 1999, S. 72) können z. B. fünf Facetten des Involvements unterschieden werden (vgl. Abb. 2.45):

- *Personenspezifisches Involvement*
  Das persönliche Involvement wird von den Motiven, Einstellungen, Wissen, Erfahrungen, Werten und Interessen eines Konsumenten bestimmt. Das fanatische oder leidenschaftliche Verhalten von Konsumenten im Hobbybereich kann hier als Beispiel genannt werden.

- *Produktinvolvement*
  Das Produktinvolvement wird im Wesentlichen von dem Interesse bestimmt, das jemand einem Produkt oder einer Dienstleistung entgegenbringt. Das Produktinvolvement kann sich auf eine Produktgruppe (z. B. Automobil) oder auf eine spezifische Marke (z. B. BMW) richten. Es ist von bestimmten Produkteigenschaften abhängig (z. B. Preis, soziale Bedeutung). Typisch für *Low-Involvement-Produkte* ist, dass sie auf gesättigten Märkten angeboten werden, wenige psychische Produkt-

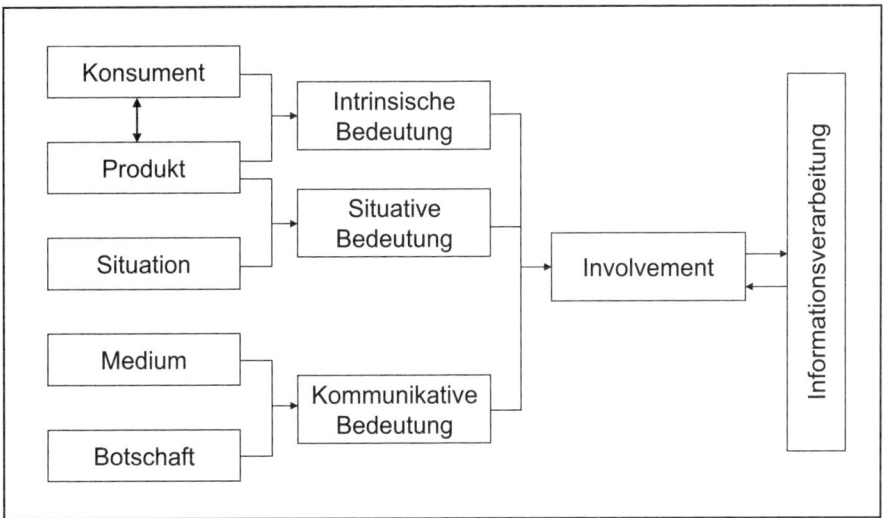

Abb. 2.45: Involvementmodell
Quelle: in Anlehnung an Trommsdorff 2004, S. 58 und Peter et al. 1999, S. 79

differenzierungsmöglichkeiten aufweisen, wenige Kauf entscheidende Merkmale besitzen, mit ihnen keine intensiv ausgeprägten Einstellungen und nur ein geringes Kaufrisiko empfunden werden und dass keine kognitiven und emotionalen Konflikte in Kaufsituationen zu erwarten sind (vgl. auch Trommsdorff 2004, S. 56 und Abb. 2.46). Hierbei handelt es sich typischerweise um Produkte des täglichen Bedarfs (z. B. Milch, Getränke, Zahnpasta). Für *High-Involvement-Produkte* trifft in der Regel das Gegenteil zu. Hier handelt es sich z. B. um Kleidung, Autos und Geldanlagen.

- *Medieninvolvement*
  Auch Medien können hinsichtlich des Involvements unterschieden werden. *Low-Involvement-Medien* sind im Allgemeinen dadurch gekennzeichnet, dass sie vom Konsumenten nur sehr beiläufig, mit geringem Interesse und oft ungezielt genutzt werden. Hierzu gehören insbesondere die Massenmedien wie Rundfunk und Fernsehen. Printmedien (z. B. Fachzeitschriften) können den *High-Involvement-Medien* zugeordnet werden. Auch die persönliche Kommunikation wird oft mit hohem Involvement geführt.

- *Botschaftsinvolvement*
  Botschaften (z. B. Werbebotschaften) selbst können auch in High- und Low-Involvement-Botschaften unterschieden werden. Unabhängig vom Produkt kann eine Botschaft bzw. ein Werbemittel beim Betrachter ein mehr oder weniger hohes Invol-

High-Involvement	Low-Involvement
• Aktive Informationssuche	• Passive Informationsaufnahme
• Aktive Auseinandersetzung	• Passieren lassen
• Hohe Verarbeitungstiefe	• Geringe Verarbeitungstiefe
• Geringe Persuasion („Souveräner Konsument")	• Hohe Persuasion („geheime Verführung")
• Vergleichende Bewertung vor dem Kauf	• Bewertung allenfalls nach dem Kauf
• Viele Merkmale beachtet	• Wenige Merkmale beachtet
• Wenige akzeptable Alternativen	• Viele akzeptable Alternativen
• Viel sozialer Einfluss	• Wenig sozialer Einfluss
• Ziel „Optimierung"	• Ziel „keine Probleme"
• Markentreue durch Überzeugung	• Markentreue durch Gewohnheit
• Stark verankerte, intensive Einstellung	• Gering verankerte, flache Einstellung
• Hohe Gedächtnisleistung	• Geringe Gedächtnisleistung

Abb. 2.46: Informationsverarbeitungswirkung des Involvements
Quelle: Trommsdorff 2004, S. 56

vement auslösen. Der Umworbene wendet sich der Botschaft aufgrund des Anziehungscharakters zu.

• *Situationsinvolvement*

Involvement in Konsumsituationen ergibt sich in Abhängigkeit von der Nähe der Entscheidung, vom Zeitdruck, vom sozialen Umfeld der Konsumhandlung sowie von der zukünftigen Nutzungssituation. Kaffee ist zum Beispiel in normalen Konsumsituationen ein Low-Involvement-Produkt, kommt aber die besonders kritische Schwiegermutter zu Besuch, wird Kaffee zu einer wichtigen Angelegenheit (Jeck-Schlottmann 1988, S. 34). So können alltägliche, gering involvierte Ereignisse zu hoch involvierten Konsumsituationen werden.

Die Unterscheidung von Involvementsituationen bei Produkten, Medien, Botschaften und Situationen darf aber nicht darüber hinwegtäuschen, dass Involvement eine *motivationale Größe* auf der Seite des Konsumenten ist. Die Abb. 2.46 zeigt, welche Auswirkungen unterschiedliche Involvementniveaus auf die Informationsverarbeitung und auf Kaufentscheidungsprozesse ausüben.

Zur *Messung des Involvements* können die Indikatoren der Aktivierung herangezogen werden (Trommsdorff 2004, S. 64 f.). Häufig wird das Involvement aber über speziell entwickelte Rating-Skalen erhoben (siehe z. B. Laurent/Kapferer 1985; Zaichkowsky 1985).

Die interindividuellen Unterschiede im Involvement zwischen verschiedenen Konsumenten sind meist erheblich. Involvement wird daher oft zur Segmentierung von Konsumenten eingesetzt (vgl. Kap. 3.1.1). Die resultierenden Segmente können dann z. B. in der Kommunikationsplanung eingesetzt werden (vgl. Kap. 4.2.3.5).

3 Marketingstrategien und Konsumentenverhalten

3.1 Markt- und Benefitsegmentierung

3.1.1 Marktsegmentierung

Die Marktsegmentierung ist ein zentraler Bestandteil der strategischen Marketingplanung und dient der Entwicklung erfolgreicher Marketingstrategien (Peter et al. 1999, S. 332). Es kann davon ausgegangen werden, dass die Marktsegmentierung in Zukunft noch an Bedeutung gewinnen wird, da Individualisierungstendenzen in hoch entwickelten Ländern zu einer *Pluralisierung* (mehrere Lebensstile werden von einer Person gleichzeitig „gelebt") und *Fragmentarisierung* (weitere Ausdifferenzierung bisher homogener Lebensstilsegmente) von Lebensstilen[27] führen. Nach einer Analyse von Volkswagen hat sich in den letzten 10 Jahren die Anzahl der Marktsegmente im Automobilbereich verdreifacht (Clef 1999). Größere hom
ogene Marktsegmente sind deshalb immer seltener (Abb. 3.1).

Ausgangspunkt der Marktsegmentierung ist die Abgrenzung relevanter Märkte und die Festlegung von Geschäftsfeldern. Relevante Märkte und strategische Geschäftsfelder können insbesondere dann, wenn sie relativ grob abgegrenzt bzw. definiert wurden, weiter zerlegt und unterteilt werden (Benkenstein 2002, S. 27 ff. und 175 ff.). Die Marktsegmentierung ist eine direkte Umsetzung des Prinzips der differenzierten Marktbearbeitung und zielt insbesondere auf die Identifikation neuer Markt- und Produktchancen, auf die Produktdifferenzierung und -positionierung sowie auf die Verbesserung von Werbekonzepten und die Unterstützung der Werbestreuplanung (Beane/Ennis 1987, S. 20).

Aufgabe der Marktsegmentierung ist die Identifikation, Bildung und Beschreibung von Teilmärkten (*Markterfassung*), deren Bewertung und Auswahl (*Marktauswahl*) sowie die Festlegung von Strategien und Maßnahmen der Marktbearbeitung für einzelne Segmente (Freter 1995, Sp. 1803 f.; Peter et al. 1999, S. 332 ff.). Im ersten Schritt der Marktsegmentierung, der Markterfassung, erfolgt die Zerlegung eines Marktes bzw. eines strategischen Geschäftsfeldes in Käufergruppen (Marktsegmente), die ähnlich und von den anderen Käufergruppen deutlich unterscheidbar auf den Einsatz mar-

---

27 Zu den Lebensstilen vgl. Kap. 2.6.2.

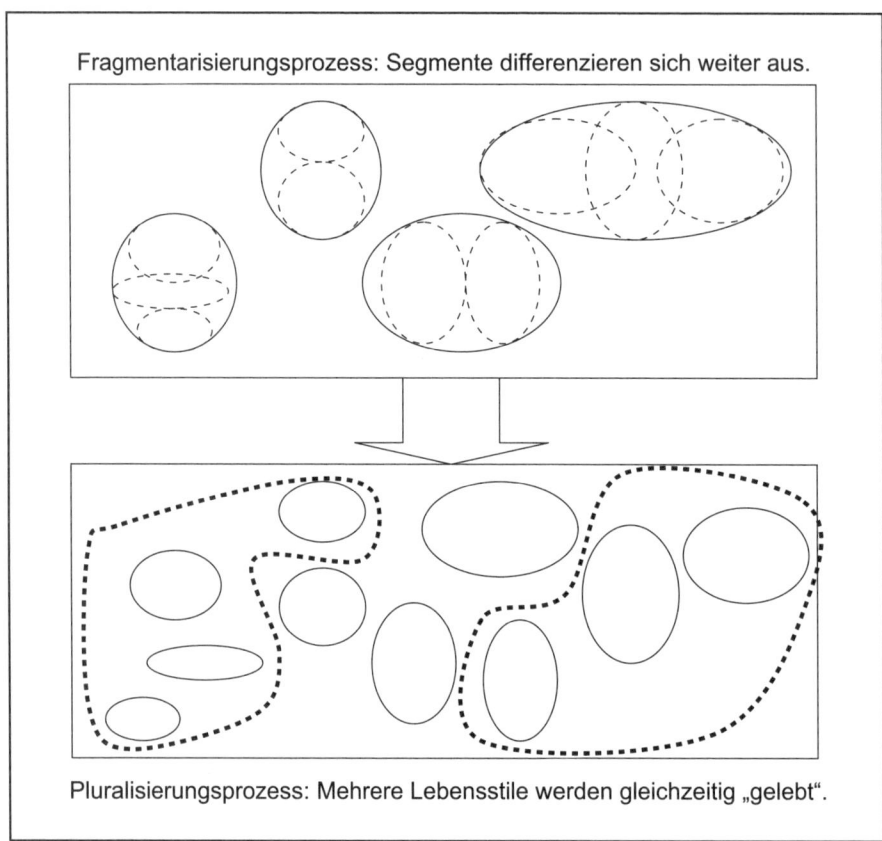

Fragmentarisierungsprozess: Segmente differenzieren sich weiter aus.

Pluralisierungsprozess: Mehrere Lebensstile werden gleichzeitig „gelebt".

Abb. 3.1: Fragmentarisierungs- und Pluralisierungstendenzen

ketingpolitischer Instrumente reagieren (Becker 2002, S. 247; Peter et al. 1999, S. 332). Zur Bildung von Marktsegmenten werden ausgewählte Merkmale der Käufer, so genannte *Segmentierungskriterien*, verwendet (Freter 1995, Sp. 1803). Dabei ist zu unterscheiden, ob die Gruppen bildenden Kriterien aufgrund von Markterfahrung des Managements der Segmentbildung vorgegeben werden (*a-priori-Segmentierung*) oder ob Käufer erst aufgrund ihrer Ähnlichkeit hinsichtlich einer Vielzahl von Merkmalen durch Anwendung multivariater Verfahren der Datenanalyse zu Gruppen zusammengefasst werden (*a-posteriori-Segmentierung*; vgl. Stegmüller/Hempel 1996, S. 25). Zur Beschreibung von Marktsegmenten können sowohl die verwendeten Segmentierungsmerkmale als auch weitere, nicht zur Segmentierung eingesetzte Merkmale der Käufer verwendet werden.

Sind Marktsegmente identifiziert worden, so erfolgt im nächsten Schritt die Bewertung und Auswahl der attraktivsten Käufergruppen zur Marktbearbeitung. Marktsegmente sollten als größtmögliche Einheiten verhaltenshomogener Käufer, die es sich lohnt, mit einem speziellen Marketing-Mix zu bearbeiten, gebildet werden. In Abhängigkeit von der Marktsegmentauswahl können verschiedene segmentspezifische Marktbearbeitungsstrategien eingeschlagen werden, die sich hinsichtlich der Art und des Grades der Differenzierung der Marktbearbeitung unterscheiden (Marktparzellierungsstrategien; vgl. Becker 2002, S. 237 ff.).

Abgesehen von der Frage, ob ein Markt überhaupt bearbeitet werden soll oder kann, stellt sich die grundsätzliche Entscheidung darüber, ob die Marktbearbeitung undifferenziert (*Massenmarktstrategie*) oder differenziert (*Marktsegmentierungsstrategie*) erfolgen soll. Werden *Produkt-Markt-Kombinationen* der Strategieauswahl zugrunde gelegt, so können fünf Grundformen segmentspezifischer Basisstrategien unterschieden werden: Nischenspezialisierung (Single-Segment-Strategie), Produktspezialisierung, Marktspezialisierung, selektive Spezialisierung (Multiple-Segment-Strategie) und differenzierte Gesamtmarktabdeckung (Benkenstein 2002, S. 176 ff.; Bruhn 2004, S. 61 ff.). Ist die Marktsegmentierungsstrategie festgelegt, erfolgt im letzten Schritt der Marktsegmentierung die Ausgestaltung des segmentspezifischen Marketing-Mix.

Die Art der Marktsegmente ergibt sich aus den zu ihrer Identifikation bzw. Klassifikation eingesetzten Segmentierungskriterien. Sehr häufig wird die folgende Unterteilung von *Segmentierungskriterien* vorgeschlagen (Becker 2002, S. 251; Bruhn 2004, S. 60; Freter 1995, Sp. 1807 f.):

- demographische Kriterien (inklusive sozio-ökonomischer und geographischer Kriterien),
- psychographische Kriterien (allgemein und produktspezifisch) und
- Kriterien des Kauf- und Nutzungsverhaltens.

Peter el al. (1999, S. 335) unterscheiden Segmentierungskriterien danach, ob sie einerseits manifeste (z. B. Alter) oder latente (z. B. Einstellung) und andererseits eher allgemeine, produktübergreifende (z. B. Werthaltungen) oder spezielle, produktspezifische (z. B. Produktnutzen) Aspekte des Käuferverhaltens erfassen.

Im internationalen Kontext ist zwischen *Ländersegmentierung* (horizontaler Segmentierung), *intranationaler* (vertikaler Segmentierung) und *interkultureller Marktsegmentierung* (integraler Marktsegmentierung) zu unterscheiden. Im Rahmen der Ländersegmentierung werden auf der Basis länderspezifischer Merkmale (z. B. Investitionsrisiko, Marktpotenzial, Sprache) homogene Ländergruppen gebildet (Meffert/Bolz 1998, S. 110 ff.). Während die *intranationale Marktsegmentierung* auf die Identifikation, Auswahl und Bearbeitung von Käufergruppen innerhalb eines ausgewählten Landes zielt (Kutschker/Schmid 2005, S. 951), versucht die integrale Marktsegmentierung, länder- bzw. kulturübergreifende Käufergruppen (*cross-cultural-groups*) zu erfassen. Integrale Marktsegmentierung ist allerdings mit erheblichen Messproblemen verbunden, da z. B. Items zur Messung bestimmter Überzeugungen des Konsumenten bei Übersetzung in eine andere Sprache oft eine andere Semantik erhalten und dadurch zu systematischen Fehlern führen können. Komplexe faktorenanalytische Verfahren können eingesetzt werden, um solche Fehler zu diagnostizieren und zum Teil auch zu korrigieren (Steen- kamp/Baumgartner 1998; Scholderer et al. 2005). Interkulturelle Marktsegmentierung wird in Kap. 3.2.4 vertieft behandelt.

Die Auswahl geeigneter Segmentierungskriterien kann durch eine Analyse der *Pro- dukt-Konsument-Beziehung* unterstützt werden (Peter et al. 1999, S. 333). So ist es mög- lich, im Rahmen einer *Means-End-Analyse* Kenntnisse über die dem Produktwahl- verhalten zugrunde liegenden mentalen Prozesse zu erhalten. Als wichtigstes Entscheidungskriterium zur Auswahl von Segmentierungsmerkmalen für die Markter- fassung sollte deren Kaufverhaltensrelevanz herangezogen werden (Peter et al. 1999, S. 345; Freter 1995, Sp. 1807). Auf der Basis ausgewählter Segmentierungskriterien werden Käufer entweder a-priori klassifiziert oder im Rahmen einer empirischen Stu- die unter Einsatz multivariater Verfahren (wie z. B. der latenten Klassenanalyse oder den verschiedenen clusteranalytischen Verfahren) einzelnen Gruppen zugeordnet. Neben den (aktiven) Segmentierungskriterien werden in Marktforschungsstudien rela- tiv häufig auch noch weitere (passive) Käufermerkmale erhoben, die zwar nicht zur Segmentbildung, dafür aber zur näheren Segmentbeschreibung benötigt werden. Die Markterfassung sollte mit einer Prüfung der Verhaltensrelevanz der gebildeten Markt- segmente abgeschlossen werden. Von den gebildeten Marktsegmenten bzw. Käufer- gruppen wird erwartet, dass sie

- mit einem differenzierten Marketing-Mix angesprochen werden können,
- differenziert auf den Einsatz des Marketing-Mix reagieren,
- inhaltlich beschrieben und ihre Größe bzw. ihr Potenzial ermittelt werden,
- für eine wirtschaftliche und profitable Bearbeitung hinreichend groß sind und
- über einen längeren Zeitraum Bestand haben.

Demographische Segmentierungskriterien genießen weiterhin große Beliebtheit. Dazu trägt insbesondere bei, dass ihre Anwendung oft zu leicht messbaren, wirtschaftlich zu bearbeitenden und zeitlich stabilen Marktsegmenten führt. Allerdings wird sehr häufig eine zu geringe Kaufverhaltensrelevanz demographischer Segmente beklagt. Von einer *psychographischen Segmentierung* (Benefit- und Lifestyle-Segmentierung) erhofft man sich dagegen einen stärkeren Verhaltensbezug. Vergleichende Analysen haben gezeigt, dass die Segmentierungsergebnisse abhängig von den zugrunde gelegten Kriterien sind (vgl. Dubow 1992; Stegmüller/Hempel 1996, S. 30 f.).

3.1.2 Die Benefit-Segmentierung

Das Konzept der Benefit-Segmentierung wurde von Haley (1968) in die Produktpolitik eingeführt und insbesondere als Entscheidungshilfeverfahren für die Produktlinien-gestaltung vorgeschlagen. In der weiteren Entwicklung sind auf der Basis von Bene-fit-Segmentierungen zahlreiche Simulationen zur Optimierung der Produktliniengestaltung durchgeführt worden (Aust 1996, S. 83 f.; Gaul et al. 1995; Green/Krieger 1989; Herrmann 1998, S. 502 f.; Kohli/Sukumar 1990). Zentrale Annahme des Konzeptes ist, dass Kaufentscheidungen kausal durch produktspezifische Nutzenerwartungen der Käufer bestimmt sind. Nutzenerwartungen sind die Vorstellungen der Käufer darüber, welche ihrer Bedürfnisse wie stark durch welche Eigenschaften eines Produktes befriedigt werden. Dementsprechend charakterisieren Beane und Ennis (1987, S. 23) das Ziel der Benefit-Segmentierung als *„to determine why a person buys a product and, therefore, why similar people buy the product if the benefit is communicated to them"*. Wenn Märkte aufgrund dieser direktesten aller möglichen Produkt-Konsument-Beziehungen segmentiert werden können (Wind 1978), ist der Rückgriff auf demographische oder psychographische Hintergrundvariablen, die nur auf dem Umweg über Nutzenerwartungen mit der Kaufentscheidung verknüpft sind, also prinzipiell nicht erforderlich (Greenberg/MacDonald 1989). Das Vorgehen bei der Benefit-Segmentierung gliedert sich typischerweise in 8 Schritte:

(1) Abgrenzung des relevanten Marktes (Benkenstein 2002, S. 27 f.);

(2) Auswahl kaufentscheidungsrelevanter Produktattribute (Steenkamp/van Trijp 1997);

(3) Spezifikation des Messmodells für die Nutzenerwartungen der Käufer (Green/Srinivasan 1990; Louviere 1994);

(4) Erstellung des Erhebungsdesigns (Brice 1997; Weiber/Rosendahl 1997);

(5) Datenerhebung an einer für die Nachfragerpopulation repräsentativen Stichprobe;

(6) Schätzung der Attributgewichte und Teilnutzenwerte (Green/Srinivasan 1978; 1990);

(7) Segmentierung durch multivariate Analyse der Ähnlichkeiten zwischen Attributge-wichten oder Teilnutzenwerten (Wedel/Kamakura 1997);

(8) Ableitung von Strategien zur Marktbearbeitung, Produktlinien- (Aust 1996) und Preisgestaltung (Balderjahn 1993).

3.2 Interkulturelles Marketing

3.2.1 Grundlagen

Wir leben im Zeitalter der *Globalisierung*. Weltweite Deregulierungstendenzen und die Schaffung großer homogener Wirtschaftsräume haben den weltweiten Handel und damit verbunden den weltweiten, globalen Wettbewerb angeheizt. Unternehmen erschließen im Ausland neue Märkte. Sie müssen international präsent sein, um konkurrenzfähig zu bleiben. Erfolgreiches *internationales Management* erfordert allerdings eine fundierte Kenntnis der jeweiligen Kulturen auf den Auslandsmärkten. Die Märkte dieser Welt sind in vielen Branchen immer noch, und höchstwahrscheinlich für immer, sehr stark von der jeweiligen Landeskultur abhängig. Insbesondere das Verhalten der Konsumenten ist in weiten Bereichen wie z. B. im Ess- und Bekleidungskonsum sehr stark Kultur geprägt (*culture bounded products*). Sogar technologische Produkte wie z. B. aus der Unterhaltungselektronik werden nicht völlig frei von kulturellen Einflüssen (*culture free products*) bewertet und gekauft. Die *Kultur* ist die zentrale Dimension globalen Handelns.

3.2.2 Konsumkultur

Durch *Sozialisation* entstehen soziale Institutionen wie Kulturen, Werte, Normen und Milieus (vgl. Kap. 2.6.1). *Kulturen* sind menschliche Gemeinschaften mit gleichen Lebensformen, die sich von anderen Gemeinschaften unterscheiden (vgl. auch Kroeber-Riel/Weinberg 2003, S. 553 ff.). Es handelt sich um ein System von gemeinsam geteilten Leitvorstellungen (*shared values*), die das Zusammenleben von Menschen regeln und erleichtern. Diese Leitvorstellungen sind erlernt und werden über Generationen hinweg weitergegeben. Eine Kultur ist somit ein soziales *Ordnungs- und Deutungssystem*. Sie liefert dem Einzelnen Orientierungs- und Interpretationshilfen. Kultur wird sichtbar im Verhalten (Sitten, Gebräuche, Rituale), in der Kommunikation (z. B. Sprache), in Symbolen (z. B. Statussymbole, Autoritätssymbole), in Artefakten (Kunst, Architektur) und sonstigen Manifestationen. Weiterhin kann eine Unterscheidung in materielle (z. B. Gegenstände), soziale (Normen, Sprache, Sitten etc.) und mentale (Werte) Kultur durchgeführt werden.

Nach dem *Kulturprozessmodell* von Peter et al. (1999, S. 278) erfahren Produkte über kulturelle Prozesse bestimmter Akteure (z. B. Unternehmen, Medien etc.) eine kulturelle Bedeutung (z. B. Kleidung zum Vorstellungsgespräch; vgl. Abb. 3.2). Das Marketing kann für bestimmte Produkte bzw. Marken für eine erfolgreiche Vermarktung geeignete

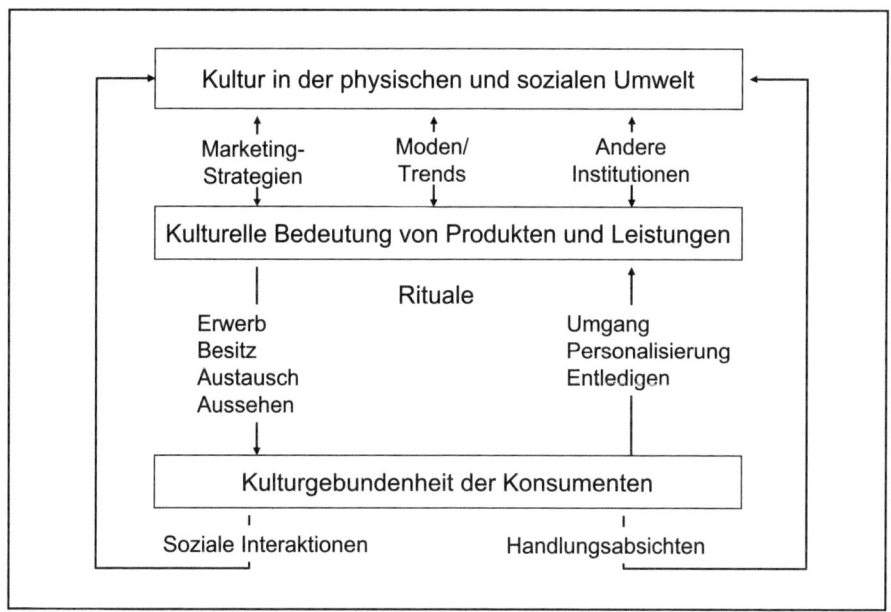

Abb. 3.2: Modell zum Kulturprozess
Quelle: in Anlehnung an Peter et al. 1999, S. 278

kulturelle Bedeutungen bzw. Inhalte identifizieren, um diese auf das Produkt zu übertragen (z.B. „coole" Sportschuhe). Der Einsatz von Persönlichkeiten in der Werbung
(*Testimonials*) ist eine gute Möglichkeit dazu, denn Persönlichkeiten können ein Produkt aufwerten und ihm einen bestimmten Charakter bzw. eine bestimmte Bedeutung
verleihen.

Durch *Rituale*, d.h. gewohnheitsmäßige, standardisierte Verhaltensweisen, übernimmt der Konsument kulturelle Bedeutungen von Produkten. Er kann Produkten aber
auch selbst eine bestimmte Bedeutung beimessen (z.B. die ersten Laufschuhe des eigenen Kindes). Die Übernahme kultureller Bedeutungen durch ritualisierte Verhaltensprozesse kann stattfinden beim Produktkauf (z.B. soziale Akzeptanz als Kaufkriterium),
der Produktpräsentation (z.B. Freunden wird das neue Produkt präsentiert), dem Aus-
tausch von Produkten (z.B. Produkte als Geschenke) und der Produktnutzung (z.B.
Kleidung für bestimmte Anlässe auswählen). Die von Menschen Gegenständen und Produkten selbst übertragene persönliche Bedeutung ist im Umgang mit diesen Produkten
(z.B. exzessive Pkw-Pflege), in der Personalisierung (z.B. persönliche Veränderungen
standardisierter Produkte) und in der Entledigung von Produkten erkennbar (z.B. besondere Entledigungsrituale beim lang gefahrenen Pkw).

Im *interkulturellen Marketing* stellt die Kultur einerseits eine Wirkkomponente (Rahmenfaktor) und andererseits eine Gestaltungskomponente dar (vgl. Mennicken 2000). Kulturen zeichnen sich durch dominante Wertesysteme, die Kernkultur (*core culture*) sowie durch die Koexistenz abweichender Subkulturen aus. *Subkulturen* sind z. B. (vgl. Kroeber-Riel/Weinberg 2003, S. 562 ff.):

- geographisch abgrenzbare Gebiete (z. B. Nielsengebiete),
- demographisch abgrenzbare Bevölkerungsgruppen (z. B. Jugendliche, Senioren),
- soziale Schichten – Die *soziale Schicht* bezeichnet die soziale Position einer Person innerhalb einer sozialen Gemeinschaft. Eine Bestimmung der sozialen Position erfolgt oft über die Kriterien Einkommen, Beruf und formaler Bildungsabschluss.
- soziologisch abgrenzbare Bevölkerungsgruppen (so genannte *Milieus* wie z. B. das Studentenmilieu[28]).

3.2.3 Menschliche Werte

Werte sind durch soziales Lernen erworbene, innerhalb einer bestimmten Kultur von vielen geteilte (*shared values*), wenige und relativ stabile Einstellungen zu wünschenswerten, anzustrebenden Lebens- und Verhaltensformen, die hierarchisch im kognitiven System der Individuen organisiert sind. Werte dienen als Bewertungskriterien (Standards) und beeinflussen – vermittelt über spezifische Einstellungen – das beobachtbare Verhalten. Werte haben motivationalen Charakter, d. h., sie sind auch kognitive Repräsentationen von Bedürfnissen. *Wertesysteme* (Werthierarchien) sind Ordnungen gewichteter Einzelwerte. Insbesondere die interkulturelle Werteforschung hat herausgefunden, dass Werte interkulturell existieren, allerdings in unterschiedlichen Bedeutungen in den jeweiligen Kulturkreisen. Ein *Wertewandel* vollzieht sich über Veränderungen in der relativen Bedeutung einzelner Werte zueinander. Es existieren verschiedene *Werttheorien* und Ansätze zur Messung von Werten:

- Postmaterialismustheorie von *Inglehart,*
- Werttheorie von *Rokeach,*
- Wertmodell von *Vinson et al.,*
- Wertetypen von *Schwartz,*
- *List of Values* (LOV).

---

28 Zum Milieubegriff vgl. auch Kap. 2.6.2.

Die Postmaterialismustheorie von *Inglehart*

Nach Inglehart (1979) vollzieht sich in entwickelten Gesellschaften ein intergenerationeller Wertewandel vom Materialismus zum Postmaterialismus. Während materielle Werte sich auf Wohlstand, Sicherheit und Ordnung beziehen, erfassen postmaterielle Aspekte die Mitsprache und Partizipation an gesellschaftspolitischen Prozessen. Diese Vermutung eines *intergenerationellen Wertewandels* stützt Inglehart (1979) auf zwei Hypothesen: Nach der so genannten *Knappheitshypothese* reflektieren Werte den aktuellen sozioökonomischen Status einer Person. Danach ist das, was knapp ist, wertvoll. Die zentrale *Sozialisationshypothese* postuliert, dass die in den ersten 20 Lebensjahren, der so genannten *formativen Zeit*, gemachten persönlichen Erfahrungen die Werte eines Menschen für sein ganzes Leben prägen. Die Werte einer Person reflektieren ganz wesentlich jene Bedingungen (z.B. materieller Wohlstand, körperliche Sicherheit), die während seiner Jugendzeit vorgeherrscht haben. Um diese Hypothese zu belegen, vergleicht Inglehart in seinen Studien die Nachkriegsgeneration mit der 68er-Generation. Die Nachkriegsgeneration ist unter materiellen Nöten und körperlichen Unsicherheiten aufgewachsen. Diese Generation wird deshalb, so die Vermutung Ingleharts, ihr Leben lang materielle Werte bevorzugen. Die 68er-Generation hat demgegenüber keine oder eine vergleichsweise geringe materielle Not erlitten. Diese Generation wird Werte wie Freiheit und Partizipation höher bewerten als materielle Werte. Zur Messung der Wertorientierung schlägt Inglehart einen Wertindex vor, der aus vier vorgegebenen Werten, je zwei materiell und postmateriell, zusammengesetzt ist. Die Probanden müssen die zwei für sie wichtigsten Werte auswählen. Die Personen, die die postmaterialistischen Werte auswählen, werden als *Postmaterialisten* bezeichnet, und die, die nur materialistische Werte auswählen, sind die *Materialisten*. Wird je ein materialistisches und ein postmaterialistisches Ziel angegeben, entstehen so genannte *Mischtypen*. Sowohl die Theorie als auch der Index sind umstritten. So kann bis heute eine durchgehende Tendenz zum Postmaterialismus nicht empirisch bestätigt werden.

Die Theorie von *Rokeach*

Rokeach (1973; 1974) unterstellt ein kognitiv hierarchisches Wert-Einstellungssystem. Er unterscheidet zwischen *terminalen Werten* (z.B. komfortables Leben, Vergnügen, Glück) und *instrumentellen Werten* (z.B. sauber, ordentlich, kreativ). Während sich die terminalen Werte (terminal values) auf anzustrebende Lebensformen und Lebensziele (end-state of existence) richten, beziehen sich die instrumentellen Werte auf solche Verhaltensweisen, mit denen die terminalen Werte erreicht werden können (modes of conduct). Zur *Messung* dieser Werte schlägt *Rokeach* ein Verfahren vor, den *Rokeach Value Survey*, bei dem je 18 terminale und instrumentelle Werte gemäß ihrer Wichtigkeit in

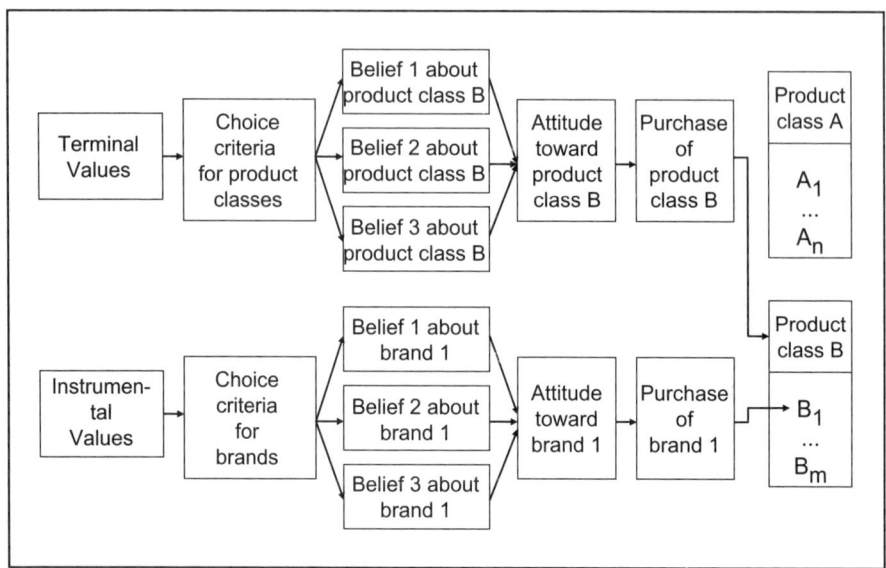

Abb. 3.3: Das Wertemodell von Howard
Quelle: in Anlehnung an Howard 1994, S. 85

eine Rangordnung zu bringen sind (vgl. Blackwell et al. 2006, S. 274 f.). Jede Werte-
gruppe bildet ein eigenständiges Wertesystem. *Rokeach* geht davon aus, dass diese
Werte interkulturell gültig sind. Unterschiede gibt es nur in der Gewichtung der Werte
(Werthierarchien), nicht aber in der Art der Werte selbst. Es zeigte sich, dass Wertesysteme stabiler sind als einzelne Werte. Der unterstellte Zweck-Mittel-Zusammenhang
zwischen instrumentellen und terminalen Werten kann empirisch nicht bestätigt werden. Vielmehr ist von einer relativen Unabhängigkeit bzw. Autonomie der beiden Wertesysteme auszugehen (vgl. Balderjahn 1986, S. 44 ff.). Von Howard (1994, S. 84 ff.)
wurde das Wertekonzept von Rokeach zur Erklärung von Prozessen extensiver Produkt-
beurteilungen und Kaufentscheidungen übertragen. Werte werden danach in ihrer
Funktion als Maßstäbe zur Entscheidungsfindung und Konfliktlösung betrachtet. Während die terminalen Werte als Entscheidungskriterien der Produktgruppenwahl dienen,
sind es die instrumentellen Werte, die dann dazu herangezogen werden, aus einer Produktgruppe ein bestimmtes Produkt bzw. eine Marke auszuwählen (vgl. Abb. 3.3). Bei
routinierten Entscheidungen bleiben Werte allerdings unberücksichtigt.

Das Modell von *Vinson* et al.

Vinson et al. (1977) gehen wie *Rokeach* (1972; 1974) von einem Wert-Einstellungssystem
(*means-end chains*) aus. Sie postulieren eine Hierarchie von *globalen Werten* (z. B.

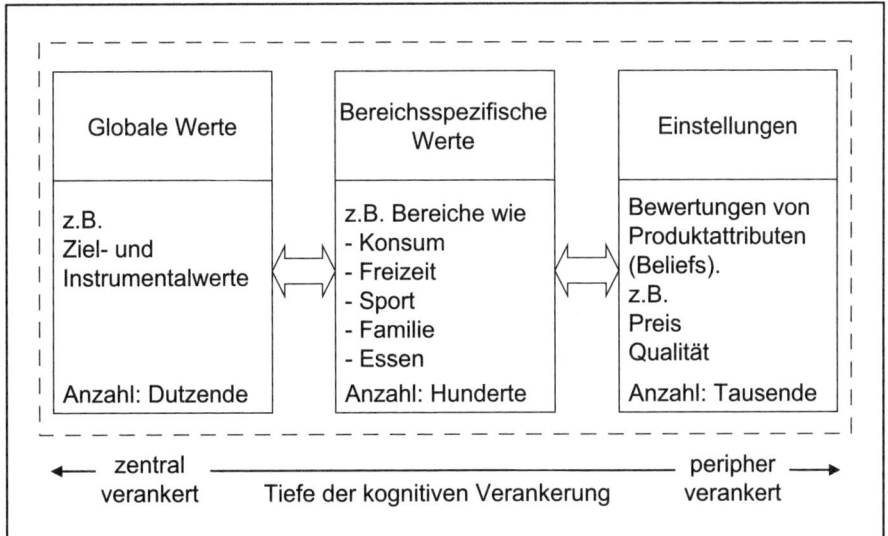

Abb. 3.4: Wertkategorien im individuellen Überzeugungssystem
Quelle: nach Vinson et al. 1977

Materialismus) über *konsumspezifische Werte* (z.B. bezüglich Kleidung, Essen) bis hin zu Produkteinstellungen. Diese Hierarchie findet in den Verhaltensweisen ihren Niederschlag (vgl. Abb. 3.4). Methodisch können die Zusammenhänge zwischen Einstellungen (Überzeugungen zu Produktattributen), Verhaltenskonsequenzen und Werten im hierarchisch organisierten kognitiven System durch die so genannte *Laddering-Technik* ermittelt werden.

Die Wertetypologie von S. H. Schwartz

Die Wertetypologie von *Shalom Schwartz* (1994) ist als ein valides Instrument zur Messung von Unterschieden und Gemeinsamkeiten zwischen Nationen und Kulturen entwickelt worden. Es werden 6 bzw. 7 Wertetypen unterschieden:

(1) *Konservatismus* (*Conservatism*): An überlieferten Traditionen festhaltende Weltanschauung, tritt für die Aufrechterhaltung des *status quo* ein und scheut Experimente, Eigentum und Besitz werden angestrebt.

(2) *Intellektuelle und emotionale Selbstbestimmung:* Handeln wird nach eigenen Interessen intellektuell und emotional selbst bestimmt.

(3) *Hierarchie*: Hegen Präferenzen für Machtausübung, Anerkennung von Autoritäten und Reichtum.

Kon I Hi S Ver Ha
1 2 3 4 5 6

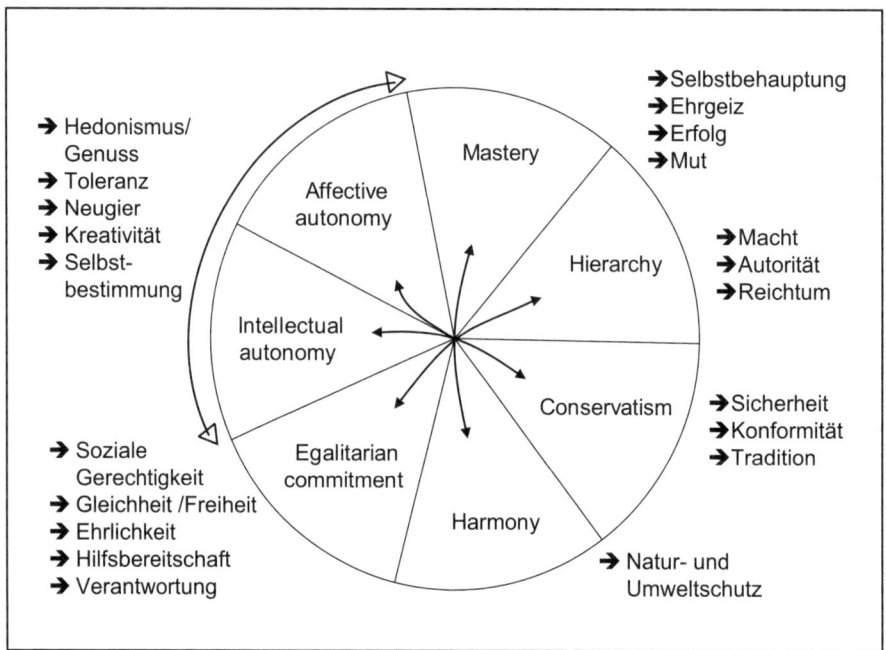

→ Hedonismus/
　Genuss
→ Toleranz
→ Neugier
→ Kreativität
→ Selbst-
　bestimmung

Affective
autonomy

Mastery

→ Selbstbehauptung
→ Ehrgeiz
→ Erfolg
→ Mut

Hierarchy

→ Macht
→ Autorität
→ Reichtum

Intellectual
autonomy

Conservatism

→ Sicherheit
→ Konformität
→ Tradition

→ Soziale
　Gerechtigkeit
→ Gleichheit /Freiheit
→ Ehrlichkeit
→ Hilfsbereitschaft
→ Verantwortung

Egalitarian
commitment

Harmony

→ Natur- und
　Umweltschutz

Abb. 3.5: Die Wertetypologie von S.H. Schwartz
Quelle: Schwartz 1994; zitiert bei Peter et al. 1999, S. 272

(4) *Selbstbehauptung (Mastery)*: Gestaltet aktiv und egoistisch das eigene Leben, ist ehrgeizig und wagemutig, um Erfolg zu haben.

(5) *Verpflichtung zur Gleichheit (Egalitarian)*: Ist gegen Diskriminierung und unterstützt andere.

(6) *Harmonie*: Wünscht sich ein Leben in Harmonie mit der Natur.

Kulturen unterscheiden sich in der Dominanz einzelner Wertetypen. Die Wertetypen sind graphisch in ihrer Nähe bzw. Distanz dargestellt (vgl. Abb. 3.5). West-Europäische Staaten zeigen hohe Präferenzen für intellektuelle und emotionale Selbstbestimmung und Gleichberechtigung. Asiatische Staaten tendieren eher zu Selbstbehauptung und Hierarchie. Bezüge zum Konsumentenverhalten sind untersucht worden (z.B. Brunsø et al. 2004b; vgl. auch Abb. 3.6).

List of Values

Ein einfaches Messkonzept, das für die Marketingforschung entwickelt wurde, stellt die *List of Values* (LOV) dar. Dieses Konzept basiert auf den Werttheorien von Maslow und

Wertdimension	Relevanz für das Konsumverhalten
Konservatismus	traditionelle Produkte, Produkte, die Recht und Ordnung fördern, Produkte, die in der selben sozialen Klasse genutzt werden
Emotionale Selbstbestimmung	Produkte, die ein genüssliches, aufregendes und vielseitiges Leben fördern
Intellektuelle Selbstbestimmung	Produkte, die Kreativität fördern, Freizeitprodukte
Hierarchie	Produkte, die den sozialen Status und Macht demonstrieren können
Selbstbehauptung	Innovative Produkte, Produkte zur Lebenshilfe
Verantwortung	Berücksichtigung sozialer Aspekte von Produkten
Harmonie	umweltverträgliche Produkte, natürliche, gesunde Lebensmittel

Abb. 3.6: Wertetypologien und ihre Relevanz für den Konsum
Quelle: Peter et al. 1999, S. 275

Rokeach. Aus einer umfassenden Itemanalyse wurden 9 für das alltägliche Leben zentrale Werte für dieses Instrument ausgewählt (vgl. Abb. 3.7). Diese Werte erfassen die Bedeutung sozialer Beziehungen (z. B. warm relationship with others) sowie persönliche (self-respect) und unpersönliche Werte (z. B. excitement). Die Messung dieser 9

- Zugehörigkeit, Geborgenheit (*Sense of belonging*)
- Die Welt und das Leben genießen (*Fun and enjoyment in life*)
- Enge Beziehungen zu anderen Menschen (*Warm relationships with others*)
- Selbstverwirklichung, Weiterentwicklung (*Self-fulfilment*)
- Anerkannt und respektiert werden (*Being well respected*)
- Ein aufregendes, abwechslungsreiches Leben (*Excitement*)
- Leistungsfähig sein, etwas erreichen (*A sense of accomplishment*)
- Sichere Lebensumstände (*Security*)
- Selbstachtung, Selbstvertrauen (*Self-respect*)

Abb. 3.7: List of Values
Quelle: Grunert et al. 1992

Werte erfolgt durch 10-Punkte-Rating-Skalen, die inhaltlich den Bereich zwischen „unwichtig" und „wichtig" aufspannen. Das LOV-Messkonzept ist inzwischen in der Konsumforschung zahlreich eingesetzt und erprobt worden (Brunsø et al. 2004a; Kahle/Kennedy 1988; Kahle 1996; Scholderer et al. 2002). Leider erwiesen sich sowohl Reliabilität als auch Vorhersagevalidität als recht dürftig.

3.2.4　Interkulturelle Marktsegmentierung

Es können drei Arten der *internationalen Marktsegmentierung* unterschieden werden:

* *Die Ländersegmentierung*: Auf der Grundlage länderspezifischer Merkmale (z. B. Klima, Bruttosozialprodukt, politische Stabilität) werden Auslandsmärkte hinsichtlich ihrer Attraktivität für das Unternehmen klassifiziert (so genannte horizontale Marktsegmentierung). Diese Klassifizierung soll Aussagen darüber ermöglichen, ob und in welchem Umfang bestimmte Produkte in dem jeweiligen Land abgesetzt werden können.

* *Die intranationale Marktsegmentierung:* Zweck der intranationalen Segmentierung ist es, die Abnehmer innerhalb eines Landes anhand von Segmentierungskriterien hinsichtlich ihrer Konsumgewohnheiten in möglichst homogene Gruppen einzuteilen (so genannte vertikale Marktsegmentierung). Dazu werden soziodemographische, psychologische und verhaltensbezogene Segmentierungskriterien verwendet (siehe Kap. 3.1.1).

* *Die interkulturelle Marktsegmentierung:* Bei der interkulturellen Segmentbildung werden unter Verzicht auf eine länderspezifische Segmentierung die Konsumenten grenzüberschreitend, also interkulturell klassifiziert (so genannte integrale bzw. länderübergreifende Marktsegmentierung). Dadurch entstehen interkulturelle Konsumentengruppen (*cross cultural groups*), die von den jeweiligen Ländern weitgehend unabhängige, spezifische Konsumstile pflegen (vgl. Abb. 3.8).

Ein interkulturelles Marktsegment umfasst somit mindestens Konsumenten aus zwei unterschiedlichen Ländern bzw. Kulturen. Die Bedeutung bzw. Größe des Segments in den jeweiligen Ländern kann sehr unterschiedlich ausfallen. Diese Segmentierungsart bietet sich bei global standardisierten Produkten wie z. B. Autos, Unterhaltungselektronik, Jeans und Interkontinentalflügen an.

Im Folgenden werden zwei *methodische Ansätze* der interkulturellen Marktsegmentierung vorgestellt:

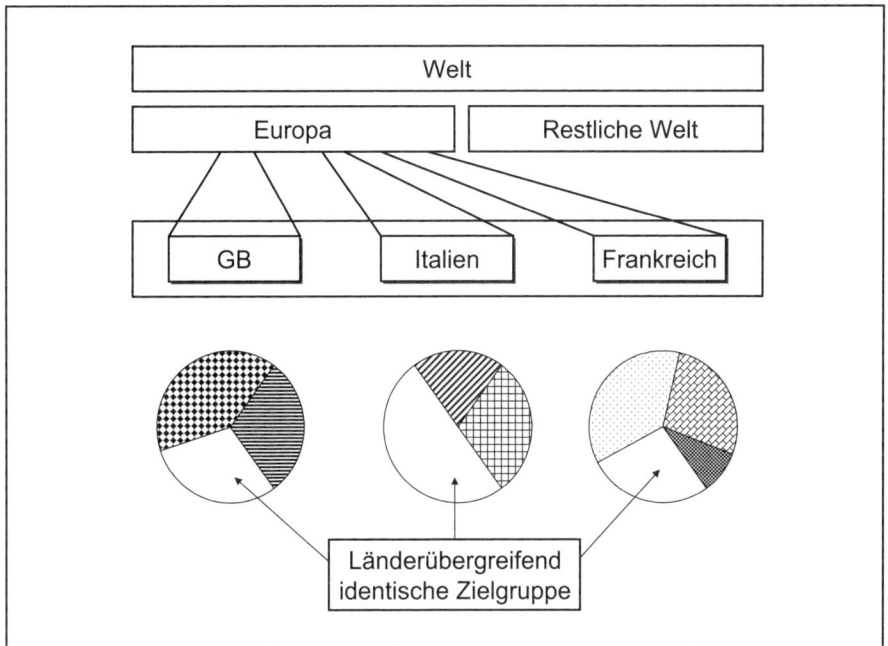

Abb. 3.8: Ansatz der interkulturellen Marktsegmentierung
Quelle: in Anlehnung an Kutschker/Schmid 2005, S. 953

Die Sinus-Meta-Milieus®

Die Sinus-Milieus® von *Sinus-Sociovision* sind in Kap. 2.6.2 besprochen worden. Dieser vorerst nationale Ansatz ist als länderübergreifendes Modell, den *Sinus-Meta-Milieus®*, weiterentwickelt worden. In den fünf größten EU-Staaten wurden einzelne Milieustudien durchgeführt und daraus dann insgesamt 44 länderspezifische Einzelmilieus abgeleitet. Diese sind hinsichtlich ihrer Gemeinsamkeiten und Unterschiede überprüft und zu sieben länderübergreifenden Milieus bzw. Grundorientierungen verdichtet worden (vgl. Abb. 3.9).

Diese *sieben Grundorientierungen* werden wie folgt beschrieben (Sinus Sociovision 2006):

- *Traditional*: Sicherheits- und Status Quo-orientiert; Festhalten an traditionellen Werten wie Pflichterfüllung, Disziplin und Ordnung.
- *Modern Mainstream*: Wunsch nach einem angenehmen und harmonisierten Leben; Streben nach materieller und sozialer Sicherheit.
- *Consumer Materialistic*: Konsum-materialistische Orientierungen; Anschluss hal-

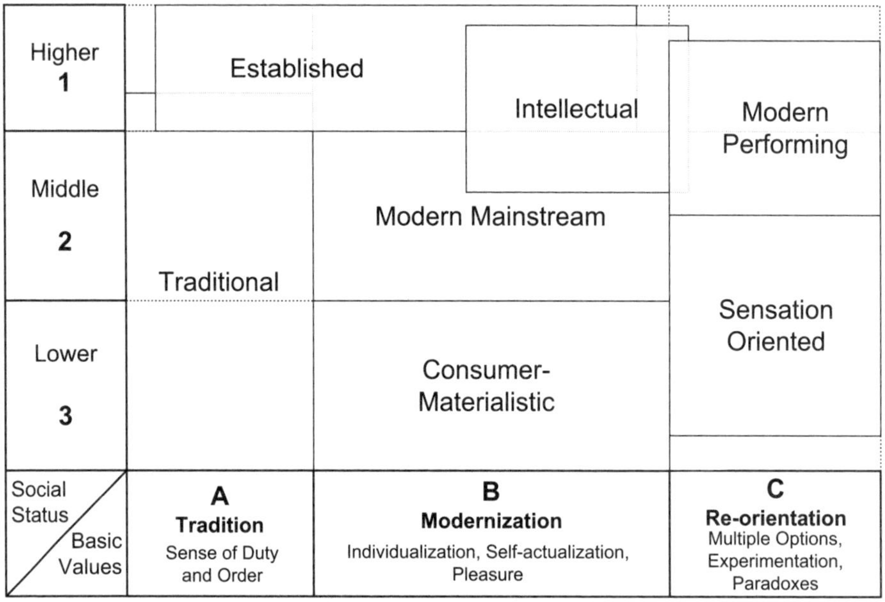

Social Status / Basic Values	A **Tradition** Sense of Duty and Order	B **Modernization** Individualization, Self-actualization, Pleasure	C **Re-orientation** Multiple Options, Experimentation, Paradoxes
Higher **1**	Established	Intellectual	Modern Performing
Middle **2**	Traditional	Modern Mainstream	Sensation Oriented
Lower **3**		Consumer-Materialistic	

Abb. 3.9: Länderübergreifende Sinus-Meta-Milieus®
Quelle: www.sinus-sociovision.de

ten an den Konsumstandards des Mainstream, aber häufig sozial Benachteiligte und Entwurzelte. *[handschriftlich: Ansprache und Gestaltung an gesellschaftl. Proze...]*

- *Intellectual*: Weltoffenheit und postmaterielle Werte; ausgeprägte kulturelle und intellektuelle Interessen; Streben nach Selbstverwirklichung und Persönlichkeitsentfaltung.

- *Sensation Oriented*: Suche nach Fun & Action, nach neuen Erfahrungen und intensiven Erlebnissen; Leben im Hier und Jetzt; Individualismus und Spontaneität; Provokationen und unkonventionelle Stilistik.

- *Modern Performing*: Jung, flexibel und sozial Mobile, intensiv leben im Sinne von Erfolg und Spaß; hohe Qualifikation und Leistungsbereitschaft; Multimedia-Faszination.

- *Established*: Leistungsbereitschaft und Führungsansprüche; Statusbewusstsein und ausgeprägte Exklusivitätsbedürfnisse.

Das Euro-Socio-Styles-Konzept

Euro-Socio-Styles® entstand als Lebensstiltypologie in der Zusammenarbeit mehrerer europäischer Marktforschungsinstitute und soll als Basis einer europäischen, integralen Marktsegmentierung herangezogen werden können (Böhler 1995, Sp. 1097). Diese

Abb. 3.10: Die acht Euro-Socio-Styles® und ihre Position in der „Landkarte der Werte"
Quelle: in Anlehnung an GfK 2004, S. 17

Lebensstiltypologie beruht auf umfangreichen internationalen Grundlagenstudien in mehr als 15 europäischen Ländern und versucht, den jeweiligen sozio-kulturellen Hintergrund (Wertorientierungen) europäischer Konsumenten zu erfassen und diesen mit dem Kaufverhalten (Konsumpräferenzen) zu verbinden (GfK 2004). Deutscher Partner von *Euro-Socio-Styles®* ist die *Gesellschaft für Konsumforschung*, Nürnberg (GfK). Die aktuelle Studie identifiziert europaweit acht Lebensstilsegmente (z. B. „Die Träumer"). Diese positionieren sich um die beiden Dimensionen *„Illusion vs. Wirklichkeit"* (vertikale Dimension) und *„Veränderung vs. Beständigkeit"* (horizontale Dimension; vgl. GfK 2004). In Abb. 3.10 sind für 6 Länder Europas (Deutschland, England, Frankreich, Italien, Spanien und Polen) die acht Lebensstilsegmente für das Jahr 2003 positioniert. Anwendungserfahrungen liegen in zahlreichen Bereichen vor (z. B. Positionierung, Mediaplanung).

3.3 Kundenzufriedenheit und Kundenbindung

3.3.1 Kundenzufriedenheit

3.3.1.1 Grundlagen der Kundenzufriedenheit

Kundenzufriedenheit ist heute eines der wichtigsten Unternehmensziele. Hintergrund dafür ist die Erwartung, dass zufriedene Kunden marken- bzw. geschäftstreuer sind als unzufriedene Kunden. Theoretische Grundlagen der Zufriedenheitsforschung sind das *Diskonfirmations-Paradigma* (C/D-Paradigma), die *Equity Theory* und die *Attributionstheorie*. Die weiteren Ausführungen orientieren sich am C/D-Paradigma (vgl. Anderson 1973; Oliver 1980; 1996; Oliver/Winer 1987; Parasuraman et al. 1985; Abb. 66). Danach ist ein Kunde zufrieden, wenn seine Erwartungen (Soll-Komponente) von dem Produkt oder der Dienstleistung (Ist-Komponente) erfüllt oder mehr als erfüllt werden (*Confirmation*). Unzufriedenheit stellt sich bei Nichterfüllung der Erwartungen ein (*Disconfirmation*; vgl. auch Homburg/Stock 2003; Meffert/Bruhn 2003, S. 195). Das Diskonfirmations-Paradima ist eine bereichsspezifische Adaption der *Theorie sozialer Urteile* von Sherif und Hovland (1961; siehe Kap. 2.4.3.2), in der die Erwartungen des Kunden als Urteilsanker für die Einschätzung der Qualität eines Produkts oder einer Dienstleistung dienen[29].

Die *Leistungserwartung* (vgl. Kap. 2.4.2) vor dem Kauf eines Produkts wird bestimmt von den spezifischen Bedürfnissen und Erfahrungen des Konsumenten mit diesem Produkt sowie von den Informationen, die der Konsument über das Produkt im Rahmen persönlicher und kommerzieller Kommunikation erhält. Die Leistungs- bzw. Qualitätserwartung wird vom Konsumenten kognitiv mit der tatsächlichen Leistung bzw. Qualität des Produkts verglichen und bewertet (vgl. Abb. 3.11).

Das *Kundenzufriedenheitsmodell* nach dem C/D-Paradigma wird in der Literatur recht kontrovers diskutiert (Buttle 1996; Cronin/Taylor, 1992; Iacobucci et al. 1994; Parasuraman/ et al. 1994; Teas 1993). So wird insbesondere problematisiert, dass

- beide Komponenten, die Qualitätserwartung (Soll-Komponente) und der Qualitätserhalt (Ist-Komponente), unabhängig voneinander vom Konsumenten eingeschätzt werden müssen,
- keine Aussage darüber gemacht wird, wie Einzeleindrücke und Erwartungen zu einzelnen Produktmerkmalen einerseits und Qualitätsbeurteilungen einzelner Produktmerkmale andererseits zu einem Gesamtzufriedenheitsurteil kognitiv verknüpft werden,

---

29 Zu Erwartungen vgl. auch Kap. 2.4.2.

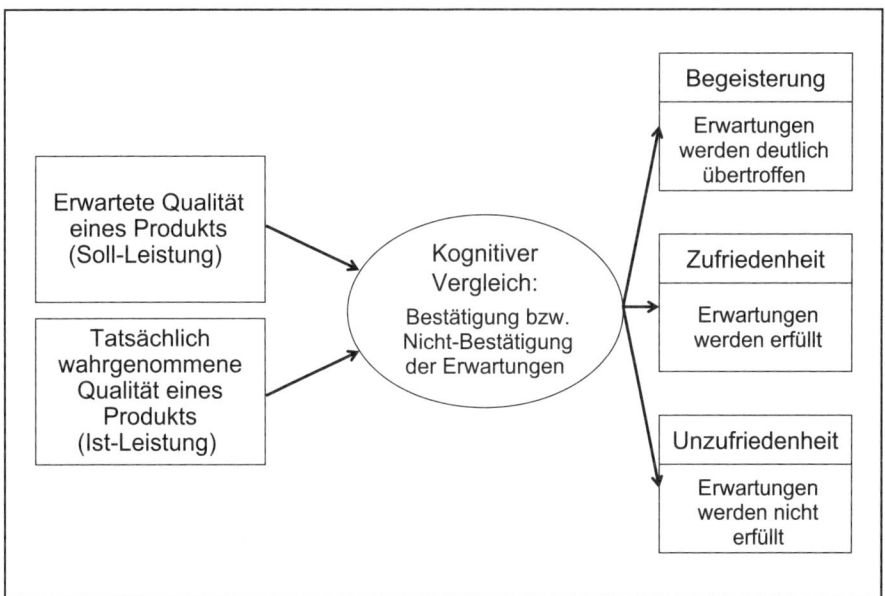

Abb. 3.11: Das C/D-Paradigma der Konsumentenzufriedenheitsforschung
Quelle: in Anlehnung an Simon/Homburg 1998, S.39

- eine symmetrische Wirkung von positiven und negativen Merkmalsurteilen auf das Gesamtzufriedenheitsurteil unterstellt wird, obwohl eine asymmetrische Wirkung plausibler erscheint und empirisch oft bestätigt werden konnte (z.B. Mittal et al.1998),
- eine Zufriedenheitsdimension, mit den Extrempunkten „sehr unzufrieden" und „begeistert" unterstellt wird, obwohl zwei eigenständige Dimensionen, eine Zufriedenheitsdimension und eine Unzufriedenheitsdimension, denkbar sind (vgl. Homburg/Stock 2003, S.34 ff.),
- der Zusammenhang zwischen Erfüllungsgrad der Erwartungen und Zufriedenheit zwar monoton, aber nicht linear ist.

Der letzte Kritikpunkt wird durch die Assimilations- und Kontrastphänomene der *Theorie sozialer Urteile* (Sherif/Hovland/1961), die asymmetrischen Gewinn- und Verlustkurven der *Prospect Theorie* (Kahneman/Tversky 1979) und das so genannte *Kano-Modell* untermauert (vgl. Homburg/Stock 2003, S.31 ff.). Das Kano-Modell unterscheidet drei Arten von Produktmerkmalen mit unterschiedlichen Verläufen zwischen dem Erfüllungsgrad von Erwartungen und der Zufriedenheit (vgl. auch Bruhn 2004, S.42 f.).

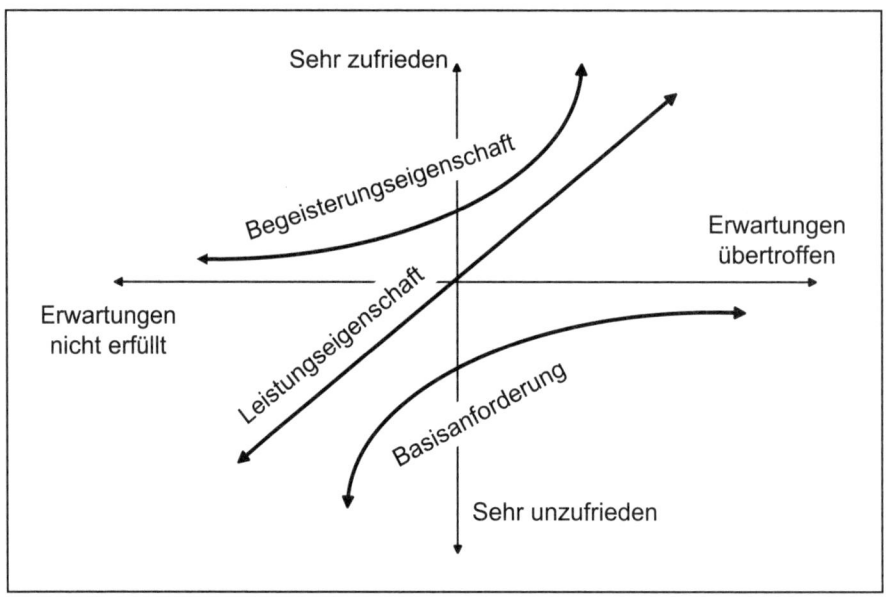

Abb. 3.12: Das Kano-Modell
Quelle: in Anlehnung an Matzler et al. 1997, S. 735

Produktmerkmale, die in Abhängigkeit ihrer Ausprägungen zu Zufriedenheit bzw. Unzufriedenheit beim Kunden führen (linearer Zusammenhang), werden als *Leistungseigenschaften* bezeichnet (vgl. Abb. 3.12). Diese Merkmale werden vom Kunden bei der Kaufentscheidung durch Vergleich und Abwägung zwischen Konkurrenzangeboten berücksichtigt (z. B. bestimmte Funktionsmerkmale wie die Speicherkapazität und die Rechengeschwindigkeit von Personalcomputern). Dagegen gibt es andere Merkmale, deren Vorliegen vom Kunden vorausgesetzt wird (z. B. Gesundheit bei Lebensmitteln, Pünktlichkeit von Zügen). Sie werden als *Basiseigenschaften* bezeichnet. Ihr Vorliegen führt nicht zu Zufriedenheit, ihre Abwesenheit dagegen zu Unzufriedenheit. Produkteigenschaften, die der Kunde nicht erwartet hat bzw. die seine Erwartungen deutlich und unerwartet übertreffen, heißen *Begeisterungseigenschaften*. Sie steigern die Zufriedenheit des Kunden, ihre Abwesenheit trägt aber nicht zur Unzufriedenheit bei (z. B. kostenlose Produktzugaben).

3.3.1.2 Messung der Kundenzufriedenheit

Die Kundenzufriedenheit ist ein theoretisches Konstrukt, das nur mit Hilfe von Indikatoren gemessen werden kann. Es werden Verfahren mit objektiven und mit subjektiven Indikatoren unterschieden. Die *objektiven Messverfahren* (z. B. Bass 1974; Ehrenberg

1988) setzen voraus, dass sich Kundenzufriedenheit direkt im (messbaren) Verhalten der Konsumenten niederschlägt. Insofern werden Erfolgsgrößen wie der Marktanteil oder der Umsatz zur Messung der Kundenzufriedenheit herangezogen. Dieses Vorgehen ist nicht zu empfehlen, da der Zusammenhang zwischen Kundenzufriedenheit und Nachfrageverhalten nur recht locker ist. Die *subjektiven Messverfahren* werden in merkmalsorientierte und ereignisorientierte Verfahren unterschieden (Beutin 2003, S. 119 f.). *Merkmalsbezogene Messungen* erfassen die Wirkung einzelner Produktmerkmale und *ereignisorientierte Messungen* die Wirkung bestimmter Kundenkontaktereignisse auf die Kundenzufriedenheit. Merkmalsorientierte Verfahren nehmen an, dass sich die Globalzufriedenheit aus der Bewertung von Eindrücken einzelner Produktmerkmale ergibt. Die ereignisorientierten Verfahren unterstellen hingegen, dass die Kundenzufriedenheit von einzelnen, so genannten „kritischen Ereignissen" (*critical incedents*) bestimmt wird.

3.3.1.3 Reaktionsformen auf Zufriedenheit bzw. Unzufriedenheit

Nach Hirschman (1970) können Kunden bei Unzufriedenheit in zweierlei Formen reagieren: Sie können zur Konkurrenz abwandern (*exit*) oder sie können sich bei Produktmängeln beschweren (*voice*). Unter den unzufriedenen Kunden gibt es allerdings sehr viele, die sich nicht beschweren und auch nicht sofort zur Konkurrenz gehen. Dieses

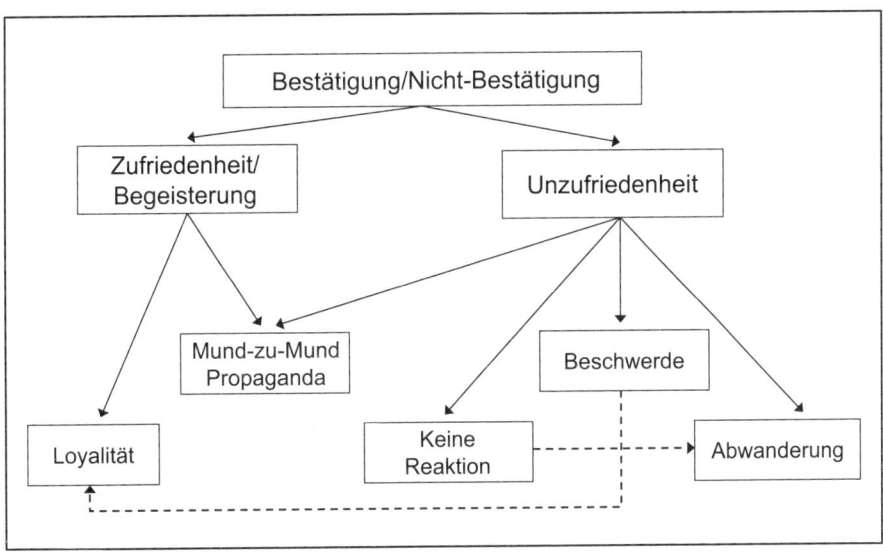

Abb. 3.13: Reaktionsformen auf Zufriedenheit und Unzufriedenheit
Quelle: in Anlehnung an Simon/Homburg 1998, S. 51

Verhalten wird als *unvoiced complaints* bezeichnet (vgl. Günter 2003, S. 294 ff.). Dieser Kundenkreis ist für ein Unternehmen sehr kritisch, da eine latente Abwanderungsgefahr besteht, ohne dass das Unternehmen davon (z. B. durch eine Beschwerde) etwas erfährt und geeignete Maßnahmen ergreifen kann, um die Kunden wieder zufrieden zu stellen (vgl. Abb. 3.13).

Reaktionen bei Zufriedenheit sind Weiterempfehlungen (Mund-zu-Mund-Kommunikation) und Loyalität. Mit der *Kundenloyalität* wird die Tendenz bezeichnet, einem Produkt bzw. einem Geschäft als Kunde treu zu bleiben. Je loyaler ein Kunde ist, desto geringer ist seine Bereitschaft, auf Produkte oder Dienstleistungen eines anderen Anbieters zu wechseln (Jacoby/Chestnut 1978; vgl. Abb. 3.13). Die Beziehung zwischen der Kundenzufriedenheit und der Kundenloyalität verläuft allerdings nach herrschender Auffassung nicht linear (vgl. Homburg/Bucerius 2003, S. 60; Abb. 3.14). Es wird angenommen, dass ein Zufriedenheitsurteil von einem Unzufriedenheitsurteil durch einen so genannten Indifferenzbereich (weder zufrieden noch unzufrieden) getrennt ist. Darüber hinaus ist die Wirkung der Zufriedenheit auf die Kundenloyalität von der Wettbe-

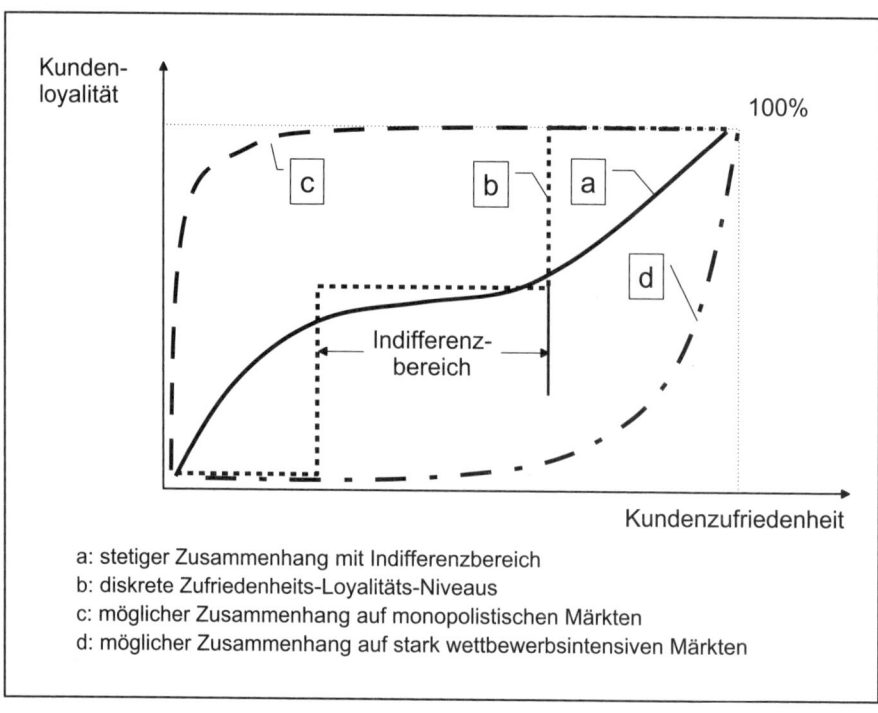

Abb. 3.14: Zusammenhang zwischen Kundenzufriedenheit und Kundenloyalität
Quelle: in Anlehnung an Homburg/Bucerius 2003, S. 60

werbsintensität der Branche abhängig. Exemplarisch sind dazu in Abb. 3.14 die Verläufe c (kein bzw. geringer Wettbewerb) und d (intensiver Wettbewerb) angegeben.

Es ist allerdings anzumerken, dass Kundenloyalität in der Marktforschung auf ausgesprochen unterschiedliche Weise operationalisiert wird. Einstellungsbezogene Loyalität (*attitudinal loyalty*) wird meistens durch Fragen zur Wiederholungskaufintention und Weiterempfehlungsintention gemessen und ist relativ gut durch Kundenzufriedenheitsmaße vorhersagbar. Verhaltensbezogene Loyalität (*behavioral loyalty*) wird meistens durch Fragen zur Länge der Kundenbeziehung und zum Anteil der Marke bzw. des Dienstleisters an allen vom Kunden getätigten Transaktionen in der jeweiligen Kategorie gemessen und ist kaum durch Kundenzufriedenheitsmaße vorhersagbar (siehe dazu Bennett/Rundle-Thile 2002; Knox/Walker 2001; Rundle-Thiele/Bennett 2001; Rundle-Thiele/Maio-Mackay 2001).

Zufriedene Kunden sind weniger mitteilungsbedürftig als unzufriedene Kunden und Kunden, die sich über ein Produkt ärgern, teilen dies deutlich mehr Personen mit als Kunden, die zufrieden mit einem Produkt sind. Kunden, die sich bei Unzufriedenheit beschweren, bleiben dem Anbieter eher treu, als solche, die das unterlassen. Werden Beschwerden zur Zufriedenheit der Beschwerdeführer bearbeitet (hohe Beschwerdezufriedenheit), so fördert das die Kundenloyalität und festigt die Kundenbeziehung.

3.3.2 Kundenbindung und Kundenwert

Das Marketing verfolgt zwei zentrale Ziele, die Kundenakquisition und die Kundenbindung. Die *Kundenakquisition* hat das Ziel, einen Erstkontakt zum Kunden herzustellen. Dazu werden Maßnahmen eingesetzt, die Einstellungen und Präferenzen zum Produkt positiv beeinflussen (z. B. Werbung, Einführungsrabatte, Händlerprovisionen). Die Qualität der erworbenen Produkte und Dienstleistungen trägt dann zur Kundenzufriedenheit bei (vgl. Kap. 3.3.1). Kundenloyalität stellt sich bei hoher Kundenzufriedenheit und Vertrauen zum Produkt bzw. zum Unternehmen ein und trägt dazu bei, Kunden an das Produkt zu binden. Die *Kundenbindung* als unternehmerisches Ziel erfasst die Erhöhung und Stabilisierung der Kundenloyalität zur Schaffung langfristiger Geschäftsbeziehungen (Morgan/Hunt 1994; Grönroos 1995; Sheth/Parvitiyar 1995; vgl. Homburg/Bucerius 2003, S. 56 ff.). Können Kunden an das Produkt bzw. an das Unternehmen gebunden werden, dann ergeben sich positive ökonomische Effekte z. B. durch ein erhöhtes *Cross-buying-Potenzial* (vgl. Abb. 3.15). Diese ökonomischen Wirkungen der Kundenbindung können durch den *Kundenwert* quantifiziert werden (vgl. Benkenstein 2002, S. 127; Homburg/Bruhn 2003). Der Wert eines Kunden für ein Unternehmen ist ein Maß für den potenziellen Gewinn, den ein Unternehmen über die Dauer einer Kun-

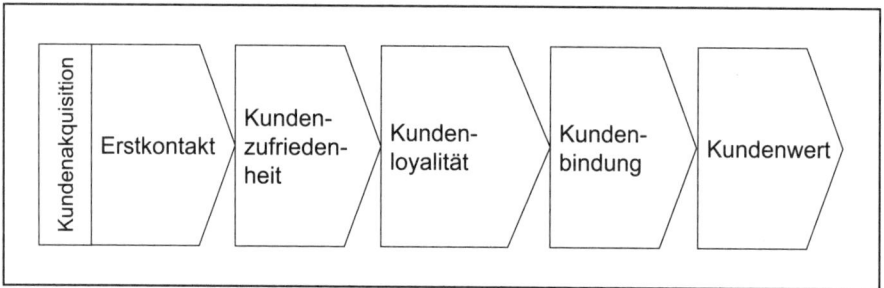

Abb. 3.15: Wirkungskette der Kundenbindung
Quelle: Benkenstein 2002, S.127; Homburg/Bruhn 2003

den- bzw. Geschäftsbeziehung mit dem Kunden erzielen kann (vgl. auch Helm/Günter 2003, S. 7 ff.).

Durch Kundenbindung lassen sich wichtige Wachstums- und Rentabilitätsziele erreichen (Stauss/Seidel 2002, S. 26). Mit der Strategie der Kundenbindung sind zwei überaus vorteilhafte Effekte verbunden. Zum einen sind die Kosten für den Erhalt einer Kundenbeziehung deutlich niedriger als die für die Gewinnung eines neuen Kunden. Eine wissenschaftlich allerdings nicht gesicherte Faustregel besagt, dass es fünfmal günstiger ist, einen Stammkunden zu pflegen, als einen neuen zu akquirieren.

Der Kundenwert nach dem *Customer Lifetime Value-Modell* (CLV) ergibt sich in Analogie zur Kapitalwertmethode aus der Summe aller über die Dauer einer Geschäftsbeziehung (*Kundenlebenszyklus*[30]) auf den aktuellen Zeitpunkt diskontierten Differenzen aus kundenbezogenen Ein- und Auszahlungen:

$$CLV = \sum_{t=0}^{n} \frac{e_t - a_t}{(1-i)^t}$$

e_t = erwartete Einnahmen während der Geschäftsbeziehung in der Periode t
a_t = erwartete Ausgaben während der Geschäftsbeziehung in der Periode t
i = Diskontierungsfaktor
n = Dauer der Geschäftsbeziehung

Empirische Untersuchungen konnten zeigen, dass es einen positiven Zusammenhang zwischen der Profitabilität von Kunden für Anbieter und der Dauer der Geschäftsbeziehung gibt (vgl. Reichheld 1996; Reichheld/Sasser 1991; vgl. Abb. 3.16).

---

30 Zum Kundenlebenszyklus vgl. Stauss/Seidel 2002, S. 22 ff.

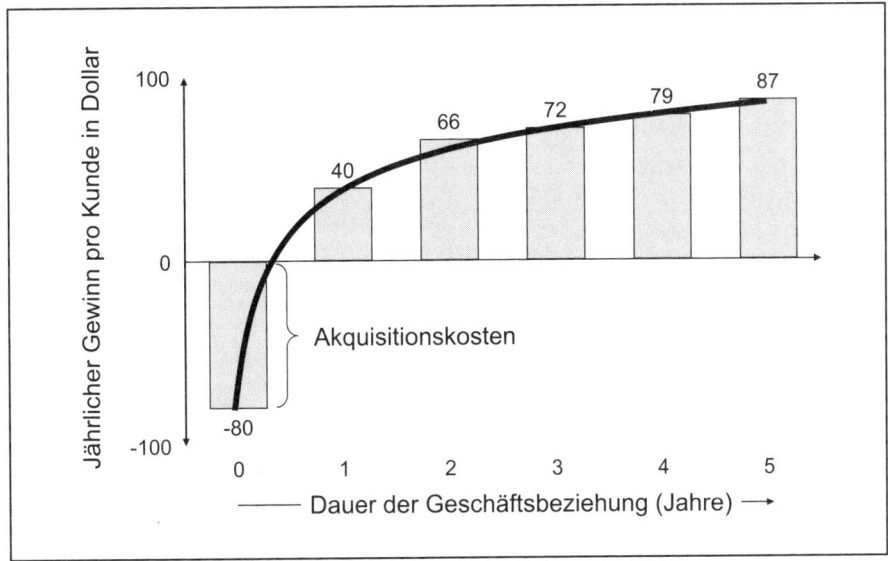

Abb. 3.16: Profitabilität von Dauerkunden: Beispiel Kreditkartenorganisation
Quelle: in Anlehnung an Reichheld 1996, S. 38

Dieser positive Zusammenhang zwischen der Dauer der Kundenbeziehung und dem Gewinn kann durch einzelne Gewinn steigernde bzw. Kosten senkende Effekte der Kun-

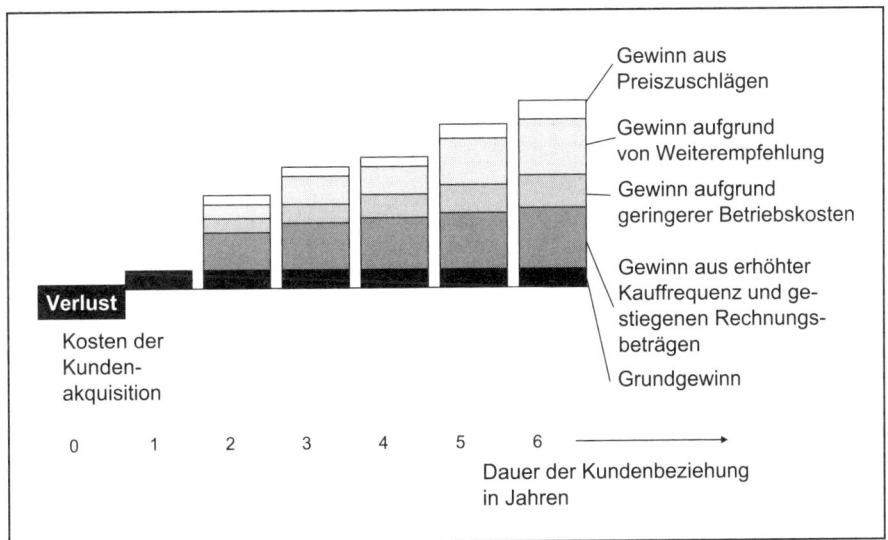

Abb. 3.17: Komponenten des Kundenwertes
Quelle: in Anlehnung an Reichheld 1996, S. 39

denbindung erklärt werden. Ausgehend von einem Grund- oder Basisgewinn treten vier weitere *Gewinn fördernde Effekte* von dauerhaften Kundenbeziehungen auf (vgl. Abb. 3.17):

- Gewinn aus erhöhter Kauffrequenz oder breiterer Nutzung des Leistungssortiments des Anbieters (*cross-selling* bzw. *cross-buying-Potential*),
- Gewinn aufgrund geringerer Betriebskosten (Effizienzsteigerungen),
- Gewinn aufgrund von Weiterempfehlungen (kostenlose Mundwerbung),
- Gewinn aus Preisaufschlägen (höhere Preisbereitschaft loyaler Kunden).

Die durchschnittliche *Dauer einer Kundenbeziehung* kann als Exponentialfunktion der Form $F(t)=1-e^{\alpha t}$ beschrieben werden (vgl. Abb. 3.18). Dabei ist α die Abwanderungsrate und $(1/\alpha)$ der Erwartungswert für die Kundenbeziehungsdauer. Die durchschnittliche Dauer einer Kundenbeziehung und damit auch der Kundenwert ist insofern umgekehrt proportional zur Abwanderungsrate α. Beträgt $\alpha = 10\,\%$, so ergibt sich eine durchschnittliche Dauer der Kundenbeziehung von 10 Jahren. Ist ein Unternehmen in der Lage, die Abwanderungs- bzw. Migrationsrate auf $\alpha = 5\,\%$ jährlich zu reduzieren, dann beträgt die durchschnittliche Geschäftsbeziehung 20 Jahre.

In Abhängigkeit der aktuellen Situation können durch eine Erhöhung der Kundenbindungsrate (*retention rate*) beträchtliche Gewinnpotentiale erschlossen werden. Der

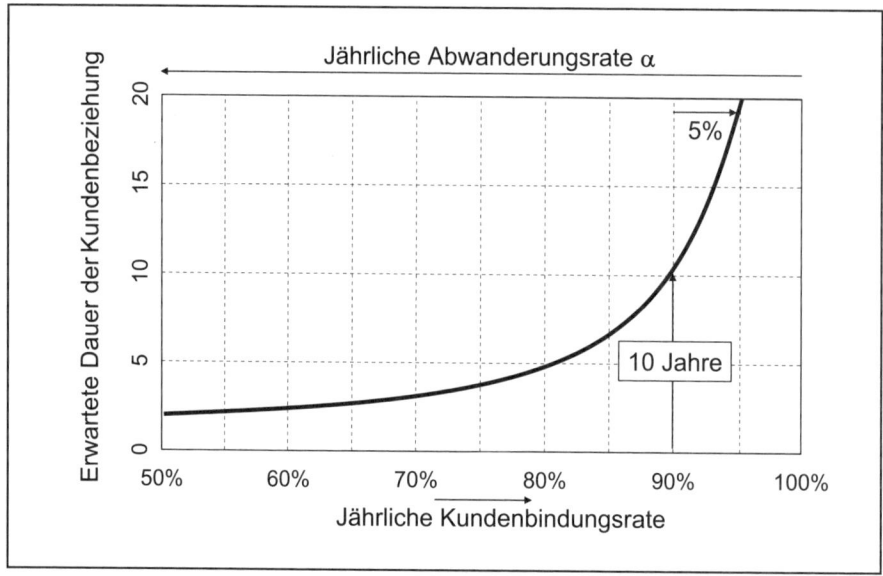

Abb. 3.18: Zusammenhang zwischen Kundenbindungsrate und Dauer der Geschäftsbeziehung

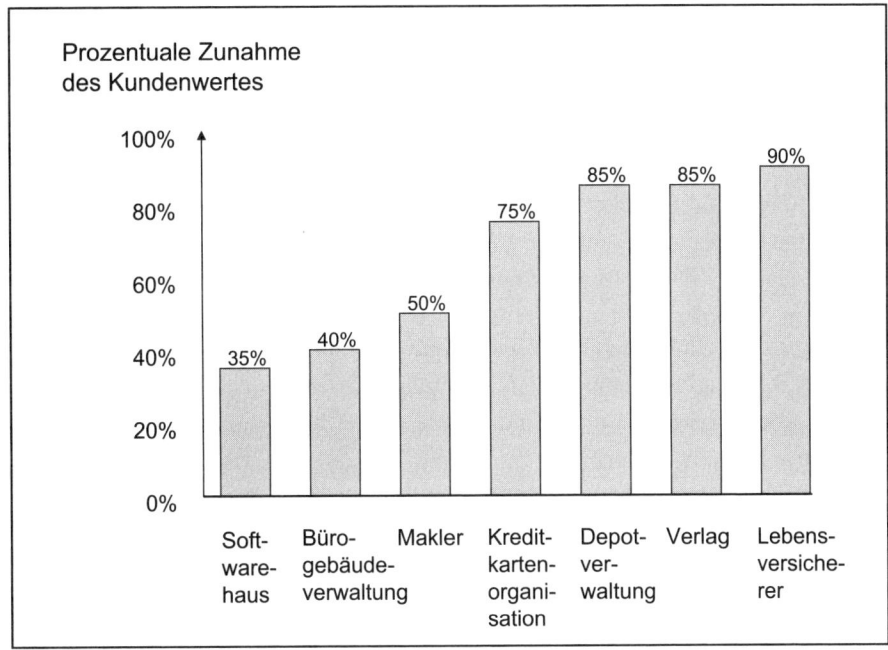

Abb. 3.19: Wirkung einer um 5 % gestiegenen Kundenbindungsrate auf den Kundenwert
Quelle: in Anlehnung an Reichheld 1996, S. 36

Kundenwert bzw. der Gewinn lässt sich je nach Branche durch eine Senkung der Abwanderungsrate um 5 % auf 35 % bis 90 % steigern (Reichheld 1996, S. 36; vgl. Abb. 3.19).

Aus diesen Ergebnissen lässt sich das Ziel formulieren, jeden Kunden zu halten, den das Unternehmen mit Gewinn bedienen kann. Welche Kunden interessant sind, kann im Rahmen einer Analyse des Kundenstammes (*Kundenwertanalyse*) ermittelt werden. Nach der so genannten Pareto-Regel der *ABC-Analyse* erzielen ca. 20 % der Kunden 80 % der Gewinne einer Unternehmung, die restlichen 80 % verursachen lediglich verhältnismäßig hohe Kosten.

3.4 E-Commerce

Seit Anfang der 1990er Jahre ist das Internet zu einem der wichtigsten Medien für geschäftliche Transaktionen geworden. Der Erfolg des Mediums war allerdings nicht überall gleich. Während E-Commerce-Strategien in Business-to-Business-Märkten für eine regelrechte Revolution gesorgt haben, beschränkt sich ihr Erfolg in Business-to-Consumer-Märkten auf eine relativ überschaubare Anzahl von Nischen (z.B. Online-Banking, Audio- und Printmedien, Flug- und Bahntickets). Das Platzen der spekulativen Dotcom-Blase zu Beginn des neuen Jahrtausends hat besonders deutlich gemacht, wie notwendig gesichertes Wissen über das Konsumentenverhalten im Internet ist. Leider befindet sich die Forschung noch immer in einem wenig entwickelten Zustand. Die bisher vorliegenden empirischen Studien sind in ihrer Geltungsbreite meist auf sehr wenige Produktkategorien und geographische Regionen beschränkt. Die in den folgenden Abschnitten referierten Ergebnisse sollten daher als vorläufig betrachtet werden.

Zunächst stellt sich die Frage, was E-Commerce eigentlich ist. In diesem Zusammenhang hat sich eine Unterscheidung als besonders nützlich herausgestellt, die drei grundlegende Funktionen des Internet unterscheidet (Butler/Peppard 1998; Grunert/ Ramus 2005; Peterson et al. 1997): das Internet als Informations- und Kommunikationskanal, das Internet als Transaktionsmedium und das Internet als Distributionskanal. In allen drei Bereichen kann das Internet traditionelle Absatzkanäle ergänzen oder ersetzen. Von E-Commerce im weitesten Sinne kann also gesprochen werden, wenn das Internet eine oder mehrere dieser Funktionen übernimmt.

3.4.1 Das Internet als Kommunikationskanal

Das Internet fungiert dann als Kommunikationskanal im Sinne der obigen E-Commerce-Definition, wenn im Medium Internet eine marketingrelevante Information zum Konsumenten gelangt. Hierbei kann es sich zunächst um traditionelle, vom Anbieter eines Produktes bzw. einer Dienstleistung initiierte Einwegkommunikation handeln, die nicht personalisiert ist (z.B. Produktinformation auf der Webseite des Anbieters oder Vertreibers, Bannerwerbung auf anderen Webseiten, PR in Online-Zeitungen und Online-Foren). Das Internet eignet sich aber vor allem als Medium für Informationen, die Konsumenten direkt und personalisiert z.B. per E-Mail zugeleitet werden. Dies kann sowohl auf legalem Weg geschehen, d.h. wenn sich der Kunde ausdrücklich mit dem Empfang der Information einverstanden erklärt hat (z.B. Kunden-Newsletter, Informationen über neue Produkte und Sonderangebote, Punktestatus im Loyalitätsprogramm,

andere Instrumente des Kundenbeziehungsmanagements), aber leider auch auf ille-
galem Weg, d.h. ohne dass sich der Kunde einverstanden erklärt hat („*Spam*").

Die Effektivität solcher internetbasierter Kommunikationsstrategien, die sich sehr
stark an traditionelle Formen der Marktkommunikation anlehnen, ist allerdings als
eher gering einzuschätzen. Insbesondere sind die Hoffnungen, die sich viele Mitte der
90er Jahre für das Kundenbeziehungsmanagement (CRM) gemacht hatten, weitgehend
enttäuscht worden. Vieles spricht dafür, dass Konsumenten E-Mails aus CRM-Systemen
schlichtweg als einen weiteren Typus von *Spam* betrachten, da diese E-Mails im aller-
seltensten Falle wirklich die gegenwärtigen Informationsbedürfnisse des einzelnen
Kunden abdecken (siehe z. B. Fournier et al. 1998).

Erste experimentelle Ergebnisse von Schlosser (2003) deuten darauf hin, dass inter-
netbasierte Produktwerbung von Konsumenten anders verarbeitet wird als vergleichbare Informationen in Printmedien. Zunächst scheint eine Darbietung im Internet die
zentrale Informationsverarbeitung im Sinne des Modells der Elaborationswahrscheinlichkeit (Petty/Cacioppo 1986; siehe Kap. 2.4.3.4) zu fördern. Darüber hinaus verstärkt
das Anbieten von Produkten im Internet selektiv die Aktivierung, eine ergänzende Informationssuche und die Gewichtung solcher Produktattribute, die in der Online-Wer-
bung auch tatsächlich erwähnt werden. Bei identischer Printwerbung tendieren Konsumenten hingegen dazu, ihre bisherigen Attributgewichtungen in der Produktbeurteilung
beizubehalten.

In den letzten Jahren ist das Internet als Medium der *Word-of-Mouth*-Kommunikation
entdeckt worden. In *Online-Foren* und *Brand Communities* findet zuweilen ganz spontan
ein massiver Erfahrungsaustausch zwischen Nutzern bestimmter Produktkategorien
bzw. Marken statt (z. B. Harley Davidson, Lego). Solche Foren und Communities können
außerdem im Sinne der *virtuellen Kundenintegration* zur Identifikation von *Lead Usern*
und Erfolg versprechenden Produktinnovationen dienen (vgl. Balderjahn/Schnurren-
berger 2005; von Hippel 1986; Füller/Mühlbacher 2004; Füller et al. 2004; Meyer/Pfeif-
fer 1998; siehe auch Kapitel 4.1.2). Allerdings ist bisher weder bekannt, welche Faktoren
zum Entstehen großer Foren und Communities führen, noch, wie die Interaktion zwischen Kunden innerhalb dieser Foren und Communities durch das Unternehmen zielgerichtet beeinflusst werden kann.

3.4.2 Das Internet als Transaktionsmedium

Das Internet fungiert als Transaktionsmedium im Sinne der oben gegebenen E-Commerce-Definition, wenn die Produktauswahl, Bestellung oder Bezahlung durch den
Konsumenten im Internet erfolgt. Fast alle empirischen Studien, die bisher zum Kon-

sumentenverhalten im Internet durchgeführt worden sind, konzentrieren sich auf diese Funktion. In einer Reihe von Untersuchungen ist versucht worden vorherzusagen, ob Konsumenten für ein gegebenes Produkt entweder das Internet oder einen traditionellen Absatzkanal als Transaktionsmedium wählen (siehe z. B. Alba et al. 1997; Chiang/Dholokia 2003; Dholakia/Uusitalo 2002; Grunert/Ramus 2005; Ramus/ Nielsen 2005). Eine ganze Reihe von Faktoren haben sich hier als prädiktiv erwiesen:

- Der oft wichtigste Faktor bei der Entscheidung für das Internet ist der erwartete *Bequemlichkeitsgewinn*. Je stärker Konsumenten davon überzeugt sind, durch eine Internetbestellung könne im Vergleich zum traditionellen Marketingkanal Zeit oder Mühe gespart werden, desto wahrscheinlicher wird die Wahl des Internet.

- Der zweitwichtigste Faktor betrifft die *Natur des Produkts*. Nur wenn das Internet geeignet ist, die entscheidenden Attribute eines Produkts auch zu kommunizieren, kann eine Online-Bestellung durch den Konsumenten erwartet werden. Das Internet ist technisch auf Kommunikation durch Text (hohe Informationsdifferenzierung möglich), Bild (geringere Informationsdifferenzierung möglich) und Ton (mittlere Informationsdifferenzierung möglich) beschränkt. Bei Produkten, deren entscheidende Attribute aus diesem Raster herausfallen, wird das Internet als Transaktionsmedium von Konsumenten weitgehend abgelehnt. Dies ist insbesondere bei Produkten der Fall, deren Nutzenattribute den Tast-, Geruchs-, oder Geschmackssinn ansprechen (z. B. Parfums, Lebensmittel) oder deren visuelle Evaluation höhere Auflösung erfordert, als dies im Internet möglich ist (z. B. Kleidung). Als Ausnahme können Wiederholungskäufe von solchen Produkten gelten, deren Qualität nicht nennenswert variiert und mit denen der Konsument relativ viel Erfahrung hat.

- Der drittwichtigste Faktor ist der *Transaktionskontext*. Für viele Konsumenten hat der Einkaufsvorgang selbst Erlebnischarakter und ist mit positiven Affekten assoziiert (*recreational shopping, „retail therapy"*). Das Internet kann ein solches Erlebnis aufgrund seiner technischen Beschränkungen nicht bieten. Konsumenten, denen das Einkaufserlebnis wichtig ist, sind erheblich weniger dazu bereit, das Internet als Transaktionsmedium zu nutzen. Der Transaktionskontext ist darüber hinaus auch im Sinne des bereits angesprochenen Bequemlichkeitsgewinns wichtig, denn nur die wenigsten Produkte werden isoliert gekauft. Muss der Konsument für einen Teil der vorzunehmenden Transaktionen (z. B. Wochenendeinkauf) sowieso einen traditionellen Absatzkanal nutzen (z. B. den lokalen Supermarkt), ist es nicht wahrscheinlich, dass er oder sie ein dort verfügbares Produkt isoliert über das Internet bezieht. Als Ausnahme können Situationen gelten, in denen ein

Produkt (oder eine Reihe von Produkten) mit erheblich niedrigerem Preis über das Internet bezogen werden kann.

- Der viertwichtigste Faktor ist das *Vertrauen* des Konsumenten in den Anbieter, die Sicherheit der Übermittelung persönlicher Daten über das Internet (insbesondere Kreditkarteninformationen) und die erwartete Beachtung von Reklamations- und Rückgaberechten. Als besonders vertrauenswürdig schätzen Konsumenten Anbieter ein, mit denen bereits eine zufrieden stellende Kundenbeziehung besteht. Vollkommen unvertraute Anbieter, für die nicht einmal Empfehlungen aus dem Bekanntenkreis oder aus Testzeitschriften eingeholt werden können, gelten als nicht vertrauenswürdig. Dieses Vertrauensdefizit ist insbesondere ein Problem für Start-ups und war nicht unwesentlich für das Platzen der *Dotcom-Blase* verantwortlich. Es betrifft aber auch die meisten anderen kleinen und mittleren Unternehmen sowie Anbieter, die ihren Hauptsitz außerhalb des Heimatlandes des jeweiligen Konsumenten haben. Die Ergebnisse einer interessanten Studie von Trifts und Häubl (2003) deuten darauf hin, dass Anbieter ihre Vertrauenswürdigkeit erhöhen können, indem sie Preisinformationen ihrer Wettbewerber vergleichend auf ihrer Webseite zur Verfügung stellen. Der Effekt kommt jedoch nur in den Präferenzen von Konsumenten zum Tragen, wenn der Preis des Anbieters nicht wesentlich über dem der Wettbewerber liegt.

- Der letzte Faktor schließlich ist ein wenig trivial und betrifft die *Gewohnheiten* des einzelnen Konsumenten: Je mehr Erfahrung ein Konsument mit Computern und dem Internet hat und je mehr Transaktionen er oder sie bereits erfolgreich über das Internet vorgenommen hat, desto wahrscheinlicher wird auch die Wahl des Internets als Medium für die nächste Transaktion.

3.4.3 Verhalten im virtuellen Supermarkt

Das Verhalten von Konsumenten in Online-Shopping-Umgebungen kann genauso wie in traditionellen Handelsformaten entweder explorativ oder zielgerichtet sein (Janiszewski 1998). *Exploratives Verhalten* kann wiederum eine rein hedonische Funktion erfüllen oder der Entscheidungsvorbereitung dienen (Babin et al. 1994). In einer Studie hat Moe (2003) eine Methode entwickelt, Nutzer von Online-Shopping-Umgebungen hinsichtlich ihres *Buyer-versus-Browser*-Status zu klassifizieren. Aufgrund einer Clusteranalyse von Clickstream-Daten unterscheidet die Methode fünf prototypische Arten von Nutzer-Sessions:

- *Wissenserwerb.* Nutzer rufen allgemeine Informationsseiten auf oder informieren sich über existierende Produktkategorien und ihre grundsätzlichen Eigenschaften,

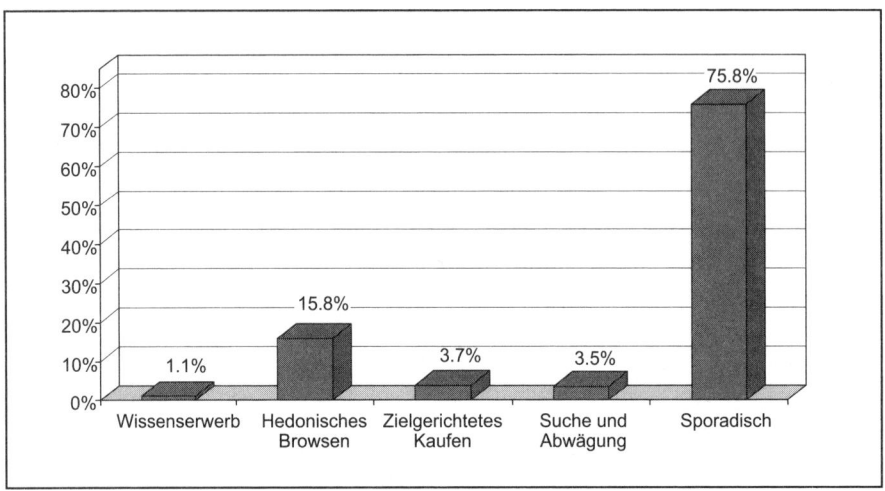

Abb. 3.20: Häufigkeit von Session-Typen in der Untersuchung von Moe (2003)

navigieren aber kaum auf Seiten für konkrete Produkte. Diese Nutzer verwenden die Online-Shopping-Umgebung als eine Art Verbraucherinformationsdienst, ohne eine konkrete Kaufabsicht zu haben.

- *Hedonisches Browsen.* Nutzer navigieren sowohl auf der Ebene von (mehreren) Produktkategorien als auch auf der Ebene konkreter Produkte, rufen aber keine Seiten mehrfach auf. Diese Nutzer sind durch ihren Spaß am Surfen motiviert und suchen vorrangig nach neuen, interessanten Stimuli, ohne eine konkrete Kaufabsicht zu haben.

- *Zielgerichtetes Kaufen.* Nutzer navigieren zwischen den konkreten Produkten einer einzigen oder nur sehr weniger Produktkategorien. Typischerweise werden dieselben Produktseiten mehrfach aufgerufen. Diese Nutzer verfügen bereits über ein *Consideration Set* (Menge für einen Kauf akzeptierter Produktalternativen) und planen, eines der Produkte zu bestellen.

- *Suche und Abwägung.* Nutzer navigieren zwischen den konkreten Produkten einer einzigen oder nur weniger Kategorien, rufen sehr viele Produktseiten auf, tun dies aber nicht mehrfach. Diese Nutzer befinden sich im Prozess der *Consideration Set*-Bildung, versuchen also die verfügbare Menge von Produktalternativen einzugrenzen und haben eine mittelfristige Kaufintention.

- *Sporadisch.* Nutzer rufen nur eine oder zwei Seiten auf und navigieren dann von der Online-Shopping-Umgebung weg. Diese Nutzer wollen sich lediglich ein Bild davon machen, was in der Online-Shopping-Umgebung eigentlich angeboten wird.

Die Untersuchung von Moe (2003) basierte auf *Clickstream-Daten* von über 7000 Sessions in einer Online-Gesundheitsboutique, von denen nur 1,25 % tatsächlich zu einem Kauf führten (dies ist eine typische Zahl für Online-Shopping-Umgebungen). In Abb. 3.20 sind die relativen Häufigkeiten der verschiedenen Typen von Sessions dargestellt. Die automatische Klassifikation wiederkehrender Kunden aufgrund ihrer bisherigen Navigationsmuster kann von Betreibern erfolgreich eingesetzt werden, um die tatsächlich interessanten Besucher, d. h. diejenigen, deren Muster dem „zielgerichteten Kaufen" und der „Suche und Abwägung" entsprechen, herauszufiltern und ihnen maßgeschneiderte Navigationsmöglichkeiten anzubieten, die den im vorigen Abschnitt diskutierten Bequemlichkeitsfaktor optimieren.

3.5 Nachhaltiges Marketing (Öko-Marketing und CSR-Marketing)

3.5.1 Grundlagen

Nachhaltiges Marketing fasst das ökologische Marketing (*Öko-Marketing*) und das sozialverträgliche Marketing, als Teilbereich der *Corporate Social Responsibility* (CSR), zusammen (Balderjahn 2004). *Ökologisches Marketing* hat als Teil eines umfassenden *Umweltmanagements* die Aufgabe, den betrieblichen Umweltschutz auf die Anforderungen der Märkte, d. h. auf die Wünsche und Forderungen der Konsumenten zum Umweltschutz und auf die vom Umweltschutz geprägten Bedingungen des Wettbewerbs, auszurichten. Das ökologische Marketing zielt auf die Profilierung eines ökologischen Zusatznutzens angebotener Produkte und Dienstleistungen des Unternehmens für Konsumenten. Zu den wichtigsten Strategien des ökologischen Marketing gehören die Innovationsstrategie zur Entwicklung umweltverträglicher Produkte und Dienstleistungen, die Differenzierungsstrategie, die die Umweltqualität der Produkte und Dienstleistungen als wettbewerbsrelevantes Alleinstellungsmerkmal herausstellt, und die Kommunikationsstrategie, die Vertrauen bei den Konsumenten in die von dem Unternehmen angebotenen umweltverträglichen Produkte und Dienstleistungen schafft.

Sozial verträgliches Marketing (*CSR-Marketing*) hat die Aufgabe, als Teil der *Corporate Social Responsibility* die soziale Verantwortung des Unternehmens auf die Anforderungen der Märkte, d. h. auf die Wünsche und Forderungen der Konsumenten nach sozial verträglichen Verhaltensweisen des Unternehmens (z. B. Einhaltung der Menschenrechte), sowie auf die wettbewerbsrelevanten Aspekte der Sozialverträglichkeit

auszurichten. Internationale Initiativen wie z. B. der *Global Compact* dienen als Platt-
form für solche Unternehmen, die bereit sind, gesellschaftliche Verantwortung zu übernehmen. Es geht dabei insbesondere um die Einhaltung der Menschenrechte, das Verbot von Zwangs- und Kinderarbeit, die Einhaltung von Mindeststandards bei den
Arbeitsbedingungen, die Versammlungsfreiheit und das Verbot von Diskriminierung
im Unternehmen und in den mit dem Unternehmen in Geschäftsbeziehung stehenden
Unternehmen (z. B. Lieferanten).

3.5.2 Konsumleitbild der Nachhaltigkeit

Nachhaltig zu konsumieren bedeutet, die eigenen Bedürfnisse zu befriedigen, ohne die
Lebens- und Konsummöglichkeiten anderer Menschen (*Prinzip der intragenerativen
Gerechtigkeit*) und zukünftiger Generationen (*Prinzip der intergenerativen Gerechtigkeit*)
zu gefährden. Als ein Aspekt sozialen Handels richtet sich nachhaltiger Konsum (*sustainable consumption*) nicht nur auf die Befriedigung persönlicher Bedürfnisse, sondern auch auf die Berücksichtigung ökologischer und sozialer Belange. Insbesondere
die Produktions- und Konsumweisen der westlichen Industriestaaten werden in der
Agenda 21 der Vereinten Nationen als Hauptverursacher für die fortschreitende weltweite Umweltverschmutzung verantwortlich gemacht. Das Umweltbundesamt schätzt,
dass zwischen 30 und 40 % der Umweltverschmutzung direkt und indirekt durch den
privaten Konsum verursacht ist (Umweltbundesamt 1997, S. 221). Insofern gibt es im
privaten Verbrauch ein enormes Nachhaltigkeitspotenzial, das durch konkretes Handeln der Konsumenten ausgeschöpft werden könnte. Setzt man das Ziel der Förderung
nachhaltiger Konsumstile voraus (*normativ-ethischer Aspekt*; vgl. hierzu Hansen/Schra-
der 1999; Reisch/Scherhorn 1998), stellen sich die Fragen, inwieweit Konsumenten
auch bereit und in der Lage sind, ihren persönlichen Konsum nachhaltiger zu gestalten
(*verhaltensorientierter Aspekt*), und ob innerhalb eines vorgegebenen institutionellen
und infrastrukturellen Rahmens nachhaltiger Konsum überhaupt möglich ist (*institutio-
neller Aspekt*; vgl. Reisch 1998, S. 3; vgl. auch Schrader/Hansen 2001).

Nachhaltige Konsumstile erfordern die Umsetzung dieses Leitbildes der Nachhaltigkeit auf individuelle Konsumprozesse. Die Verzahnung der Makroebene (Gesellschaft
und Wirtschaft) mit der Mikroebene (Konsument) wird am Modell von Gatesleben &
Vlek (1998, S. 146) deutlich (vgl. Abb. 3.21). Die *Makroebene* wird repräsentiert von den
Faktoren Technologie, Wirtschaft, Demographie, Institutionen und Kultur. Die Verhal-
tensebene (*Mikroebene*) erfasst Bedürfnisse und Möglichkeiten (Gelegenheiten) nachhaltiger Konsummuster sowie individuelle Fähigkeiten, Nachhaltigkeit in individuelles
Konsumverhalten umzusetzen. Individuelle Fähigkeiten umfassen finanzielle, zeitliche,

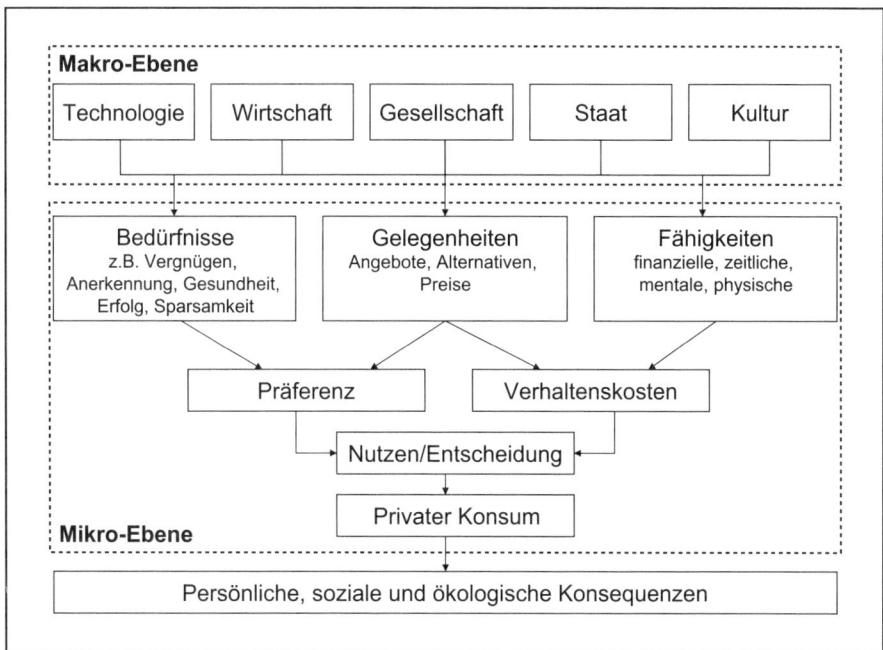

Abb. 3.21: Das Bedürfnis-Gelegenheits-Fähigkeits-Modell zum Konsumentenverhalten
Quelle: Gatesleben/Vlek 1998, S.146, eigene Übersetzung

räumliche, kognitive und physische Ressourcen. Mit Gelegenheiten werden solche Faktoren bezeichnet, die nachhaltigen Konsum fördern bzw. behindern können (z.B. Verfügbarkeit an Nachhaltigkeits-Produkten). Die individuelle Bedürfnisstruktur ist ausschlaggebend dafür, mit welcher Intensität Nachhaltigkeit im Konsum verfolgt wird.

Als zentrale (Mit-)Verursacher der fortschreitenden Umweltzerstörung verfügen Konsumenten, positiv formuliert, über Handlungsoptionen, durch verändertes Konsumverhalten sowohl Umweltbelastungen als auch soziale Problemlagen zu verringern. Dem Konsumenten kommt deshalb für die Innovation und Diffusion nachhaltiger Produkte und Dienstleistungen eine Schlüsselrolle zu. Nachhaltige bzw. umweltverträgliche Produkte, das haben die letzten 10 Jahre eindrucksvoll gezeigt, werden nicht oder nicht ausreichend genug nachgefragt, wenn

- sie teurer sind als herkömmliche Konkurrenzprodukte,
- wenn durch Kauf und Nutzung lieb gewordene Gewohnheiten verändert oder ganz aufgegeben werden müssen oder wenn
- Qualitätseinbußen vom Konsumenten vermutet werden.

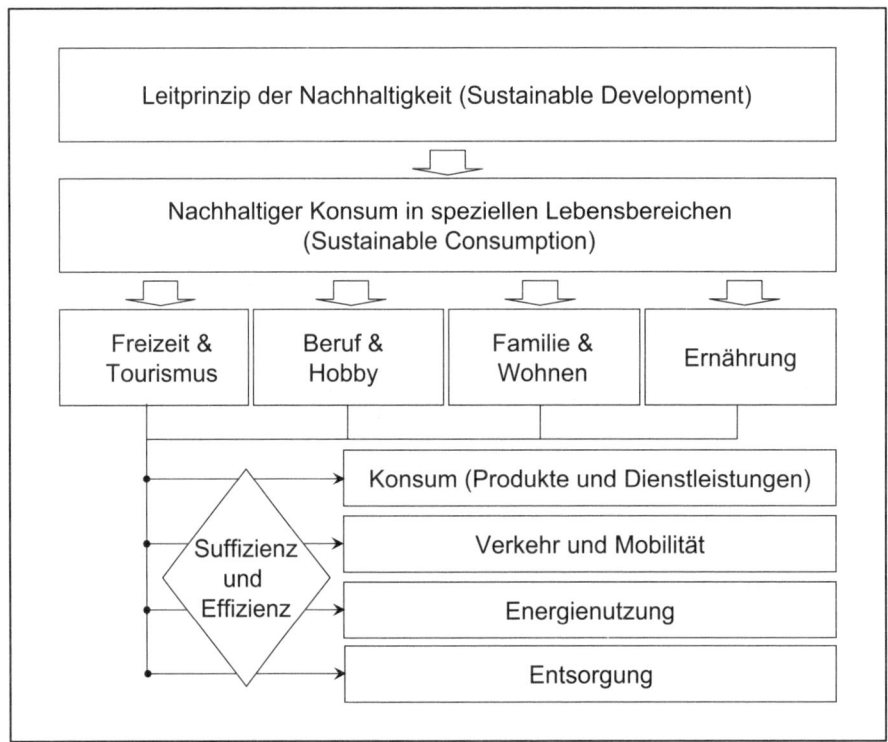

Abb. 3.22: Bereiche nachhaltigen Konsums
Quelle: Balderjahn 2004

Relevante Bereiche nachhaltigen Konsums sind Verkehr und Mobilität, Energie-verbrauch, Ernährung und Gesundheit, Freizeit und Tourismus sowie der Kauf von „fair" gehandelten Dritte-Welt-Produkten (Umweltbundesamt 1997, S. 239; vgl. Abb. 3.22). Auf der Mikroebene stellen sich für den nachhaltigkeitsbewussten Konsumenten in verschiedenen Konsumbereichen unterschiedliche nachhaltige Konsumoptionen zur Auswahl:

• Suche nach relevanten Informationen über nachhaltigkeitsorientierte Unter-nehmen sowie über nachhaltige Produkte und Dienstleistungen (nachhaltigkeits-orientierte *Informationssuche*),

• Persönliche Kommunikation über die Nachhaltigkeitsqualität von Produkten und Dienstleistungen (nachhaltigkeitsorientierte *Kommunikation*),

• Bewusster Verzicht auf Produkte bzw. eingeschränkter Genuss solcher Produkte, die Kriterien der Nachhaltigkeit nicht erfüllen, zugunsten genügsamerer Konsum-stile (*voluntary simplicity*). Hiermit ist verbunden, dass sich Lebens- und Konsumstile in Richtung nachhaltiger und zukunftsfähiger Lebensformen verändern (Kriterium der *Suffizienz*),

- Kauf des jeweils relativ nachhaltigsten Produkts einer Produktgruppe (Kriterium der *Effizienz*),
- Nachhaltige Nutzung von Produkten und Dienstleistungen (Kriterium der *Effizienz*),
- *Nachhaltige Verwertung* und Entsorgung von Produkten.

3.5.3 Determinanten nachhaltiger Konsumstile

Welche Konsumoptionen in welchen Konsumbereichen ergriffen werden und mit welcher Intensität, ist von bestimmten persönlichen, sozialen und institutionellen Bedingungen abhängig. *Persönliche Determinanten* sind u.a. Bedürfnisse, Wissen, Einstellungen, Werte und Fähigkeiten. Darüber hinaus werden oft auch demographische Merkmale zur Erklärung des Konsumverhaltens herangezogen (z.B. Alter, Bildung). Soziale Normen sowie die Thematisierung nachhaltigkeitsbezogener Aspekte sowohl in der persönlichen Kommunikation als auch in den Medien (so genanntes *Agenda Setting*) stellen relevante *soziale Determinanten* des Konsumentenverhaltens dar. Die Gruppe der *institutionellen Determinanten* umfasst u.a. Infrastrukturaspekte (z.B. Verfügbarkeit), politische Maßnahmen (z.B. Förderung regenerativer Energiequellen), Marktbedingungen (z.B. Strategien konkurrierender Unternehmen) sowie die spezielle Anreizsituation für den Konsum (vgl. Abb. 3.23).

Persönliche, *psychische Einflussgrößen* richten sich auf die Bewertung, Auswahl und Nutzung nachhaltiger Produkte und Dienstleistungen. Dazu gehören u.a.:

- Wissen und Fähigkeiten,
- Gewohnheiten,
- Involvement,
- wahrgenommene eigene Handlungskompetenz und Eigenverantwortung,
- Werthaltungen,
- Bedürfnisse und Motive,
- Einstellung zur Nachhaltigkeit bzw. Nachhaltigkeitsbewusstsein und
- demographische Merkmale.

Soziale und kulturelle Einflussgrößen sind u.a.:

- soziale Normen (z.B. Nachbarschaftsstrukturen),
- persönliche Kommunikation zu Nachhaltigkeitsfragen und
- Medienpräsenz des Nachhaltigkeitsthemas.

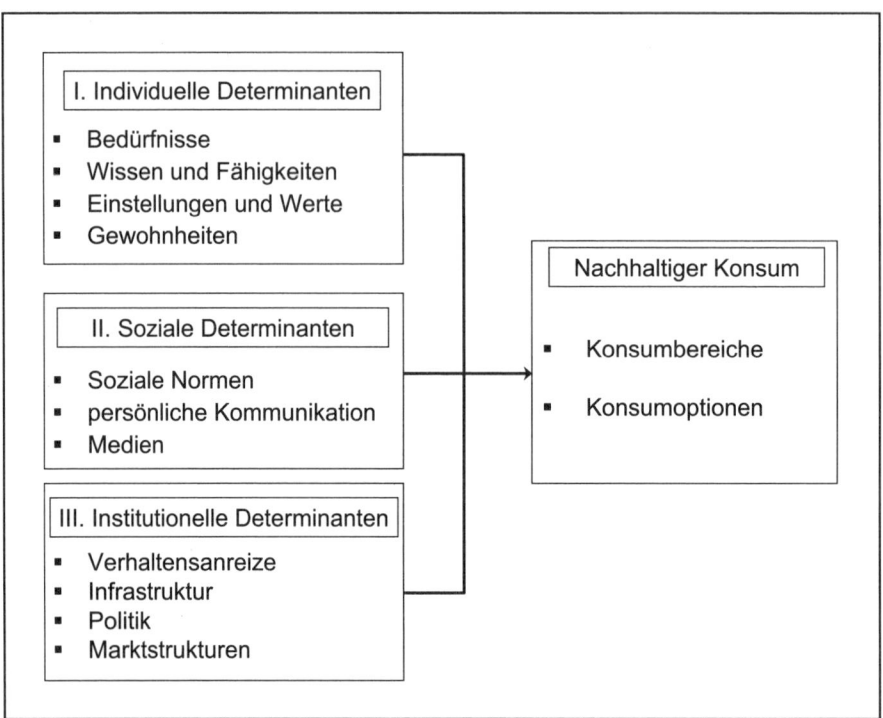

Abb. 3.23: Determinanten nachhaltiger Konsumstile
Quelle: Balderjahn 2004, S.143

Institutionelle Einflussgrößen werden bestimmt durch
- die Anreizsituation nachhaltigen Konsums. Dazu gehören u.a. finanzielle Anreize (z.B. Preis nachhaltiger Produkte).
- Infrastruktur (Gelegenheiten zum nachhaltigen Konsum wie z.B. Hol- und Bring-systeme bei der Abfallentsorgung, Verfügbarkeit von Öko-Strom etc.),
- Unternehmensstrategien (z.B. Entwicklung und Vermarktung nachhaltiger Produkte).

Die empirische Forschung hat gezeigt, dass demographische Merkmale kaum geeignet sind, umweltverträgliches bzw. nachhaltiges Verhalten zu erklären (z.B. Meffert/Bruhn 1996, S.23). Umweltbewusstsein ist inzwischen ein allgemeines Bevölkerungsphänomen geworden, das durch alle Schichten geht. Einzig das Geschlecht scheint eine gewisse Diskriminierungskraft zu besitzen: Frauen verhalten sich oft umweltbewusster als Männer (Umweltbundesamt 2000, S.23).

3.5.4 Das Umweltbewusstsein von Konsumenten

Umweltbewusstsein wird als Einsicht, dass das eigene Verhalten Umweltschäden verursacht, verbunden mit der Bereitschaft, durch eigenes Handeln diese Belastungen zu vermeiden bzw. zu minimieren, definiert. Umweltfreundliche Konsumenten berücksichtigen die ökologischen Konsequenzen ihrer Konsumgewohnheiten. Sie wissen, dass Herstellung, Verwendung, Verwertung und Entsorgung von Produkten und Dienstleistungen Umweltbelastungen verursachen und versuchen, schädliche Umwelteinwirkungen durch eigenes Handeln bewusst zu minimieren.

Das Umweltbewusstsein umfasst als mehrdimensionales verhaltenstheoretisches Konstrukt umweltbezogene Aspekte des psychischen Wert-Einstellungs-Systems von Menschen (Wimmer 1995, S. 268). Umweltbewusstsein wird oft im Sinne des *Drei-Komponenten-Modells* der Einstellung operationalisiert (Meffert/Bruhn 1996; Wimmer 1995, S. 268 f.). Danach werden sowohl das Wissen um die Umweltprobleme (*kognitive Komponente*) als auch die Einsicht in umweltgefährdende Konsequenzen des eigenen Verhaltens (*affektive Komponente*) und die Bereitschaft zum umweltgerechten Verhalten (*konative Komponente*) zum Umweltbewusstsein zusammengefasst. Aus der Kombination dieser drei Komponenten mit jeweils zwei Ausprägungen (hoch versus gering) können Bevölkerungsgruppen mit unterschiedlichem Bewusstsein beschrieben werden. Inzwischen sind zahlreiche Skalen zur *Messung des Umweltbewusstseins* entwickelt worden (vgl. Zimmer 1994). Dem Umweltbewusstsein wird eine zentrale Bedeutung zur Erklärung umweltfreundlichen Konsumentenverhaltens beigemessen. Oft wird mit umweltfreundlichem Verhalten auch ein bestimmter, auf Konsumverzicht bzw. -einschränkung ausgerichteter Lebens- bzw. Konsumstil (*voluntary simplicity*) verbunden.

Die Gesellschaft für Konsumforschung, Nürnberg (GfK), ermittelt seit 1985 in Repräsentativerhebungen das Umweltbewusstsein in der Bevölkerung anhand von elf 5-poligen Zustimmungsfragen zu Aspekten wie umweltbezogene Werthaltungen und Einstellungen, Selbstverantwortung und wahrgenommenes Handlungspotenzial (Konsumenteneffektivität), Opferbereitschaft für den Umweltschutz sowie umweltbezogene Verhaltensweisen (z. B. *„Die Erhaltung der Natur ist mir wichtiger als ein weiteres Wachstum"*, *„Für den Umweltschutz muss man persönlich auch erhebliche Einschränkungen in Kauf nehmen"*). Mittels einer Clusteranalyse werden hieraus unterschiedlich umweltbewusste Konsumentengruppen (Typologie umweltfreundlicher Konsumenten) abgeleitet. Diese Typologie unterscheidet die Gruppe der „Nicht-Umweltbewussten", die zu keinerlei Einschränkungen zugunsten der Umwelt bereit sind, von der Gruppe der „Umweltbewussten".

Die Gruppe der „Umweltbewussten" wird weiter aufgeteilt in die „Umwelt-Aufge-

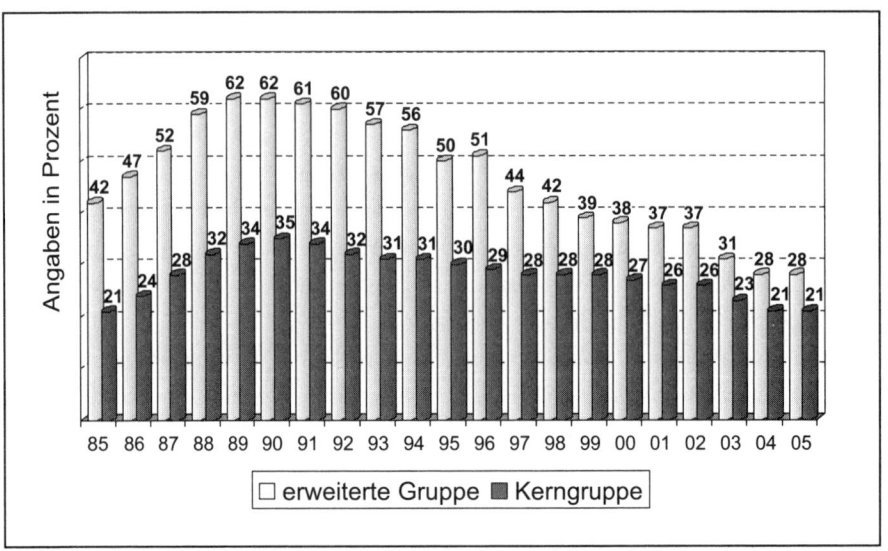

Abb. 3.24: Umweltbewusstsein in Deutschland (West)
Quelle: GfK Panel Services Consumer Research GmbH

schlossenen" und die „Umwelt-Aktiven". Nur die „Umwelt-Aktiven" (so genannte Kern-gruppe) leisten auch dann einen Beitrag zum Umweltschutz, wenn damit erhebliche persönliche Einschränkungen verbunden sind. Die Datenerhebung erfolgt aus Ver-gleichsgründen getrennt für Ost- und Westdeutschland (vgl. Abb. 3.24 und Abb. 3.25).

Der Anteil der umweltbewussten Konsumenten im Westteil Deutschlands hat seit An-fang der 90er Jahre von 62% auf 28% stetig abgenommen. Auch die Kerngruppe redu-zierte sich von 35% auf 21% im Jahre 2005. Insgesamt verringerte sich die Kerngruppe relativ weniger stark als die erweiterte Gruppe. Sozial erwünschte Lippenbekenntnisse sind also zurückgegangen. Im Osten war der Anteil umweltbewusster Konsumenten schon 1990 deutlich geringer als im Westen. Auch hier ist das Umweltbewusstsein bis heute weiter rückläufig. Die Kerngruppe im Osten ist nur ca. halb so groß wie die im Westen.

3.5.5   Die Verhaltenslücke

Zwischen dem (immer noch relativ hohen) bekundeten Umweltbewusstsein in Deutsch-land einerseits und dem tatsächlichen umweltgerechten Verhalten andererseits sind erhebliche Diskrepanzen feststellbar (Diekmann/Preisendörfer 1992; Kaas 1993, S. 29; Wimmer 1995, S. 270 f.). Das Umweltbewusstsein ist den empirischen Befunden nach

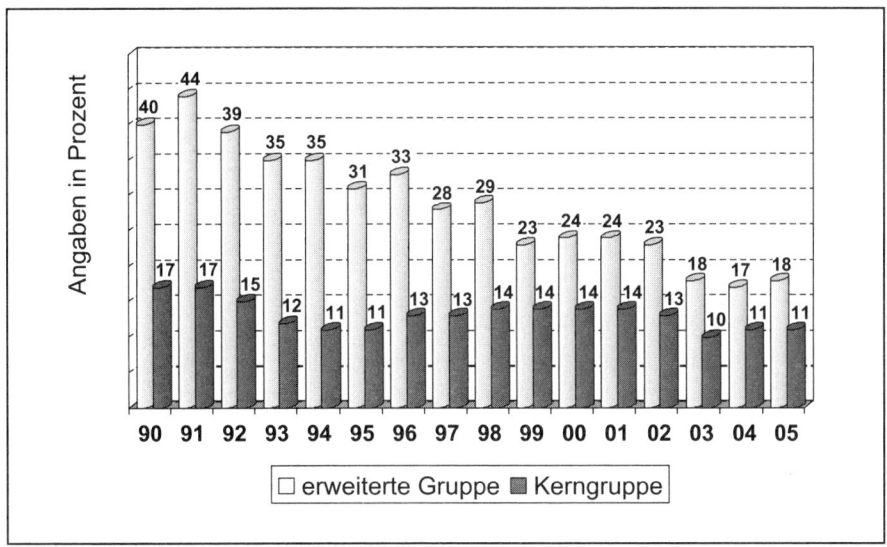

Abb. 3.25: Umweltbewusstsein in Deutschland (Ost)
Quelle: GfK Panel Services Consumer Research GmbH

kein brauchbarer Prädiktor für umweltverträgliches Verhalten. Empirische Messungen des Umweltbewusstseins sind oft von der Frageformulierung abhängig: Sind die Fragen sehr abstrakt, allgemein und langfristig gehalten, so sind die Zustimmungsraten höher im Vergleich zu konkreten und kurzfristig formulierten Fragen. Darüber hinaus ist in diesem Bereich mit einem hohen Anteil an „Lippenbekenntnissen" zu rechnen. In diesem Zusammenhang wird häufig auch von einer „Verhaltenslücke" gesprochen. Die Ursachen der *„Verhaltenslücke"* lassen sich auf drei *Schlüsselbarrieren* zurückführen (vgl. Balderjahn/Will 1997):

(1) *Wirkungslosigkeitsvermutung*: Konsumenten neigen dazu, die Möglichkeiten, durch eigenes Handeln die Umwelt zu schützen (perceived consumer effectiveness), zu unterschätzen (Leitidee: *„Bringt doch nichts"*).

Konsumenten, die aber nicht davon überzeugt sind, selbst einen Beitrag zum Umweltschutz leisten zu können, werden ihr Konsumverhalten auch nicht zielorientiert zum Schutze der Umwelt gestalten. Dieser Zusammenhang lässt sich ableiten aus dem Konstrukt des *Kontrollbewusstseins* (locus of control). Danach ist nur von solchen Personen ein bewusster Beitrag zum Umweltschutz bzw. zur Nachhaltigkeit zu erwarten, die für sich selbst Handlungsfähigkeit in diesem Bereich wahrnehmen (intern kontrollierte Personen). Andererseits wird von solchen Personen, die sich eher von externen Kräften (z.B. das Schicksal) gelenkt fühlen (extern kontrollierte Personen), kein Betrag zur Nachhaltigkeit ausgehen (vgl. Gierl/Stumpp 1999). Das Kontrollbewusstsein wirkt in diesem Zusammenhang als Moderatorvariable.

(2) *Opportunismusvorbehalt*: Konsumenten hegen oft *Misstrauen* gegenüber anderen, dass diese sich nicht umweltbewusst bzw. nachhaltig verhalten. Sie haben oft Angst, „übervorteilt und ausgebeutet zu werden", wollen nicht „die Dummen" sein.

Nach einer repräsentativen Befragung aus dem Jahre 2002 vom Umweltbundesamt (2002, S. 27) gehen 69 % der Bevölkerung davon aus, dass sich ihre Nachbarn wenig umweltbewusst verhalten. Dieser Anteil betrug 1996 „nur" 58 %. Seitdem ist also das Misstrauen anderen gegenüber hinsichtlich des Umweltschutzes noch deutlich angestiegen (Umweltbundesamt 2002, S. 27). Misstrauen besteht auch gegenüber Anbietern, die Produkte und Dienstleistungen mit dem Hinweis auf Umweltverträglichkeit vermarkten. Nur 11 % gaben in der Befragung vom Umweltbundesamt an, dass sie es der Industrie zutrauen, Lösungen im Umweltschutz zu erarbeiten, der Rest, 89 %, ist misstrauisch (Umweltbundesamt 2002, S. 61). Ein gewichtiger Grund für das Misstrauen bei Konsumenten liegt darin begründet, dass die Umwelt- und Sozialqualität von Produkten und Dienstleistungen in vielen Fällen eine *Vertrauenseigenschaft* darstellt (vgl. Meffert/Kirchgeorg 1995, S. 98 f.). Der Konsument selbst ist kaum in der Lage, Produkte auf Umweltverträglichkeit oder Nachhaltigkeit zu prüfen. Soziale und ökologische Konsequenzen individueller Konsumhandlungen sind oft nicht für den Einzelnen erkennbar. Manchmal werden sie in den Wissenschaften diskutiert und über Massenmedien verbreitet. Nach der informationsökonomischen Theorie bestehen hier so genannte *Informationsasymmetrien* zwischen Anbietern und Nachfragern von Produkten und Dienstleistungen, da der Anbieter die Qualität seiner Produkte genau oder jedenfalls besser einschätzen kann als der Nachfrager (vgl. Kaas 1993; 1995). Konsumenten empfinden deshalb bei „Vertrauensgütern" ein hohes wahrgenommenes Kaufrisiko und damit verbunden ein höheres Misstrauen hinsichtlich der Seriosität solcher Angebote. Nur wenn die Konsumenten dem Anbieter vertrauen, werden diese Produkte nachgefragt. Ist das Vertrauen unberechtigt, hat das sogar zur Konsequenz, dass Konsumenten weniger nachhaltige Produkte zulasten nachhaltiger Produkte kaufen (so genannte *adverse selection*) (Transparenz- und Glaubwürdigkeitsproblem).

(3) *Eigennutzmaxime*: Konsumenten handeln primär aus persönlichen Nutzenerwägungen. Eigennutz geht vor Umweltschutz und Nachhaltigkeit. Aus persönlicher Sicht kann es schlicht rational sein, sich auf Kosten der Allgemeinheit nicht umweltverträglich (opportunistisch) zu verhalten. Man könnte auch sagen, Altruismus gibt es nicht, sondern nur bestimmte Formen „moralischer Befriedigung".

Nach dieser Hypothese versuchen Menschen in konfliktären Situationen, den persönlichen Nutzen zulasten einer allgemeinen ökologischen und sozialen Wohlfahrt zu maximieren. Die Ursache dafür sind spezifische Anreizbedingungen, die sich allgemein als *Dilemma-Situationen* kennzeichnen lassen.

Die Kollektivguteigenschaft einer intakten Umwelt bringt nachhaltigkeitsbewusste Konsumenten in eine Dilemma-Situation (vgl. Belz 1999; Diekmann 1995; Kaas 1992; Meffert 1993). Nachhaltigkeitsbewusste Konsumenten tragen dann persönlich die oft höheren Kosten nachhaltigen Konsums (z. B. höhere Produktpreise), der Nutzen daraus für Umwelt und Gesellschaft kommt aber sehr häufig der Allgemeinheit kostenlos zugute (z. B. bessere Luftqualität). Die Umwelt als *Kollektivgut* erfordert zu ihrem Schutz kooperatives Verhalten der Menschen.

Von der Nutzung der Umwelt als öffentliches Gut kann niemand ausgeschlossen werden. Auch Käufer nicht nachhaltiger Produkte dürfen die Umwelt weiterhin für sich beanspruchen. Darüber hinaus können nicht nachhaltigkeitsbewusste Konsumenten die sozialen und ökologischen Kosten ihres Verhaltens teilweise externalisieren, d. h. der Allgemeinheit aufbürden. Es wird in diesem Zusammenhang von *externen Kosten* gesprochen. Da der Konsument auch dann in den Genuss einer besseren Umweltqualität kommt, wenn er persönlich nichts dazu beiträgt, können im Sozial- und Umweltverhalten unterschiedliche Spielarten opportunistischen Verhaltens festgestellt werden („*Trittbrettfahrer-Phänomen*"). Der nachhaltigkeitsbewusste Konsument zahlt, ohne einen über den allgemeinen, allen zugänglichen sozialen Nutzen hinausgehenden, persön-

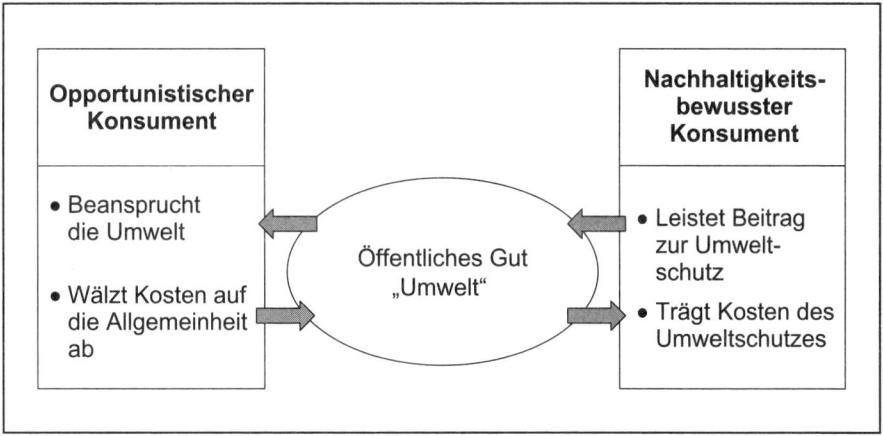

Abb. 3.26: Das Dilemma nachhaltigen Konsumentenverhaltens
Quelle: Balderjahn 2004, S. 158

lichen Nutzen zu bekommen. Dagegen schätzt der opportunistische Konsument (Trittbrettfahrer) zwar gleichfalls das öffentliche Gut „Umwelt", nutzt es aber ab, ohne dafür persönlich zu zahlen (vgl. Abb. 3.26).

Zur genauen Analyse dieser Dilemma-Situation ist es von Vorteil, zwei Arten von Kosten-Nutzen-Kategorien zu unterscheiden: persönliche Kosten (z. B. hoher Preis) und Nutzen (z. B. persönliches Wohlbefinden) sowie Kosten und Nutzen für die Umwelt (vgl. Abb. 3.27). Die individuelle Inanspruchnahme eines öffentlichen Gutes wie die Umwelt oder die soziale Gemeinschaft führt nicht nur zu persönlichen Nutzen und Kosten, sondern auch zu ökologischen und sozialen Kosten und Nutzen. Die Frage ist, wie und welche Kosten-Nutzen-Kategorien, sowohl monetärer als auch nicht-monetärer Art, das Verhalten der Konsumenten bestimmen und wie diese vom Konsumenten in konkreten Kaufsituationen „mental verrechnet" werden.

Der *persönliche Nutzen* eines Produkts ergibt sich aus der Fähigkeit des Produkts, Bedürfnisse des Konsumenten zu befriedigen (z. B. Gesundheit, Sicherheit, Anerkennung). *Persönliche Kosten* entstehen hauptsächlich durch den zu zahlenden Produktpreis, aber auch z. B. durch physische Anstrengungen bei der Beschaffung und Dauer der Beschaffung (Zeitkosten) sowie durch Änderungen von lieb gewordenen Gewohnheiten. Kosten- und Nutzenkategorien haben also keinen ausschließlich „monetären Charakter". Die Einsparung knapper Ressourcen und eine Reduktion von Schadstoffemissionen durch nachhaltige Konsumstile verbessern die Umweltqualität und stellen insofern einen *Umweltnutzen* dar. *Umweltkosten* sind von der Allgemeinheit zu tragende Kosten für Umweltschäden, die von einzelnen Individuen bzw. Organisationen verursacht werden. Sie werden auch als *„externe Kosten"* bezeichnet.

Welche Bedeutung der Wert bzw. Nutzen einer intakten Umwelt im Vergleich zu persönlichen Kosten hat, ist an einer empirischen Studie von Diekmann gut zu erkennen

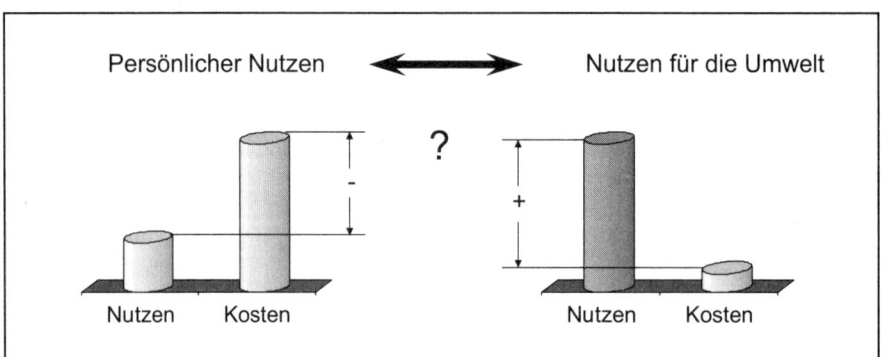

Abb. 3.27: Nachhaltiger Konsum im Dilemma konfliktärer Anreize (Anreizdilemma)
Quelle: Balderjahn 2004, S.159

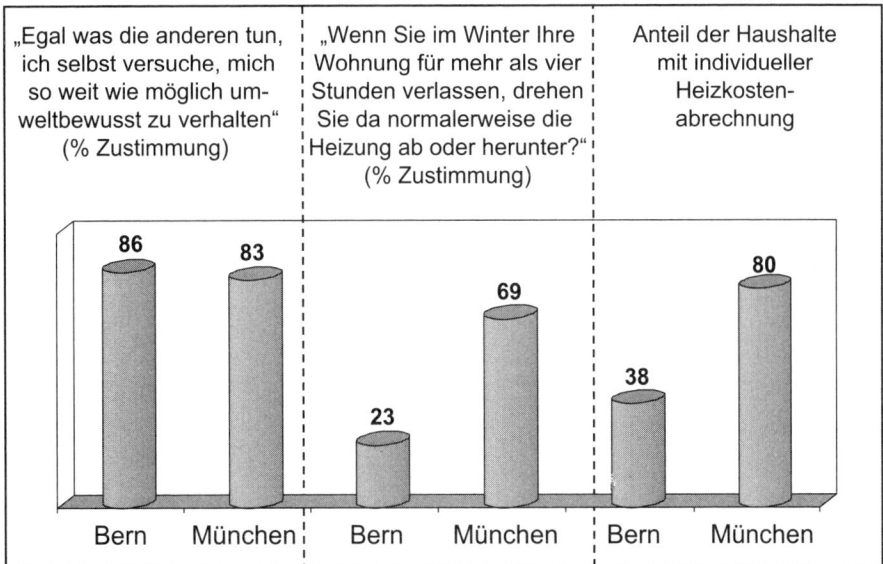

Abb. 3.28: Das Energiespardilemma
Quelle: Diekmann 1996, S.109

(Diekmann 1996, S. 109). Telefonisch wurden 1991 nach dem Zufallsprinzip 393 Bürger der Schweizer Stadt Bern und 965 Münchner nach ihrem Umweltbewusstsein befragt (vgl. Abb. 3.28). In beiden Städten gaben über 80 % der Befragten an, dass sie sich soweit wie möglich umweltbewusst verhalten. Das Umweltbewusstsein ist somit in beiden Städten fast identisch ausgeprägt. Weiter wurde die Frage gestellt, ob sie die Heizung im Winter herunterdrehen, wenn sie das Haus für längere Zeit verlassen. Diese Frage beantworteten allerdings deutlich weniger Berner mit „ja" als Münchner. Der Grund dafür ist, dass die Münchner durch das Energiesparen (Nutzen für die Umwelt) auch persönliche Kosten senken konnten, da bei ihnen die Heizkosten verbrauchsabhängig abgerechnet wurden. In Bern dagegen wurden die Heizkosten nicht verbrauchsabhängig, sondern auf Basis der Wohnungsgröße umgelegt. Die Berner konnten also auf Kosten der Nachbarn heizen. Nicht das Umweltbewusstsein (Bedeutung des Umweltnutzens), sondern die persönlichen Kosten bestimmten in diesem Fall das Verhalten (vgl. Abb. 3.28).

Grundlage für dieses Ergebnis ist die so genannte *Low-Cost-Hypothese*. Danach verhalten Konsumenten sich vorwiegend nur dann umweltfreundlich, wenn es sie nichts oder vergleichsweise wenig kostet (Niedrigkostensituation). Das Umweltbewusstsein übt nur dann einen Effekt aus, wenn die „Kosten" ökologischen Handelns gering sind

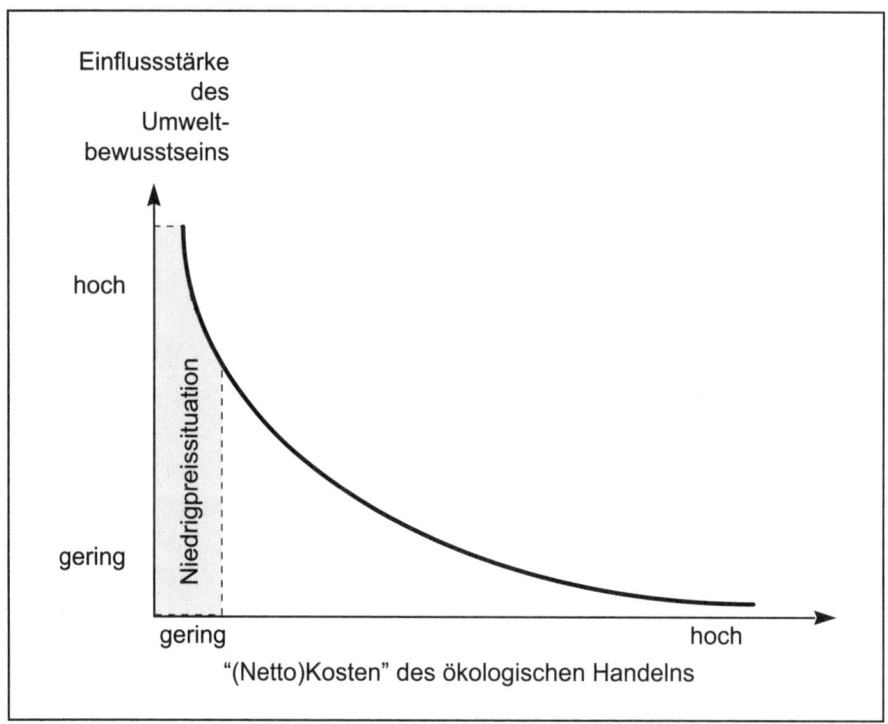

Abb. 3.29: Die Low-Cost-Hypothese
Quelle: Diekmann 1996, S.105 ff

(vgl. Abb. 3.29). Nach der *Rational-Choice-Theorie* umfasst der Begriff „Kosten" jegliche Inanspruchnahme von Ressourcen (z. B. Kraft, Geld, Zeit) und ist nicht nur monetär zu interpretieren. „Kosten" verursachen auch Veränderungen lieb gewordener Gewohnheiten. Die „Verhaltenskosten", die Heizung im Winter herunterzudrehen, sind hoch: Es müssen Gewohnheiten und Bequemlichkeiten überwunden werden. Nur wahrnehmbare und deutliche Einsparungen bei den Heizkosten können die meisten Menschen dazu bewegen, umweltgerecht zu heizen. Die Wirkung des Umweltbewusstseins ist also davon abhängig, ob die mit einem umweltverträglichen Konsum verbundenen Kosten hoch oder niedrig sind. Die Kosten haben hier eine Funktion als *Moderatorvariable*.

Die *Rational-Choice-Theorie* berücksichtigt neben monetären Anreizen zur Erklärung von Verhalten explizit auch verhaltenssteuernde Wirkungen psychischer und sozialer Handlungsanreize wie soziale Anerkennung und moralische Motive. Nach dieser Theorie wird das Verhalten durch Präferenzen einerseits und Handlungsrestriktionen andererseits bestimmt (vgl. Balderjahn 1993). Handlungsrestriktionen sind knappe Ressourcen (z. B. Geld, Zeit), Opportunitätskosten (Nutzen ausgeschlagener Alternativen), soziale bzw. institutionelle Normen (z. B. Gesetze) und die Qualität an verfügbaren Informationen (Reduzierung von Unsicherheit). Es wird unterstellt, dass sich Individuen zielorientiert, rational und egoistisch unter Unsicherheit auf der Basis von individuellen Kosten-Nutzen-Erwartungen (Anreizbedingungen) verhalten (vgl. Diekmann 1996). In der Niedrigkostensituation, dort wo der „Umweltschutz zum Nulltarif" zu haben ist, stellt die Umweltverträglichkeit eines Produkts oder einer Leistung einen nahezu kostenlosen Zusatznutzen (*added value*) dar, der vom Konsumenten gerne in Anspruch genommen wird (z. B. Energiesparlampen).

Wie viel mehr der Konsument bereit ist, für nachhaltige Produkte und Leistungen zu zahlen, wird durch seine persönliche *Zahlungsbereitschaft* bestimmt (vgl. Balderjahn 2003a). Eine positive Marktwirkung wäre dann zu verzeichnen, wenn die von sozial und ökologisch verantwortungsbewussten Unternehmen angebotenen Produkte und Dienstleistungen vom Konsumenten als höherwertiger im Vergleich zu den herkömmlichen Alternativen wahrgenommen werden und wenn dadurch seine Bereitschaft steigt, einen höheren Preis für diese Produkte zu bezahlen. Der maximale Preis, den ein Konsument bereit ist, für ein umwelt- bzw. sozialverträgliches Produkt zu zahlen, d. h. die Preis- bzw. Zahlungsbereitschaft, korrespondiert unmittelbar mit dem wahrgenommenen Wert (*perceived value*), den dieses Produkt für den Konsumenten hat (Balderjahn 2003). Nach einer repräsentativen Erhebung im Jahr 2002 gaben nur 10 % der Befragten an, sehr bereit zu sein, höhere Preise für Öko-Produkte zu zahlen, und nur 9 % sind sehr bereit, Abstriche von ihrem Lebensstandard zu machen, um die Umwelt zu schützen (Umweltbundesamt 2002, S. 81). Diese Ergebnisse bestätigen auch andere Studien und belegen, dass die Bereitschaft der Menschen, mehr für nachhaltige Produkte zu zahlen, eher gering ist. Eine aktuelle Studie zur Preisbereitschaft für Orangensäfte mit TransFair-Siegel im Vergleich zu herkömmlichen Orangensäften ergab eine *Mehrpreisbereitschaft* für gesiegelte Produkte, die sich zwischen 4 und 20 Cent je nach Marke und Preissegment bewegt. Ein TransFair-Siegel verspricht, mit wenigen Ausnahmen, einen höheren Marktanteil für den entsprechenden Saft (Peyer/Balderjahn 2007).

Kosten- und Nutzenkategorien sind keine objektiven, sondern subjektiv wahrgenommene Einheiten. So kann aus der grundsätzlichen Bereitschaft einer Person, einen höheren Preis für ein nachhaltiges Produkt zahlen zu wollen, nicht auf den genauen Betrag, der mehr gezahlt wird, geschlossen werden. Ebenso verhält es sich bei der Nutzenwahrnehmung. Umweltschutz kann auch als persönliche Nutzenkategorie fungieren, wenn es mit dem persönlichen Selbstbild bzw. dem *Selbstkonzept* einer Person übereinstimmt. Konkretes Verhalten zeichnet sich immer durch eine konfliktäre Ziel-

bzw. Motivlage aus. Welche Motive, Ziele oder grundlegenden Werte nachhaltiges Konsumverhalten bestimmen, kann mit Hilfe der *Means-End Chains-Theorie* erklärt und mit der *Laddering-Methode* empirisch ermittelt werden.

3.5.6 Beeinflussungsmöglichkeiten und Strategien

Aus der Dilemma-Situation heraus gibt es vier Möglichkeiten der Beeinflussung von Konsumstilen hin zu mehr Nachhaltigkeit (vgl. Abb. 3.30). Nachhaltige Produkte und Leistungen müssen dem Konsumenten neben der Nachhaltigkeit auch einen eigenen, persönlichen *Zusatznutzen* (added value) liefern. So sind beispielsweise Lebensmittel aus kontrolliertem Anbau nicht nur für die Umwelt gut (z. B. weniger Düngereinsatz), sondern auch für den Verbraucher gesünder. Konsumenten wünschen zwar oft, dass Produkte umweltverträglich sein sollen, sie dürfen aber weder teurer als herkömmliche Alternativen sein noch lieb gewordene Gewohnheiten beim Kauf und bei der Verwendung des Produkts (*convenience-Eigenschaften*) beeinträchtigen (McDaniel/Rylander 1993, S. 6).

* Nachhaltige Produkte werden sich umso leichter durchsetzen, je geringer der Kostenunterschied zu den herkömmlichen Produkten ist.
* Je weniger der Konsument auf herkömmliche Produkte und Leistungen zurückgreifen kann, desto mehr setzen sich nachhaltige Güter durch. Möglichkeiten, op-

Strategietyp \ Anreizschwerpunkte	Nutzenanreiz	Kostenanreiz
Anreize zur Förderung nachhaltiger Konsumstile	Persönlichen Nutzen des nachhaltigen Konsums erhöhen!	Persönliche Kosten des nachhaltigen Konsums senken!
Beschränkungen opportunistischer Konsumstile	Persönlichen Nutzen opportunistischer Konsumstile verringern!	Persönliche Kosten opportunistischer Konsumstile erhöhen!

Abb. 3.30: Beeinflussungsmöglichkeiten zur Förderung nachhaltiger Konsumstile
Quelle: Balderjahn/Will 1997

portunistische Konsumstile zu beschränken, hat allerdings nur der Gesetzgeber (z. B. Verbot der Verwendung kostengünstiger, aber umweltschädigender Materialien in der Produktion).

- Da der Kostenunterschied zwischen nachhaltigen und herkömmlichen Produkten entscheidend für die Durchsetzung nachhaltiger Produkte ist, können auch herkömmliche Produkte verteuert werden. Auch dies ist im Wesentlichen ein Feld nachhaltiger Steuerungsinstrumente des Staates (z. B. hohe Abgaben und Steuern auf nicht nachhaltige Produkte; vgl. z. B. Lenk/Bessau 1998).

4 Marketinginstrumente und Konsumentenverhalten

4.1 Konsumentenverhalten und Produktpolitik

4.1.1 Produkt- und Qualitätsbeurteilung

4.1.1.1 Prozesse der Produkt- und Qualitätsbeurteilung

Zur Produktbeurteilung verwenden Konsumenten vorhandenes Wissen und eigene Erfahrungen sowie aktuelle Informationen zum Produkt (z.B. am POS[31]). Das *Produktwissen* ist in Form von Produkt- bzw. Markenschemata im Gedächtnis der Konsumenten gespeichert (vgl. Kap. 2.2.1). Beim Konsumenten vorhandene Bewertungen können als evaluative Komponenten des Produktwissens aufgefasst werden, die *Einstellungen*[32] zum Produkt konstituieren. Wissen und Informationen über Produkte und Dienstleistungen können sich sowohl auf so genannte *intrinsische Attribute* beziehen, Merkmale also, die mit dem Produkt untrennbar verbunden sind (z.B. das Design, der Geschmack), als auch auf so genannte *extrinsische Attribute*, Merkmale also, die einem Produkt „angeheftet" werden können (z.B. der Preis oder der Markenname). Neben den reinen Produktinformationen spielen bei der Produktbeurteilung häufig auch Umfeldinformationen wie z.B. das Geschäftsimage und die Produktpräsentation eine Rolle (vgl. Abb. 4.1). Diese können zur Entstehung bestimmter Erwartungen und Urteile dadurch beitragen, dass sie im Bewertungsprozess als Urteilsanker dienen und Assimilations- oder Kontrasteffekte hervorrufen können (siehe Kap. 2.4.3.2). Das Ergebnis eines Produktbewertungsprozesses ist ein Urteil des Konsumenten über den Nutzen des jeweiligen Produkts. Solche Urteilsprozesse können sich habitualisieren und in stabiler *Produkt- bzw. Markenpräferenz* münden. Der Produktbeurteilung bzw. der Kaufentscheidung können komplexe oder einfache Bewertungsprozesse zugrunde liegen, in denen die Einzelinformationen zu einem Gesamturteil verdichtet bzw. zusammengefasst werden (vgl. Abb. 4.1). In den meisten Fällen werden Produkte von Konsumenten aufgrund sehr einfacher und habitualisierter Bewertungsmuster beurteilt.

Entscheidungsprozesse umfassen die Phasen Produkt- bzw. Alternativenbewertung und Auswahlentscheidung. Beide Phasen sind zwar einerseits eigenständig zu betrachten, andererseits sind sie aber voneinander abhängig und so miteinander verzahnt, dass

---

31 POS: Point of Sale.
32 Zur Einstellung vgl. Kap. 2.4.3.

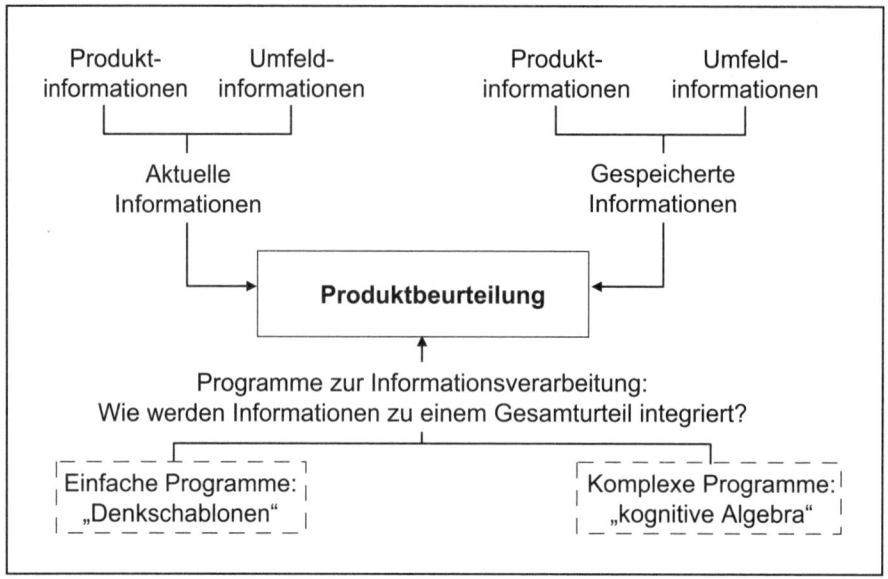

Abb. 4.1: Einflussfaktoren auf die Produktbeurteilung
Quelle: in Anlehnung an Kroeber-Riel/Weinberg 2003, S. 280

es oft nicht möglich ist, in realen Entscheidungsprozessen beide Phasen voneinander zu trennen. Aus diesem Grund stellen wir an dieser Stelle Heuristiken vor, die sowohl zur Produktbeurteilung als auch zur Auswahlentscheidung vom Konsumenten verwendet werden können. Dennoch muss darauf hingewiesen werden, dass aus einer erfolgten Produktbewertung nicht mit Sicherheit eine entsprechende Kaufentscheidung abgeleitet werden kann. Hier sind weitere Einflüsse, die auf eine Kaufentscheidung wirken, zu beachten (z. B. situative Effekte). Bei den hier vorgestellten Bewertungs- und Entscheidungsmodellen handelt es sich um *mentale Modelle*, die versuchen, kognitive Prozesse der Urteilsbildung und Entscheidung vereinfacht nachzubilden. Insbesondere handelt es sich nicht um Modelle der normativen Entscheidungstheorie (z. B. Scoringmodelle; vgl. Kap. 2.1.2.1).

Die menschliche Urteilsbildung erfolgt nicht so rational wie es das mikroökonomische Modell des *homo oeconomicus* uns nahe legt. Abweichungen von einer rein rationalen Entscheidung (so genannte *Urteilsverzerrungen*) entstehen durch

- eine begrenzte Informationsaufnahme- und -verarbeitungskapazität des Menschen,
- die Wirkung motivationaler Faktoren (z. B. geringes Involvement),
- den verzerrenden Einfluss von Urteilsankern,

- die Rolle momentaner Affekte bei Urteilsprozessen und Entscheidungen sowie durch
- die Wirkung verfestigter Vorurteile (Schemata) und Gewohnheiten.

Insofern sind menschliche Entscheidungen immer nur „subjektiv rational", d.h. nur aus der jeweiligen spezifischen Sicht des Einzelnen in einer spezifischen Entscheidungs-situation erklärbar (Bettman et al. 1998; Gigerenzer 2000; Kahneman 2003; Simon 1955). Zudem läuft nicht jeder Kaufentscheidung eine Produktbewertung voraus (z. B. beim so genannten Impulskauf). In solchen Fällen wird oft im Nachhinein durch subjek-tive Attribuierung das eigene Verhalten begründet und gerechtfertigt.

Kognitive Modelle zur Produktbeurteilung können unterteilt werden in einfache und komplexe Modelle.

Einfache Modelle der Urteilsbildung

(1) Verwendung von Schlüsselinformationen (Schlüsselattribute)

Ein sehr einfaches Beurteilungsmuster besteht darin, dass ein einzelner Eindruck bzw. eine einzelne Information vom Konsumenten dazu verwendet wird, auf die gesamte Qua-

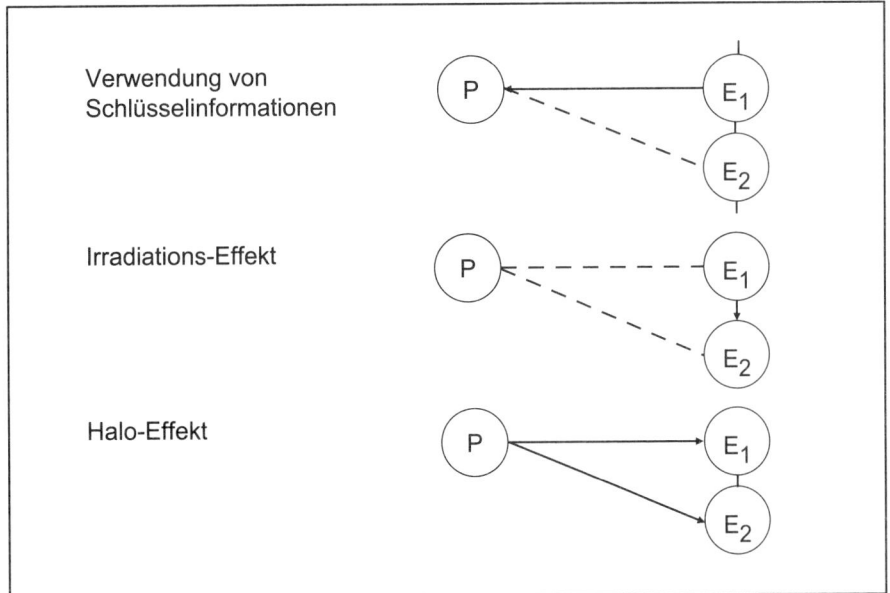

Abb. 4.2: Einfache Heuristiken der Produktbeurteilung
Quelle: in Anlehnung an Kroeber-Riel/Weinberg 2003, S.304

lität bzw. den Gesamtnutzen eines Produktes zu schließen (vgl. Abb. 4.2). Solche Schlüsselinformationen sind z. B. der Preis, der Markenname, das Geschäfts- bzw. Ladenimage, Qualitätssignets bzw. -zeichen (z. B. der Umweltengel) oder das Qualitätsurteil unabhängiger Organisationen (z. B. der Stiftung Warentest). Wird der Preis als Schlüsselinformation zur Beurteilung der Qualität verwendet, so spricht man von einer preisorientierten Qualitätsbeurteilung. Schlüsselinformationen sind als *„information chunks"* im Gedächtnis des Konsumenten repräsentiert (vgl. Kap. 2.2.1). Die Güte dieser sehr einfachen Urteils- und Entscheidungsheuristiken hängt von der diagnostischen Validität der verwendeten Schlüsselinformation für die Beurteilung der Zielgröße ab. Ist die Diagnostizität hoch, können selbst diese einfachen Heuristiken zu erstaunlich validen Urteilen und im Sinne des Rationalitätsprinzips zu richtigen Entscheidungen führen (Gigerenzer/Goldstein 1996; Gigerenzer et al. 2002).

(2) Irradiation

Wird von einem Produktattribut auf ein anderes Produktattribut geschlossen, so spricht man von einer Irradiation. Darunter versteht man allgemein das Ausstrahlen und Hineinwirken von einem Bereich in einen anderen (Kroeber-Riel/Weinberg 2003, S. 309). Dieses Phänomen wird zum Beispiel in der *Gestaltpsychologie* untersucht (z. B. Farbe irradiert bei Kühlschränken auf die Kühlleistung und bei Speiseeis auf den Geschmack). Irradiation ist aber auch ein prototypisches Beispiel für das Konzept der „Heuristik", wie es von *Daniel Kahneman* inzwischen definiert wird: Ein Urteil ist dann durch eine Heuristik vermittelt, wenn das Zielattribut eines Urteilsobjekts anhand eines anderen Attributs beurteilt wird, das kognitiv leichter zugänglich ist (Kahneman 2003, S. 707).

(3) Halo-Effekt

Liegt ein (verfestigtes) Urteil über die Gesamtqualität eines Produktes, einer Marke (Markenimage) oder einer Firma vor, so beeinflusst dieses Urteil wiederum die Wahrnehmung einzelner Produktattribute. Dieser Effekt wird als Halo-Effekt bezeichnet. Durch den Halo-Effekt wird insbesondere auch die (positive oder negative) Bewertung von solchen Produktmerkmalen beeinflusst, die der Konsument sonst gar nicht beurteilen kann (so genannte *Vertrauenseigenschaften*). So kann ein positives Image einer Marke dazu beitragen, dass einzelne Qualitätsmerkmale wie Verarbeitungsqualität und Langlebigkeit positiv eingeschätzt werden, obwohl der Konsument sie kaum prüfen kann. Hinter dem Halo-Effekt steht das Streben des Konsumenten nach kognitiver Konsistenz (Beckwith/Lehman 1975; Kroeber-Riel/Weinberg 2003, S. 310).

Komplexe Urteilsmodelle

Modelle komplexer Produktbeurteilung gehen von der Hypothese aus, dass sich die wahrgenommene Produktqualität aufgrund einer systematischen Wahrnehmung und Bewertung einzelner Produkteigenschaften bildet. Das Urteil über die Gesamtqualität setzt sich dann aus mehreren Teilurteilen (Qualitätseindrücken, Teilnutzenwerte) über einzelne Produkteigenschaften zusammen. Derartige Modelle werden auch als *multiattributive Urteilsmodelle* bezeichnet. Es wird unterschieden zwischen:

- kompensatorischen und
- nicht kompensatorischen

Urteilsmodellen (vgl. Abb. 4.3).

(1) Kompensatorische Urteilsmodelle

Bei den kompensatorischen Urteilsmodellen werden Vor- und Nachteile eines Produkts gegenseitig „kognitiv verrechnet". So kann z. B. die negative Bewertung eines hohen Preises eines Produktes durch die positive Bewertung einer präferierten Marke ausgeglichen werden. Das Urteil über ein ganz bestimmtes Merkmal eines Produktes bezeichnet man als Eindruck. Ein Gesamturteil setzt sich in den kompensatorischen Urteilsmodellen aus der Summe aller Einzeleindrücke zusammen (vgl. Kroeber-Riel/Weinberg 2003, S. 311 f.). Diese Eindrücke werden häufig, in Analogie zu den multiattributiven Einstellungsmodellen[33], in zwei Komponenten zerlegt: Die eine Komponente bezieht sich auf die Wahrnehmung der Qualität eines bestimmten Merkmals und die zweite Komponente auf die Bewertung dieser Merkmalsqualität durch den Konsumenten.

Das allgemeine *lineare Urteilsmodell* hat die folgende Form:

$$U_{ik} = \sum_{j=1}^{J} x_{ijk} \, y_{ijk}$$

U_{ik}: Qualitätsurteil des Konsumenten k über Produkt i
x_{ijk}: Wichtigkeit der Qualität von Eigenschaft j von Produkt i für Konsument k
y_{ijk}: vom Konsumenten k wahrgenommene Qualität der Eigenschaft j von Produkt i

Im Gegensatz zum linearen Modell werden nach dem kompensatorischen *additiven Differenzenmodell* (Tversky 1969) immer zwei Produktalternativen *i* und *l* hinsichtlich ihrer Eigenschaften verglichen (*Paarvergleich*). Die Differenzen zwischen den jeweiligen

---

33 Vgl. hierzu Kap. 2.4.3.3.

Produkteigenschaften j, ($y_{ijk} - y_{ljk}$), werden mit den Eigenschaftsbedeutungen x_{jk} gewichtet und aufsummiert. Man erhält so ein relatives Gesamturteil (vgl. Kuß/Tomczak 2004, S. 128 f.). Eine Vereinfachung der additiven Differenzheuristik stellt die *Attribut-Dominanzheuristik* dar (Alba/Marmorstein 1987; vgl. Kuß/Tomczak 2004, S. 129 f.). Hiernach werden die Differenzen nicht mehr „kognitiv berechnet", sondern nur noch vermerkt, bei welchem der beiden Produkte die jeweilige Eigenschaft besser (+) oder schlechter (–) ausgeprägt ist. Das Produkt mit den meisten Plus-Zeichen hat hiernach die höhere Produktqualität.

(2) Nicht-kompensatorische Urteilsmodelle

Bei den jetzt beschriebenen *nicht-kompensatorischen Urteilsmodellen* erfolgt kein Abwägen zwischen guten und schlechten Eigenschaften eines Produkts. Auch erfolgt die Produktauswahl nicht auf der Grundlage eines Gesamturteils, wie es bei den kompensatorischen Urteilsmodellen der Fall ist (vgl. Abb. 4.3), sondern nur unter Berücksichtigung weniger ausgewählter Produktmerkmale. Ein gegenseitiger Ausgleich einzelner Nutzen- bzw. Qualitätseindrücke findet bei den nicht-kompensatorischen Urteilsmodellen nicht statt.

Nach dem *konjunktiven Modell* legt der Konsument für jedes für die Beurteilung herangezogene Produktmerkmal der zu vergleichenden Produkte ein *Anspruchsniveau* (Mindestwert) fest. Ausgewählt werden die Produktalternativen, die auf allen Attribu-

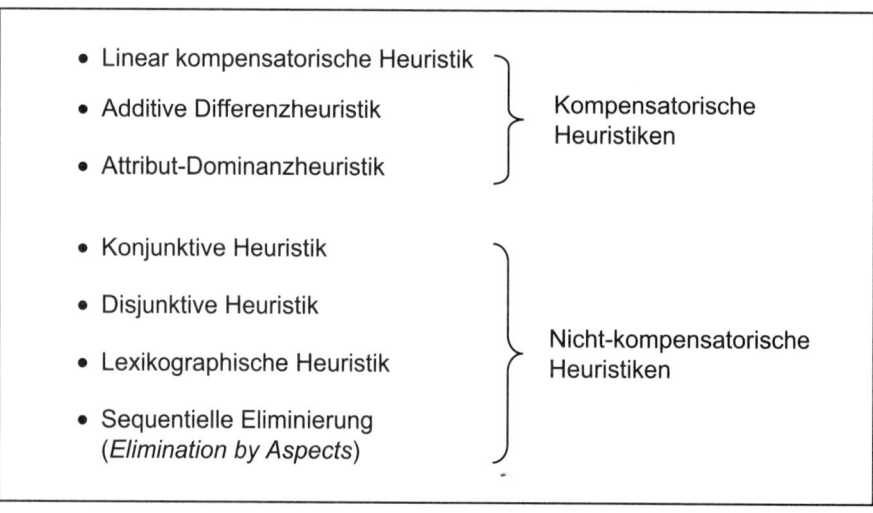

Abb. 4.3: Komplexe Modelle der Produktbeurteilung und Entscheidung
Quelle: Kuß/Tomczak 2004, S. 127 ff.

ten diesen Mindestansprüchen gerecht werden. Unterschreitet ein Produkt auch nur einen Mindestwert, so wird dieses Produkt auch dann nicht mehr für einen Kauf in Erwägung gezogen, wenn es andere hervorragende Eigenschaften aufweist. Erfüllen mehrere Produkte alle Anforderungen, dann ist eine eindeutige Entscheidung nicht möglich. Die „Hängepartie" kann dadurch aufgelöst werden, dass die Ansprüche sukzessive heraufgesetzt werden, bis nur noch ein Produkt alle Mindestwerte erfüllt. Möglich ist auch eine Ergänzung mit zusätzlichen, vorher nicht berücksichtigten Eigenschaften. Da die konjunktive Entscheidungsregel relativ einfach „Spreu vom Weizen" trennen kann, wird sie häufig zur *Vorauswahl* eingesetzt und durch eine andere Heuristik zur Endauswahl ergänzt. Bei der konjunktiven Entscheidungsregel liegt ein *alternativenweises Vorgehen* der Informationsaufnahme vor und es wird kein Gesamturteil gebildet (vgl. Kuß/Tomczak 2004, S. 130 f. und Kap. 2.2.2).

Im Unterschied zur konjunktiven Regel geht das *disjunktive Modell* davon aus, dass der Konsument seine Auswahl nicht an Minimal-, sondern an Maximalansprüchen orientiert. Er ist daran interessiert, etwas ganz Besonderes zu bekommen. Eine Produktalternative wird dann ausgewählt, wenn sie mindestens eine ganz hervorragende Eigenschaft aufweist, d. h. dem gesetzten *Maximalanspruch* gerecht wird. Diese Regel kann zur Folge haben, dass kein Produkt ausgewählt wird, genau eins oder mehrere Produkte. Auch hier liegt ein alternativenweises Vorgehen der Informationsaufnahme vor und es wird kein Gesamturteil gebildet.

Das Modell der *lexikographischen Entscheidung* setzt voraus, dass der Konsument vor der Kaufentscheidung die Attribute der Produkte nach ihrer Wichtigkeit bzw. Bedeutung für sich ordnet. Das Produkt, beim dem das wichtigste Attribut vergleichsweise am besten ausfällt, wird ausgewählt. Sind mehrere Produktalternativen auf diesem wichtigsten Attribut gleich gut, wird das zweitwichtigste Attribut zum Vergleich herangezogen. Dieser Prozess kann so lange weiterverfolgt werden, bis eine eindeutige Auswahl möglich ist (*choice by aspects*). In der Realität wird diese Regel wohl nur recht selten eingesetzt werden, da hiernach eine Produktauswahl in den häufigsten Fällen nach nur einem, dem wichtigsten Attribut erfolgt und alle anderen Eigenschaften für den Produktkauf unberücksichtigt bleiben. Kritisch ist auch die Annahme, dass der Konsument immer in der Lage ist, alle Attribute streng nach der Wichtigkeit zu ordnen. Es liegt ein alternativenweises Vorgehen der Informationsaufnahme vor und es wird kein Gesamturteil gebildet (vgl. Kuß/Tomczak 2004, S. 131 f.).

Das Modell der *aspektweisen Eliminierung* (*elimination by aspects*) kombiniert das lexikographische und das konjunktive Modell. Die Produktattribute werden nach der Wichtigkeit geordnet (lexikographischer Ansatz) und ihnen werden Mindestwerte bzw. Anspruchsniveaus zugeordnet (konjunktiver Ansatz). Zur Produktauswahl werden alle diejenigen Produkte eliminiert, d.h. für die weitere Entscheidung nicht mehr berücksichtigt, die das Anspruchsniveau des wichtigsten Attributs nicht erfüllen. Erfüllen zwei oder mehr Produkte diese Anforderung, wird der Eliminationsprozess auf den nächstwichtigen Attributen so lange fortgesetzt, bis eine eindeutige Entscheidung möglich ist. Auch diese Heuristik ist wegen ihrer relativ einfachen Anwendung eher in *Vorauswahlprozessen* zu finden. Man erhält eine Auswahl grundsätzlich akzeptierter Produkte, die dann einer feineren Bewertung unterzogen werden können (z.B. mit Hilfe kompensatorischer Heuristiken). Kritisch ist, dass in der Regel auf viele Informationen verzichtet wird, so dass Entscheidungen weder optimal noch eindeutig ausfallen müssen. Es liegt ein alternativenweises Vorgehen der Informationsaufnahme vor und es wird kein Gesamturteil gebildet (vgl. Bettman et al. 1998; Kuß/Tomczak 2004, S. 132 f.; Tversky 1972).

4.1.1.2 Analyse der Produktbedeutung mittels Means-End-Chains

Das Modell
Die *Means-End-Theorie* versucht, mittels Erkenntnissen der kognitiven Psychologie zu erklären, mit welchen Attributen ein Konsument welche Werte bzw. Bedürfnisse verknüpft. Die innere Repräsentation des konsumrelevanten Wissens im Gedächtnis erfolgt hiernach in Form von vernetzt angeordneten kognitiven Strukturen, die als *Means-End-Ketten* bezeichnet werden (vgl. auch Kap. 2.2.1). Diese Ketten sind das Ergebnis von Lernprozessen und bestehen aus Kategorien des Produktwissens, die sich auf unterschiedlichen Assoziationsniveaus befinden. Diese Kategorien sind assoziativ miteinander verknüpft.

Das Modell der Means-End-Chains liefert zusammen mit der *Laddering-Methode* einen viel versprechenden Ansatz zur Aufdeckung von subjektiv bedeutsamen Zusammenhängen zwischen Produktmerkmalen, Nutzen-, Wert- und Zielvorstellungen (vgl. Gutman 1982; Olson/Reynolds 1983; Reynolds/Gutman 1988; vgl. auch Balderjahn/Will 1998). Means-End-Chains repräsentieren *organisierte Wissensstrukturen* von Konsumenten. Im Falle von Produkten bilden sie den Prozess der Produktwahrnehmung und -bewertung auf unterschiedlichen Abstraktionsniveaus ab (Olson 1989, S. 174). Dieses Modell unterscheidet in seiner einfachsten und grundlegenden Form zwischen Produktattributen, Kauf- und Nutzungskonsequenzen und persönlichen Werten bzw. Konsumzielen und ordnet diese kognitiven Kategorien entlang eines zugrunde gelegten Mittel-Zweck-Zusammenhangs wie folgt an:

Um die Komplexität der bei Kaufentscheidungen aktivierten kognitiven Kategorien besser abbilden zu können, wird dieses einfache Modell dadurch erweitert, dass für

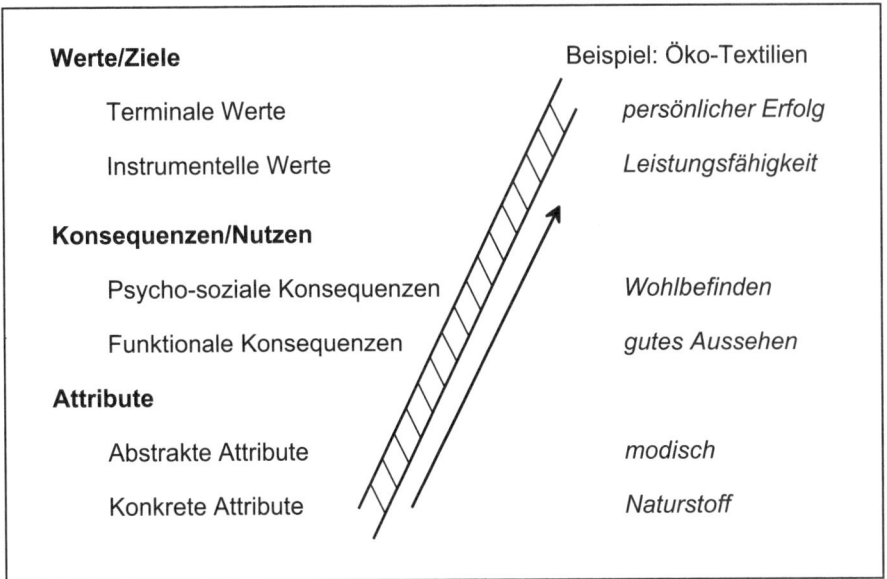

Abb. 4.4: Grundstruktur der Means-End Chains
Quelle: Balderjahn/Will 1998, S. 69

jedes der drei ursprünglichen Abstraktionsniveaus, d. h. Attribute, Konsequenzen und Werte, zwei zusätzliche Kategorien eingeführt werden. Danach können *konkrete* und *abstrakte* Produktattribute, *funktionale* und *psycho-soziale* Konsequenzen sowie *instrumentelle* und *terminale* Werte unterschieden werden (vgl. Abb. 4.4). Das Modell der Means-End-Chains, zeigt die wahrgenommene Instrumentalität einzelner Produktattribute, einen gewünschten Nutzen zu erhalten bzw. ein Ziel zu erreichen, auf.

Bei der Beurteilung von bestimmten Markentextilien etwa sind die stoffliche Qualität, der Preis oder die Farbe Beispiele für relevante *konkrete Produktmerkmale*. Dagegen kennzeichnen die subjektiv eingefärbten Einschätzungen, es handele sich um modische oder bequeme Kleidung, *abstrakte Produktattribute*. Eine gute Passform oder eine lange Lebensdauer sind Beispiele für *funktionale Konsequenzen* von Kleidung, sich in der Kleidung wohl fühlen und von anderen akzeptiert werden, können dagegen als Beispiele für *psycho-soziale Konsequenzen* genannt werden. Das aus dem Tragen der Kleidung resultierende Wohlbefinden wiederum kann die individuelle Leistungsfähigkeit (*instrumenteller Wert*) und diese den persönlichen Erfolg (*terminaler Wert*) steigern (vgl. Abb. 4.4).

Die Laddering-Methode

Die zur Messung der Means-End-Chains entwickelte Laddering-Methode hat nicht unwesentlich zur Popularität des Means-End-Chain-Modells beigetragen. Das Laddering besteht aus drei zentralen Bausteinen: dem Laddering-Interview, der inhaltsanalytischen Aufarbeitung des Datenmaterials sowie der Analyse der entwickelten Means-End-Chains in Form der *Hierarchical Value Maps*.

Datenerhebung: Das Laddering-Interview. Die Laddering-Methode wurde von Gutman und Reynolds (Gutman 1982; Reynolds/Gutman 1988) zur direkten Messung von individuellen und aggregierten Means-End-Chains entwickelt. Es handelt sich dabei um eine spezielle Form des Tiefeninterviews, das durch aufeinander folgende Fragen der Form: „Warum ist das wichtig für Sie?" die zugrunde liegenden kaufbezogenen Motive, Gründe und Ziele der Konsumenten aufdecken soll. Das Laddering-Interview umfasst zwei zentrale Aufgaben. Im ersten Schritt müssen die für den Konsumenten *relevanten Produktattribute* identifiziert werden, die als kognitive Startpunkte der Means-End-Chains benötigt werden. Hierfür haben sich verschiedene Verfahren bewährt (vgl. Reynolds/Gutman 1988, S. 14 f.). Häufig eingesetzt wird ein Verfahren, bei dem der Konsument aufgefordert wird, vorgegebene Produkte aus der Produktkategorie in eine Rangfolge zu bringen (Präferenzordnungsverfahren). Im Anschluss daran wird der Konsument danach befragt, welche Produktattribute ihn im Einzelnen zu der gewählten Präferenzordnung veranlasst haben. Ein weiteres Verfahren ist der sog. *Triadenvergleich*, bei dem der Proband wie im *Repertory Grid-Verfahren* für mehrere Gruppen von je drei Produkten erläutern soll, warum sich jeweils zwei der Produkte vom dem dritten Produkt unterscheiden.

Die zweite Aufgabe des Laddering-Interviews zielt auf die *direkte Messung* der individuellen Means-End-Chains. Ausgehend von den im ersten Erhebungsschritt ermittelten relevanten Produktattributen wird der Proband von einem gut geschulten Interviewer durch wiederholte „Warum"-Fragen angehalten, die den Wahrnehmungs- und Entscheidungsprozess lenkenden Gründe, insbesondere die Konsequenzen und Ziele, zu benennen. Die Antwort des Probanden auf eine „Warum"-Frage bildet jeweils die Grundlage für die nächste „Warum"-Frage. Hierdurch soll erreicht werden, dass der *Abstraktionsgrad* der genannten Gründe von den Attributen über die Konsequenzen zu den Werten und Zielen stetig steigt. Das Interview veranschaulicht die spezielle Fragetechnik des Laddering an einem fiktiven Beispiel:

Interviewer: „Sie haben vorhin gesagt, dass Sie Öko-Textilien in erster Linie mit naturbelassenen, unbehandelten Stoffmaterialien verbinden (konkretes Attribut). Ich würde nun gerne wissen, inwiefern naturbelassene, unbehandelte Stoffe für Sie von Bedeutung sind."

Konsument: „Ich möchte solche Stoffe nicht tragen, Naturstoffe finde ich furchtbar unmodisch." (abstraktes Attribut)

Interviewer: „Warum ist es für Sie wichtig, modisch gekleidet zu sein?"

Konsument: „Tja, weil ich eben gerne gut aussehen möchte." (funktionale Konsequenz)

Interviewer: „Warum ist es wichtig für Sie, dass Sie gut aussehen?"

Konsument: „Ich fühle mich dann einfach wohler." (psycho-soziale Konsequenz)

Interviewer: „Und warum ist das wichtig für Sie?"

Konsument: „Also, wenn ich mich wohl fühle, dann bin ich leistungsfähiger." (instrumenteller Wert)

Interviewer: „Und warum ist das so?"

Konsument: „Wenn ich mehr Leistung bringe, habe ich mehr Erfolg im Leben." (terminaler Wert)

Interviewer: „Und warum ist Ihnen das wichtig?"

Konsument: „Na das ist eben so."

Die Erhebungspraxis zeigt, dass Konsumenten regelmäßig nicht alle Elemente der Means-end-Chains vollständig assoziieren, sondern einzelne Kategorien auslassen oder überspringen, weil sie entweder nicht in der Lage oder – noch häufiger – nicht willens sind, dem Interviewer Einblick in ihre persönlichen Ziel- und Wertvorstellungen zu gewähren. Um die einzelnen kognitiven Kategorien der Means-End-Chains dennoch möglichst lückenlos ermitteln zu können, muss der Interviewer hohen Anforderungen gerecht werden. Der Interviewer bewegt sich in einem Spannungsfeld, in dem der Befragungsperson einerseits ausreichend Zeit zur Beantwortung zu gewähren ist, andererseits auf ein Tempo geachtet werden muss, das die Konsumenten zu spontanem Antwortverhalten anhält. Weiterhin muss der Interviewer an den geeigneten Stellen ermuntern, an anderen gegebenenfalls insistieren. Seine Flexibilität ist gefordert, wenn die Befragungsperson zwischen den einzelnen Abstraktionsebenen hin und her springt.

Eine informative Übersicht über *ladderingtypische Fallstricke* und Schwierigkeiten sowie konkrete Hilfestellungen zu ihrer Vermeidung bzw. Bewältigung findet sich bei Reynolds und Gutman (1988) sowie Grunert und Grunert (1995). Die Laddering-Technik findet überwiegend im Rahmen persönlicher Tiefeninterviews (so genanntes *Soft-Laddering*) Anwendung. Daneben ermöglichen Fragebogenvarianten der Laddering-Technik, den ansonsten hohen Interviewereinsatz wesentlich zu reduzieren. Da hier dem Probanden die Abstraktionsniveaus vorgegeben werden, spricht man auch vom *Hard-Laddering*. Persönliche Laddering-Interviews können inzwischen auch *online* in Form von text-, audio- oder videobasierten Echtzeit-Diskussionen (so genanten „Chats") durchgeführt werden (Gruber et al. 2007).

Datenkodierung: Die Inhaltsanalyse. Der Fließtext der einzelnen Laddering-Interviews muss im nächsten Schritt inhaltsanalytisch ausgewertet werden. Zielstellung ist es, das sehr umfangreiche und individuenspezifische Datenmaterial der Interviews durch die Entwicklung eines Kategorien-Systems, das eine vollständige, eindeutige und überschneidungsfreie Zuordnung der individuellen Äußerungen erlaubt, zu reduzieren. Dazu sind zuerst für die von den Probanden formulierten Äußerungen zusammenfassende, *übergeordnete Begriffe* bzw. *Kategorien* zu entwickeln. Danach werden diese Kategorien den unterschiedlichen *Inhaltsebenen* Attribute, Konsequenzen und Werte zugeordnet. Die inhaltsanalytische Kodierung ist trotz der vorgegebenen klaren hierarchischen Struktur der Means-End-Chains eine schwierige und zeitintensive Arbeit, die nur von gut geschulten Personen durchgeführt werden sollte. Zudem sollten für diese Kodierarbeit mehrere Personen eingesetzt und Reliabilitäts-Checks durchgeführt werden. Eine zur Analyse von Laddering-Daten entwickelte *Software*, LADDERMAP, kann zur Unterstützung dieser Arbeit eingesetzt werden (vgl. Gengler/Reynolds 1995; Lastovicka 1995). In Anbetracht der geringen Benutzerfreundlichkeit und schwachen Grafikqualität des DOS-Programms ist bei geringen Fallzahlen und einer übersichtlichen Datenmenge jedoch eher eine manuelle Auswertung zu empfehlen.

Datenanalyse: Die Hierarchical Value Map (HVM). Üblicherweise vermittelt man die Ergebnisse einer Means-End-Studie, indem man die zwischen Attributen, Konsequenzen und Werten bestehenden Beziehungen in einer *baumähnlichen hierarchischen Struktur* abbildet. Dieses Diagramm wird als *Hierarchical Value Map* (HVM) bezeichnet (vgl. Gengler et al. 1995). Dazu werden die Kategorien der individuellen Means-End-Chains zunächst aggregiert und in einer Matrix, der sog. *Implikationsmatrix*, zusammengefasst. Die Matrix listet in den Zeilen und Spalten jeweils alle definierten Kategorien auf. Die Zelleinträge geben die zwischen den einzelnen Kategorien bestehenden direkten und indirekten Beziehungen wieder. Auf dieser Basis kann die *Hierarchical Value Map* bequem entwickelt werden (Reynolds/Gutman 1988, S. 19 ff.).

Die HVM bildet in Form eines *kognitiven Netzwerks* die Zusammenhänge bzw. Assoziationen zwischen den Attributen, Konsequenzen und Werten für ein vorgegebenes Produkt ab. Auf der Grundlage der HVM lassen sich mühelos die *zentralen Kategorien* (häufige Nennungen bzw. starke Vernetzung zu anderen Kategorien) und *dominante Pfade*

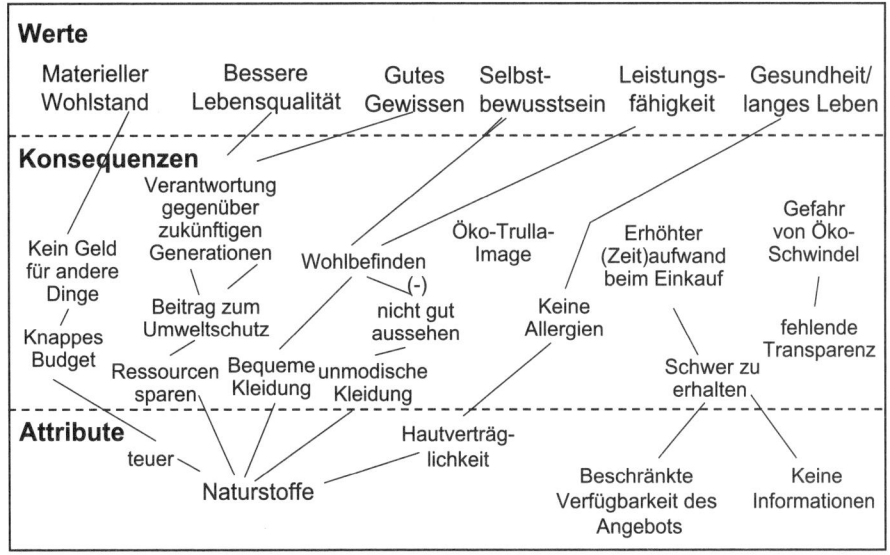

Abb. 4.5: Hierarchical Value Map (HVM) am Beispiel Öko-Textilien
Quelle: Balderjahn/Will 1998, S. 70

des Means-End-Chain identifizieren. Die Bezeichnung „Ladder" bzw. „Laddering" bezieht sich auf die Entwicklung individueller kognitiver Kategorien und Assoziationen, während mit „Means-End-Chain" die Aggregation der individuellen Daten im Rahmen der Implikationsmatrix und der HVM gemeint ist. Neuere experimentelle Ergebnisse deuten darauf hin, dass die *hierarchische* Ordnung der Kategorien in der HVM ein Artefakt der Interviewmethode zu sein scheint. Sie sollte daher nicht als strukturelle Eigenschaft der kognitiven Repräsentation von Produktbedeutungen innerhalb des Konsumenten missverstanden werden (Scholderer/Grunert 2005).

Um die Übersichtlichkeit der HVM zu verbessern, mag es sinnvoll sein, nur häufiger genannte Kategorien und Assoziationen abzubilden. Mit einem sog. Cut-Off-Level kann die Häufigkeit vorgegeben werden, die eine Assoziation im Minimum noch erreichen muss, um in die HVM aufgenommen zu werden. Bei der Definition dieses Wertes ist darauf zu achten, dass steigende Cut-Off-Werte mit einem wachsenden Informationsverlust verbunden sind. In der Literatur werden verschiedene Richtwerte zur Festlegung der Cut-Off-Levels vorgeschlagen (Reynolds/Gutman 1988, S. 20).

Zur Veranschaulichung von Struktur und Inhalten eines hierarchischen kognitiven Netzwerks gibt Abb. 4.5 die im Rahmen einer explorativen *Hard-Laddering*-Studie bei Studenten der Universität Potsdam zur Produktkategorie „Öko-Textilien" entwickelte

HVM wieder. Auf einen Cut-Off-Wert wurde hier verzichtet. Aufgrund der geringen Fallzahl enthält die HVM keine Angaben über die Häufigkeit, mit der einzelne Pfade benannt worden sind.

Relevanz für das Marketing. Laddering erlaubt eine übersichtliche Visualisierung konsumrelevanter kognitiver Strukturen von Konsumenten. Die für die Produktwahrnehmung und -beurteilung von Konsumenten zentralen kognitiven Kategorien können einfach ermittelt werden. Damit können die Laddering-Ergebnisse wertvolle Informationen für marketingpraktische Problemstellungen bereitstellen. Diese Analyse liefert fundierte Entscheidungsgrundlagen für Produktgestaltung und -positionierung, Marktsegmentierung und insbesondere für die Kommunikationspolitik (Gengler/Reynolds 1995; Olson/Reynolds 1983). Neben der Erklärung der Produktbeurteilung liefert der Means-end-Chains-Ansatz auch gute Erklärungsbeiträge zum Konsuminvolvement (vgl. Kap. 2.7) und zum Lebens- und Konsumstil (vgl. Kap. 2.6).

4.1.2 Konsumentenverhalten und Produktinnovationen

Nach der *marktorientierten Definition* sind Innovationen (Neuprodukte, Neuheiten) solche Produkte, die von den Konsumenten im Vergleich zum bisherigen Angebot als deutlich andersartige, verbesserte Problemlösungen angesehen werden. Der höhere Kundennutzen wird bei Innovationen oft durch den Einsatz einer neuen Technologie erzielt (*technologieorientierte Definition*). Innovationen sichern und steigern die Wettbewerbsfähigkeit. In Abhängigkeit des Neuigkeitsgrades werden *inkrementale und radikale Innovationen* unterschieden. Herausforderungen für das Management innovativer Produkte ergeben sich aus verkürzten Produktlebenszyklen (Marktpräsenzzeiten), der Notwendigkeit schneller Entwicklungszeiten und früher Markteintrittstermine (*time-to-market*), einer oft rasanten Technologiedynamik (*technology push*) und neuen Nachfragetrends (*market pull*; vgl. auch Specht et al. 2002, S. 3 f.). Der Neuproduktentwicklungsprozess muss gut geplant werden, damit erfolgreiche Produkte auf den Markt kommen können (vgl. Abb. 4.6).

Einen wesentlichen Anteil am Erfolg neuer Produkte haben Methoden, die den potenziellen Kunden am Produktentwicklungsprozess beteiligen. Insbesondere im Industriegüterbereich dienen zur Neuproduktentwicklung Maßnahmen der Kundenintegration in den Entwicklungsprozess. Unter *Kundenintegration* wird die Mitgestaltung des betrieblichen Leistungserstellungsprozesses durch vom Kunden selbst bereitgestellte, so genannte externe Faktoren bezeichnet (Kleinaltenkamp 1997, S. 350). Im Rahmen der Integration von Kunden in den Produktentwicklungsprozess geht es um das koopera-

Abb. 4.6: Phasen der Neuproduktentwicklung
Quelle: in Anlehnung an Witt 1996, S. 10; auch Vahs/Burmester 2005, S. 89

tive Entwickeln von neuen Produkten und Dienstleistungen mit hohem Kundennutzen. Durch eine frühzeitige Beteiligung des Kunden am Entwicklungsprozess können spezifische Nachfrage- bzw. Marktbedingungen bereits während der Produktentwicklung berücksichtigt werden, so dass das Flop-Risiko reduziert werden kann (vgl. Gruner 1997, S. 3). Kunden werden heute allerdings noch sehr zögerlich an der Entwicklung von Produkten und Dienstleistungen beteiligt (vgl. Botschen/Botschen 2004, S. 427; Füller et al. 2004, S. 233). Die Integration von Kunden in den Innovationsprozess stellt eine Management bezogene Weiterführung des Gedankens der *Integrativität* dar (vgl. Kleinaltenkamp 1997, S. 353). Aus Unternehmenssicht soll durch Kundenintegration der Produktentwicklungsprozess verbessert und die Marktrisiken reduziert werden.

Der Zweck einer von Kunden- und Unternehmensseite gemeinsam durchgeführten Ideen- und Konzeptentwicklung ist es einerseits, Produktkonzeptionen dem tatsächlichen Bedarf der Kunden optimal anzupassen (Verbesserung der Marktchancen) und andererseits, *innovationswillige Kunden* frühzeitig von neuen technologischen Generati-

onen und Produkten zu überzeugen (schnellere Marktdurchdringung; vgl. Abb. 4.7). Anforderungen und Bedürfnisse von Konsumenten werden in der Regel durch klassische
Methoden der Marktforschung, wie die Befragung, erfasst und können in die Neupro-
duktenwicklung einfließen. Es gibt zahlreiche Möglichkeiten, Kunden an der Entwicklung von Neuprodukten zu beteiligen: Während der Kunde bei Befragungen eher passiv
die Produktentwicklung begleitet, wird er als „Pilotkunde" direkt aktiv in den Produktentwicklungsprozess integriert (Backhaus 2003, S. 348 f.; vgl. Abb. 4.7). Kunden können
als Berater und Ideengeber den Produktentwicklungsprozess anregen (*launching customers*). Innovationsfähige Kunden, so genannte *lead user*, entwickeln oft selbst innovative Lösungen (z. B. bei Softwareanwendungen), die vom Unternehmen für die eigene
Produktentwicklung übernommen werden können. Das von *Referenzkunden* oder so genannten *user groups* vorhandene Anwendungswissen kann ebenfalls vom Unternehmen
zur eigenen Produktentwicklung erfolgreich eingesetzt werden. *Interessierte Kunden*
können durch Erstbestellungen die Unsicherheiten im Produktentwicklungsprozess reduzieren.

Heute werden zunehmend webbasierte Formen der virtuellen Kundenintegration
eingesetzt und weiterentwickelt. Die so genannte *virtuelle Kundenintegration* oder virtuelle Kundeneinbindung stellt eine internetgestützte Variante traditioneller Formen der
Kundeneinbindung dar (Balderjahn/Schnurrenberger 2005). Die mit dem Internet möglichen Interaktionsformen können bei gezieltem Einsatz die Effektivität und die Effizi-

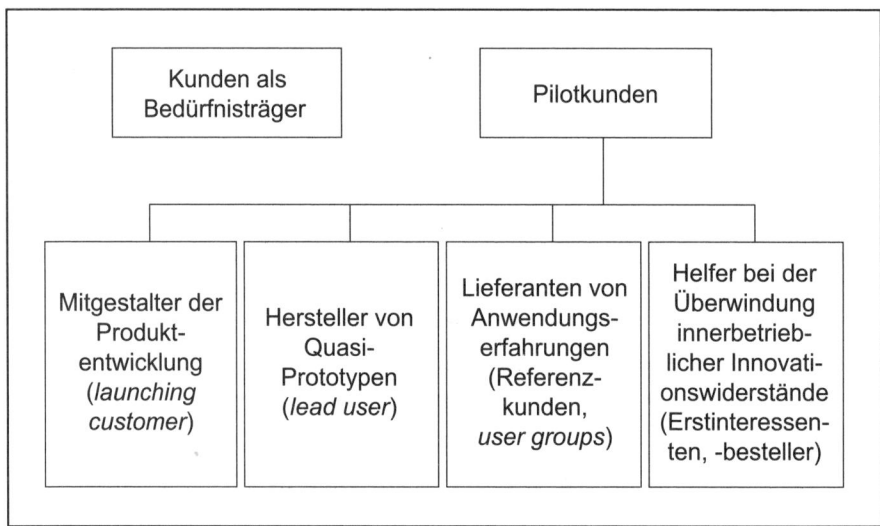

Abb. 4.7: Kundenintegration im Produktentwicklungsprozess
Quelle: Backhaus 2003, S. 349

enz der Kundenintegration verbessern (Backhaus/Voeth 2007, S. 216). Kunden werden hiernach virtuell mittels spezifischer *internetbasierter Methoden* (z. B. Toolkits) an Entwicklungsaufgaben im Innovationsprozess beteiligt (Füller/Mühlbacher 2004, S. 305). Methoden der virtuellen Kundenintegration sind z. B. Online-Fragebögen, Toolkits und Internetforen. Mittels *Toolkits* können innovative Kunden neue Produkte in einem vordefinierten, sehr umfassenden Merkmalsraum selbst gestalten. Dadurch erhält der Anbieter wichtige Hinweise auf vom Kunden präferierte Merkmalskombinationen (Backhaus/Voeth 2007, S. 216). Im Rahmen dieser *virtuellen Entwicklungskooperation* können Bedürfnisse, Anwendungswissen, Problemlösungskompetenz und Kreativität der Kunden in den Produktentwicklungsprozess zielorientiert einfließen (Füller et al. 2004, S. 217). Nach Meyer/Pfeiffer (1998, S. 302) ist gerade die *virtuelle Kundenintegration* geeignet, zur Verringerung des klassischen Innovations-Zielkonflikts zwischen *time-to-market*, Entwicklungskosten und Produktqualität beizutragen und die Wahrscheinlichkeit eines Innovationserfolgs zu erhöhen.

4.1.3 Konsumentenverhalten und Markenpolitik

4.1.3.1 Grundlagen der Markenpolitik

Die Bedeutung der Markenpolitik hat in den letzten Jahren sowohl in der Wissenschaft als auch in der Praxis wieder deutlich zugenommen (Esch 2002, S. 191). Das liegt einerseits an dem Nutzen von Marken für die Nachfrager und andererseits an dem Wert einer Marke für das Unternehmen (Burmann et al. 2005, S. 10 ff.). Je nachdem welcher *Ansatz der Markentheorie* (funktions-, merkmals- oder verhaltensorientierter Ansatz) verfolgt wird, kann die Marke unterschiedlich definiert werden. Das *Markenartikelgesetz* betont die unterscheidungsfähige Markierung und das gewerbliche Schutzrecht einer Marke. Die Funktionen, die Marken für Konsumenten (z. B. Orientierungs- und Vertrauensfunktion), aber auch für Hersteller (z. B. Differenzierung und Kundenbindung) haben, können ebenso zur Definition von Marken herangezogen werden wie die Merkmale von Marken (z. B. hohe Qualität, Bekanntheitsgrad; vgl. Esch 2002, S. 191; Burmann et al. 2005, S. 5 ff.). Im Marketing scheint sich der verhaltenswissenschaftliche bzw. wirkungsbezogene Markenbegriff durchgesetzt zu haben, wonach eine *Marke als Vorstellungsbild* „in den Köpfen der Konsumenten" existiert (Esch 2002, S. 191). Nach Meffert et al. (2002, S. 6) ist die „Marke ein in der Psyche des Konsumenten ... fest verankertes, unverwechselbares *Vorstellungsbild* von einem Produkt oder einer Dienstleistung".

Marken sind durch eine *Markierung* (Namen, Signet, Logo etc.) gekennzeichnet (vgl. Abb. 4.8). Diese Markierung dient dem Konsumenten der Erkennung von Marken

Abb. 4.8: Beispiele für Markensignets

und zur Orientierung in Kaufsituationen. Marken „versprechen" eine vergleichsweise hohe Qualität und fördern dadurch das *Vertrauen* der Konsumenten in die Marke und reduzieren gleichzeitig wahrgenommene Kaufrisiken. Für Marken wird in der Regel intensiv geworben. Dadurch erhalten sie einen überdurchschnittlichen Bekanntheitsgrad. Zudem ist bei Marken des täglichen Bedarfs ein hoher Distributionsgrad (so genannte *Ubiquität*) sichergestellt.

Die Markenpolitik zielt auf die Schaffung von Markenpersönlichkeiten und *Markenimages* zur Förderung dauerhafter Markenpräferenzen. In Tests, die die Präferenzen von Markenprodukten mit und ohne Label (*Blindtest*) erfassen, konnte schon mehrfach die positive Wirkung einer hohen Markenpräferenz auf die Produktbewertung nachgewiesen werden (vgl. Esch 2005, S. 10). Abb. 4.9 zeigt das Ergebnis eines vergleichenden Markenpräferenztests für *Coca Cola* und *PEPSI*. Während *Coca Cola* im Geschmackstest (Blindtest) unterliegt, liegt sie bei der Markenpräferenz deutlich vor *PEPSI*. Aus theoretischer Sicht handelt es sich dabei um eine von Unternehmen gewünschte Urteilsverzerrung seitens des Konsumenten: Der Markenname aktiviert bestimmte Erwartungen, die als Urteilsanker für das Geschmacksurteil dienen. Daraus resultiert ein Assimilationseffekt im Sinne der Theorie sozialer Urteile (siehe Kap. 2.4.3.2).

Für Marken mit hohem *Kundennutzen* lässt sich ein vergleichsweise höherer Preis,

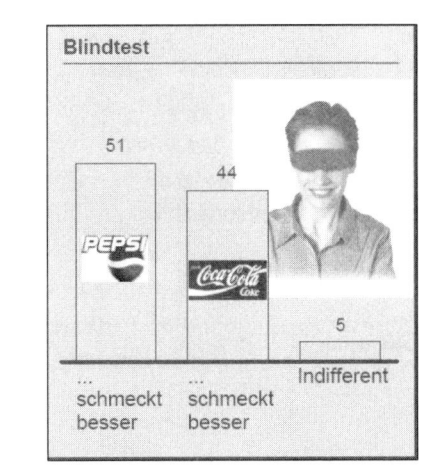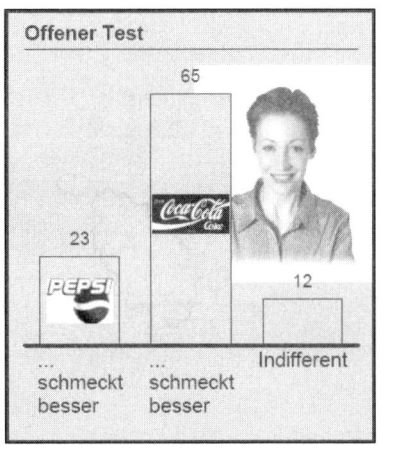

Abb. 4.9: Die Wirkung von Markenpräferenzen im Test (Angaben in Prozent)
Quelle: Jesko Perrey, McKinsey&Company; auch Burmann et al. 2005, S. 4; Original: Chernatony/McDonald 2003

ein Premiumpreis, im Markt durchsetzen. Zudem führt die Markenpräferenz auch zu *Markenloyalität* und damit verbunden zu einer längeren *Kundenbindung* (vgl. Kap. 3.3.2). Markenloyalität offenbart sich bei Konsumenten durch starke emotionale und verhaltensorientierte Bindungen (*commitment*) an die jeweilige Marke (vgl. Esch 2005, S. 77). Weiterhin verfolgt die Markenpolitik eine Differenzierung und Positionierung der Marke. Durch Alleinstellungsvorteile grenzt sich die Marke von Konkurrenzprodukten ab.

4.1.3.2 Marken als „Gedächtnisbilder"

Definition von Gedächtnisbildern

Eine Marke wird als einzigartiges Vorstellungsbild des Konsumenten von der Marke definiert (Meffert et al. 2002, S. 6). Die verhaltenswissenschaftliche Forschung dazu unterteilt zwei *Arten bildlicher Vorstellungen* beim Menschen: Wahrnehmungsbilder und Gedächtnisbilder (Kroeber-Riel/Weinberg 2003, S. 351). *Wahrnehmungsbilder* entstehen im Moment der sinnlichen Wahrnehmung eines Gegenstandes (z. B. der Konsument erblickt ein Mobiltelefon). Ein Teil der sinnlichen Wahrnehmung wird als bildhafte Erinnerung im Gedächtnis des Menschen gespeichert. Die bildliche Repräsentation von wahrgenommenen Objekten im Gedächtnis des Menschen wird als *Gedächtnisbild* oder

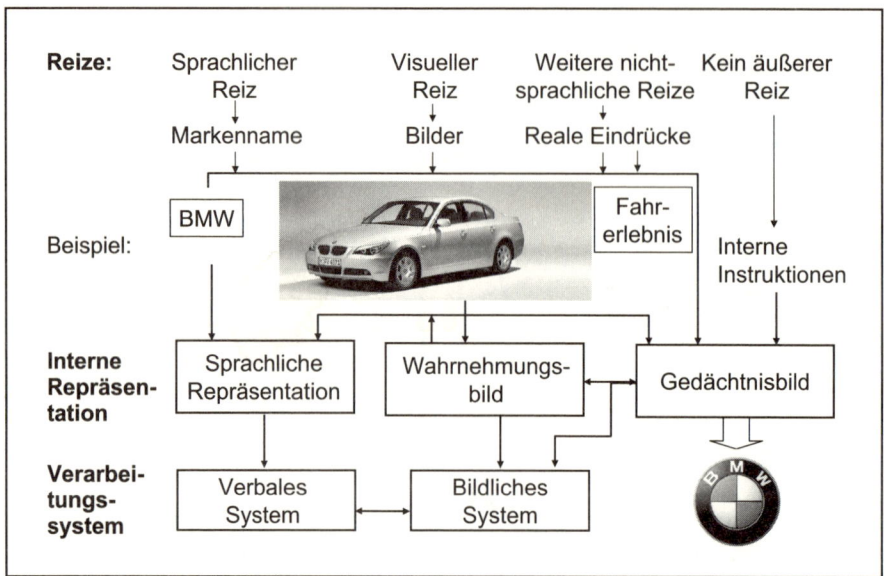

Abb. 4.10: Marke als „Gedächtnisbild" am Beispiel BMW
Quelle: in Anlehnung an Kroeber-Riel/Weinberg 2003, S. 351

inneres Bild (memory images, mental images) bezeichnet (vgl. Trommsdorff 2004, S. 109; vgl. auch Kap. 2.2.1). Innere Bilder sind somit erlernte, visuelle Vorstellungen des Menschen, die im Gedächtnis abgelegt sind und an die sich der Mensch zu einem späteren Zeitpunkt erinnern kann (vgl. Abb. 4.10). Neben den visuellen Gedächtnisbildern können auch von den anderen sinnlichen Wahrnehmungen Eindrücke im Gedächtnis abgespeichert werden (z. B. „Geruchsbilder"; vgl. Kroeber-Riel/Weinberg 2003, S. 350). Innere Bilder entfalten sowohl kognitive als auch affektive Wirkungen. Insbesondere können sie Präferenzen für Marken stark beeinflussen. Wie intensiv innere Bilder auf Präferenzen wirken, ist von der *Lebendigkeit* des inneren Bildes abhängig (vgl. Kroeber-Riel/Weinberg 2003, S. 352). Darunter wird verstanden, wie klar und deutlich ein inneres Bild das reale Objekt auch tatsächlich abzubilden vermag.

Entstehen und Wirkung von Gedächtnisbildern

Mit Fragen der Entstehung, Verarbeitung, Speicherung und Wirkung von Gedächtnisbildern befasst sich die *Imagery-Forschung* (Kroeber-Riel/Weinberg 2003, S. 351). Die Imagery-Forschung ist ein verhaltenswissenschaftlicher Forschungszweig, der sich auf nicht-sprachliche Verarbeitungsprozesse, d. h. auf die visuelle, akustische, haptische, gustatorische und olfaktorische Reizverarbeitung richtet. Nach allgemeiner Auffassung

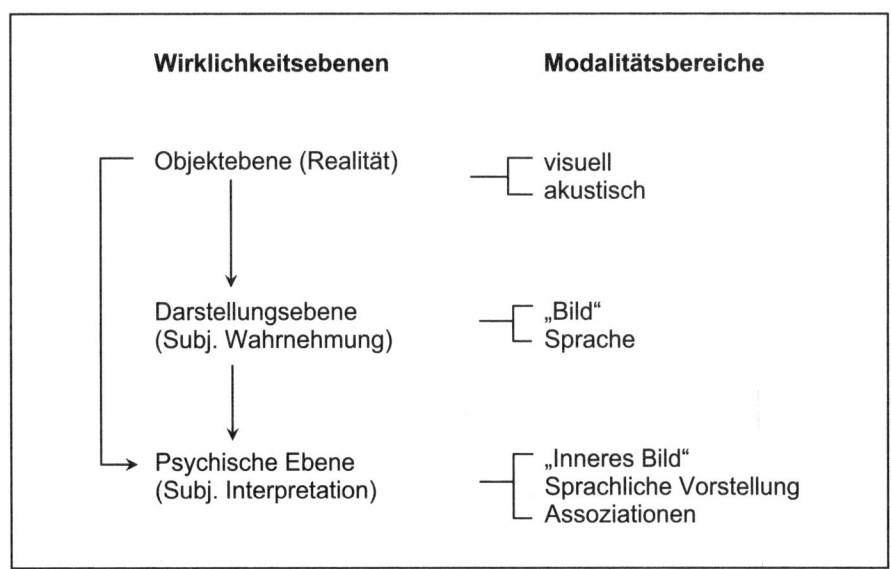

Abb. 4.11: Ebenen der Bildwirkung
Quelle: in Anlehnung an Kroeber-Riel 1993, S. 37

werden visuelle Informationen in der rechten Gehirnhälfte und sprachliche Informationen in der linken Gehirnhälfte gespeichert (vgl. Kroeber-Riel/Weinberg 2003, S. 353 f.). Zum genaueren Verständnis der Beziehungen zwischen Realität, Wahrnehmung und mentaler Vorstellung ist es zweckmäßig, unterschiedliche „Wirklichkeitsebenen" zu identifizieren (Kroeber-Riel 1993, S. 37 f.). Die *Objektebene* (Realität) beinhaltet den Bereich der realen Gegenstände (z. B. Markenprodukte), die sinnlich wahrgenommen werden (vgl. Abb. 4.11). Die individuelle Wahrnehmung, das Wahrnehmungsbild eines realen Objektes, wird auf der *Darstellungsebene* abgebildet. Auf der *psychischen Ebene* erfolgt dann die Interpretation des Wahrnehmungsbildes und Speicherung als Gedächtnisbild. Objektbezogene sprachliche (z. B. Hören des Markennamens in der Werbung) und nicht-sprachliche Reize (betrachten eines Markenzeichens) können zu einem späteren Zeitpunkt dann eine mehr oder weniger klare Erinnerung an das Objekt, das innere Bild des Objekts (z. B. eines Markenprodukts), beim Konsumenten auslösen.

    Gedächtnisbilder entfalten kognitive und emotionale Wirkung (Kroeber-Riel/Weinberg 2003, S. 352). Die *kognitiven Wirkungen* beziehen sich auf den Prozess der Verarbeitung und Speicherung insbesondere von räumlichem Wissen durch innere Bilder. Der Mensch verfügt über enorme Fähigkeiten, seine geographische, räumliche Umgebung im Gedächtnis als innere Bilder, so genannte *mental* bzw. *kognitive maps*, festzu-

halten. Diese „Raumbilder" liefern dem Menschen die geographische, lokale Orientie-
rung, ohne die er völlig hilflos wäre. Innere Bilder, also Vorstellungen von realen
Objekten, können sowohl positive als auch negative Emotionen auslösen (*emotionale
Wirkung*).

Die Verhaltenswirksamkeit innerer Bilder ist von den Merkmalen Lebendigkeit, Gefallen und Komplexität abhängig (vgl. Kroeber-Riel/Weinberg 2003, S. 352). Unter der
Lebendigkeit (*vividness*) versteht man die Deutlichkeit und Klarheit, mit der sich ein
Mensch etwas bildlich vorstellen kann (z. B. eine Coca Cola-Flasche). Darüber hinaus
drückt sich in der Lebendigkeit die Aktivierungsfähigkeit eines inneren Bildes aus
(Trommsdorff 2004, S. 109). Je lebendiger ein inneres Bild für den Konsumenten ist,
desto stärker wirkt es auf sein Verhalten (Ruge 1988, S. 105). In dem *Gefallen* drückt
sich die mehr oder weniger positive oder negative Haltung zu dem inneren Bild aus. Je
komplexer ein inneres Bild, desto schwieriger die Entschlüsselung, das Verständnis und
die genaue Erinnerung.

Messung innerer Bilder

Mit der Messung innerer Bilder ist das Problem verbunden, dass die visuelle
Informationsverarbeitung weniger bewusst und weniger gedanklich vom Konsumenten
kontrolliert wird als die sprachliche Informationsverarbeitung (Bewusstseinsproblem).
Bildliche Vorstellungen lassen sich oft kaum in Worte fassen (Trommsdorff 2004,
S. 115). Eine valide Messung innerer Bilder kann somit nur modalspezifisch erfolgen
(Modalitätsproblem), also durch den Einsatz *nicht-verbaler Messverfahren* (Kroeber-Riel/
Weinberg 2003, S. 352; Trommsdorff 2004, S. 115 f.). Bei der *Bilderskala* werden gegen-
sätzliche Bildpaare, die je eine zugrunde gelegte „Bilddimension" (z. B. Gefallen, Klarheit und Lebendigkeit) in ihren Extremen visuell repräsentieren sollen, Probanden vorgelegt. Die Probanden werden dann aufgefordert, ihr „inneres Bild" mit den vorgelegten
Bildern zu vergleichen und auf einer Rating-Skala anzugeben, inwieweit das innere Bild
mit den vorgegebenen Bildern eines Paares übereinstimmt (vgl. auch Bekmeier-Feuerhahn 2005). Wegen ungelöster Validitätsprobleme werden Bilderskalen in der Praxis
allerdings kaum eingesetzt (Trommsdorff 2004, S. 116).

Folgerungen für das Marketing

Aus den Kenntnissen über die Bildung und Wirkung innerer Bilder lassen sich Beeinflus-
sungstechniken für das Marketing ableiten. Die Wirkung innerer Bilder auf das Verhalten kommt vor allem dadurch zustande, dass diese in einer Entscheidungs- oder Hand-
lungssituation im Gedächtnis sehr schnell und oft unbewusst und automatisch aktiviert
werden (Kroeber-Riel 1993, S. 43). Die von Marken durch erfolgreiche Kommunikation

erzeugten inneren Bilder (*Markenbilder*) müssen, um wirksam zu sein, möglichst prägnant, lebendig und positiv gestimmt sein (vgl. Trommsdorff 2004, S. 109). Die gezielte
„Ansprache" bzw. Aktivierung innerer Bilder in Form von *Schemata*[34] gehört zu den
wirkungsvollsten Mitteln des Marketing. Marken existieren also als innere Bilder im
Gedächtnis der Konsumenten und machen die Marke in Kaufsituationen auffällig, ein-
zigartig und attraktiv (vgl. Abb. 4.10). Deshalb ist es besonders wichtig, *visuelle Präsenz-
symbole* in Form von Marken bzw. Markenbildern durch Markenpolitik zu schaffen
(vgl. Kroeber-Riel/Weinberg 2003, S. 358). Die von den Markenbildern ins Bewusstsein
der Konsumenten gehobenen Assoziationen prägen gleichzeitig das *Image der Marke*
(Esch 2005, S. 71 ff.).

Markenbilder:

- sind das Ergebnis von gezielt eingesetzten Marketingmaßnahmen und persönlichen Erfahrungen der Konsumenten,
- sind im Gedächtnis der Konsumenten gespeichert (Gedächtnisbilder),
- bündeln sowohl gedankliche als auch emotionale Vorstellungen von der Marke,
- sind gedankliche Präsenzsignale in Kaufsituationen,
- treten in konkreten Entscheidungssituationen ins Bewusstsein der Konsumenten
  und erhöhen dadurch die Kauf- bzw. Nutzungswahrscheinlichkeit

(vgl. Meffert et al. 2002, S. 7 f.; Kroeber-Riel/Weinberg 2003, S. 350 ff.).

4.2　Konsumentenverhalten und Kommunikation

4.2.1　Kommunikation

4.2.1.1　Das Kommunikationsmodell

Kommunikation dient allgemein der Übermittlung von Informationen, Bedeutungs-
inhalten und Bewertungen zum Zweck der zielorientierten Beeinflussung von Überzeugungen, Einstellungen, Erwartungen und Verhaltensweisen. Es wird zwischen der Massenkommunikation und der persönlichen Kommunikation unterschieden. Unter
Massenkommunikation versteht man alle Formen der Kommunikation, bei der Aussagen öffentlich durch Medien einseitig an ein disperses Publikum vermittelt werden
(Kroeber-Riel/Weinberg 2003, S. 588).

34　Vgl. Kap. 2.2.1.

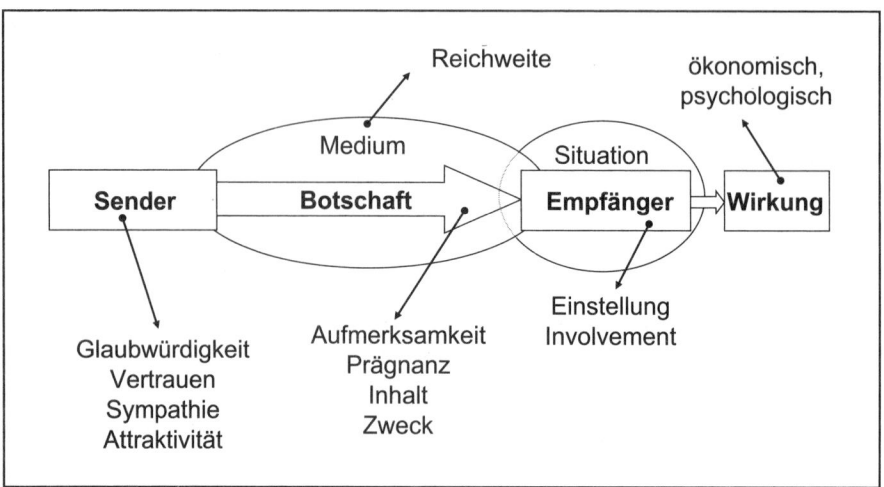

Abb. 4.12: Elemente und Wirkungsbedingungen eines Kommunikationsprozesses

Massenkommunikation

- ist öffentlich,
- wird durch (technische) Medien verbreitet,
- richtet sich an ein disperses Publikum und
- ist eingleisig.

Mit diesen Merkmalen lässt sich die Massenkommunikation von der persönlichen Kommunikation abgrenzen. Die *persönliche Kommunikation* findet dialogisch zwischen anwesenden Personen statt (Präsenzpublikum). Das zentralste Merkmal der Massenkommunikation ist die Einschaltung technischer Medien zur Übertragung der Botschaft. Zu diesen Massenkommunikationsmedien gehören das Fernsehen, der Hörfunk, Zeitungen und Zeitschriften.

Die Forschung zur Massenkommunikation richtete sich in der Vergangenheit im Wesentlichen auf die Kommunikationswirkung einzelner Elemente des Kommunikationsprozesses (*Kommunikationsmodell*). Nach der so genannten *Lasswell´schen Formel*, „who says what in which channel to whom with what effect?", besteht ein Kommunikationsprozess aus den Elementen Kommunikator (Sender), Kommunikationsinhalt (Botschaft), Kommunikationskanal (Medium) und Kommunikant (Empfänger der Botschaft). Kroeber-Riel/Weinberg (2003, S. 499) fügen noch den Kommunikationseffekt (Wirkung) und die Kommunikationssituation (Bedingung) als Komponenten der Kommunikation hinzu (vgl. Abb. 4.12).

Zur Untersuchung der Wirkungen der Massenkommunikation ist zwischen den direkten und den indirekten Wirkungen zu unterscheiden. Von *indirekten Wirkungen* der Massenkommunikation spricht man dann, wenn die Inhalte der Massenkommunikation in persönlichen Gesprächen aufgegriffen werden und so eine initiierende, weitere Kommunikation anregende Funktion übernehmen (*zweistufige Kommunikation*; vgl. Kap. 4.2.1.2).

Der *Kommunikationserfolg* ist im Wesentlichen abhängig von

- der *Glaubwürdigkeit* und Sympathie des Kommunikators (Sender). Auch die Attraktivität des Senders spielt im Kontext des Modelllernens[35] eine große Rolle.
- dem *Aufmerksamkeitspotenzial und der Prägnanz der Botschaft*. Die Art der Botschaft ist insbesondere abhängig vom Ziel der Kommunikation.
- der *Reichweite des Mediums*,
- den *Merkmalen des Empfängers* (z. B. Involvement, Einstellungen) und
- den *Merkmalen der Kommunikationssituation* (z. B. beiläufige Berieselung durch Werbung)

(Vgl. auch O'Keefe 2002; Petty/Cacioppo 1981; Kroeber-Riel/Weinberg 2003, S. 504).

In der Ausübung *sozialen Einflusses*[36] durch Massenkommunikation können folgende Wirkungsarten unterschieden werden (Kroeber-Riel/Weinberg 2003, S. 590):

- Informationswirkung durch Vermittlung von Information und Wissen,
- Beeinflussungswirkung durch eine Verstärkung von Einstellungen, Leitbildern, Konsumstilen und Denkmodellen. Sie lässt sich in die Unterbereiche Verstärkung und Thematisierung („agenda-setting") zerlegen.
- Überzeugungswirkung durch Veränderung von Einstellungen.

Informationswirkung

Die Massenmedien wie Druckmedien, Radio und Fernsehen vermitteln unzweifelhaft Informationen, die beim Empfänger als Wissen im Gedächtnis abgespeichert werden können. Bei der Informationsvermittlung scheinen heute die Druckmedien (Zeitung, Zeitschriften) noch vor Radio und Fernsehen zu liegen (Kroeber-Riel/Weinberg 2003, S. 591). Allerdings gewinnt das Internet zunehmend an Bedeutung.

---

35 Vgl. Kap. 2.2.3.
36 Vgl. Kap. 2.6.1.

Verstärkungswirkung

Massenkommunikation wirkt hauptsächlich dadurch, dass sie vorhandene Einstellungen bestätigt und verstärkt (Kroeber-Riel/Weinberg 2003, S. 593). Das ist dadurch zu erklären, dass der Mensch, um *kognitive Dissonanzen*[37] zu vermeiden, dazu tendiert, sich nur solchen Informationen auszusetzen, die seinen eigenen Einstellungen und Anschauungen entsprechen. Den eigenen Einstellungen widersprechende Informationen werden also gemieden. Dieser überwiegend aus der Feldforschung abgeleiteten Erkenntnis wird allerdings von Ergebnissen der experimentellen Forschung widersprochen. Experimentelle Studien zeigen, dass eine Veränderung von Einstellungen durch Massenkommunikation von bestimmten Kommunikationsbedingungen abhängig ist. Eine Einstellung lässt sich auch durch Massenkommunikation ändern, wenn der Empfänger auf eine Beeinflussung vorbereitet ist, offen dafür ist oder selbst aktiv auf der Suche nach meinungsbildenden Informationen ist. Im Vergleich zur Feldforschung sind in den experimentellen Studien weniger wichtige bzw. weniger zentrale Einstellungen – und damit leichter zu verändernde Einstellungen – analysiert worden. Die Feldforschung konzentrierte sich dagegen auf wichtigere Themen. Darüber hinaus sind bei den Experimenten immer alle Versuchspersonen der Kommunikation ausgesetzt, während sich in der Feldforschung eine Selbstselektion einstellt (vgl. Kroeber-Riel/Weinberg 2003, S. 594).

Thematisierungswirkung

Die Massenmedien bestimmen weitgehend, mit welchen Themen sich das Publikum beschäftigt. Die Massenmedien geben also an, welche Themen auf der „Tagesordnung" stehen, mit welchen Themen sich die Öffentlichkeit auseinandersetzt und welche Themen von der Öffentlichkeit als wichtig angesehen werden (*„agenda-setting"*; McCombs/Shaw 1972; vgl. Cook et al. 1983; Downs 1972; Kroeber-Riel/Weinberg 2003, S. 595; Neumann 1990). Dieses Phänomen begünstigt erheblich die Meinungslenkung. Von der Thematisierung von Massenmedien ist es abhängig, ob gesellschaftliche Probleme beachtet oder nicht beachtet werden. Die Thematisierungswirkung der Massenmedien kann auch von der *Werbung* aufgegriffen werden. Insbesondere bei *Low-Involvement-Gütern* kann die Thematisierung einer Marke diese in den Augen der Konsumenten als besonders wichtig erscheinen lassen (Kroeber-Riel/Weinberg 2003, S. 597).

---

37 Zu kognitiven Dissonanzen vgl. Kap. 2.4.3.4.

Überzeugungswirkung

Massenmedien können auch durch Überzeugung die Einstellung vom Menschen verändern. Hier kann eine *direkte Wirkung* über die Erzeugung eines öffentlich wahrnehmbaren Meinungsklimas erfolgen, an dem sich die Einzelnen orientieren (Kroeber-Riel/Weinberg 2003, S. 598). Eine Überzeugungswirkung ist eher dann zu erwarten, wenn professionelle Überzeugungstechniken eingesetzt werden und die zu beeinflussenden Einstellungen bei den Konsumenten weniger zentral bzw. weniger wichtig sind. Aus diesem Grund ist es möglich, durch Werbung die Einstellung zu Produkten, Marken und Einkaufsstätten zu beeinflussen, da es sich hierbei immer um Meinungsgegenstände handelt, die relativ gesehen eine geringe Bedeutung für den Menschen besitzen.

4.2.1.2 Zweistufige Kommunikation: Die Meinungsführer

Personen, die innerhalb einer Gruppe auf andere Gruppenmitglieder einen überdurchschnittlichen Einfluss ausüben, werden als Meinungsführer bezeichnet. Meinungsführer haben eine Schlüsselstellung in der Gruppe. Sie haben eine höhere Kontaktintensität als andere Gruppenmitglieder, werden um ihre Ansichten gefragt, geben Ratschläge und vermitteln Informationen (Kroeber-Riel/Weinberg 2003, S. 518). Meinungsführer suchen darüber hinaus selbst Informationen und nehmen als Rat gebende Personen innerhalb einer Gruppe eine besondere Stellung ein. Ihr Einfluss erfolgt insbesondere durch Kommunikation mit anderen Gruppenmitgliedern. Meinungsführer übertragen Botschaften der Massenmedien in persönliche Kommunikation. Sie sind die „Schaltstellen" der Kommunikation in Gruppen.

Die Meinungsführerschaft kann durch einen soziometrischen Test und durch Selbsteinschätzung gemessen werden. Der *soziometrische Test* ist ein Verfahren zur quantitativen Erfassung der Beziehungen zwischen Gruppenmitgliedern (Interaktionen), insbesondere der Kommunikationsbeziehungen. Grundlage hierfür ist die Befragung der Gruppenmitglieder, mit wem sie am meisten interagieren, wen sie mehr oder weniger gern mögen und mit wem sie am liebsten Kontakt haben. Hieraus kann man entsprechende Interaktionsmaße und Interaktionsprofile ermitteln. Die graphische Auswertung erfolgt durch ein *Soziogramm*. Dieser Test gilt als relativ valides Instrument zur Erfassung der Meinungsführerschaft (Kroeber-Riel/Weinberg 2003, S. 520 f.). Da der soziometrische Test sehr aufwendig und nur bei kleinen Gruppen durchführbar ist, wird in der Marktforschung die Meinungsführerschaft eher durch Selbsteinschätzung der Befragten gemessen (Kroeber-Riel/Weinberg 2003, S. 521). Der persönliche Einfluss von Meinungsführern vollzieht sich nach dem Prinzip der zweistufigen Kommunikation (Kroeber-Riel/Weinberg 2003, S. 668). Danach liefert zuerst die Massenkommunikation

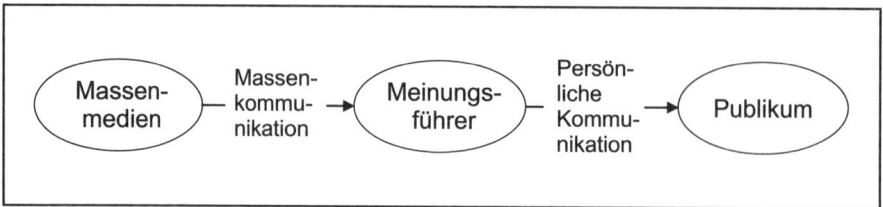

Abb. 4.13: Modell der zweistufigen Kommunikation
Quelle: Kroeber-Riel/Weinberg 2003, S. 668

den Meinungsführern Informationen und Meinungen, die sie dann im Rahmen persönlicher Kommunikation anderen Gruppenmitgliedern vermittelt (vgl. Abb. 4.13).

Das Marketing kann über spezifische Medien (z. B. Fachzeitschriften) Meinungsführer mit dem Ziel ansprechen, dass sich über den Meinungsführer die Botschaften in das Zielpublikum diffundieren. Darüber hinaus können in der Werbung symbolische Meinungsführer (z. B. die Ärzte) nachgebildet werden.

4.2.2 Nonverbale Kommunikation

Unter nonverbaler Kommunikation versteht man die bei der persönlichen Kommunikation benutzte Körpersprache. Sie umfasst alle Formen der Kommunikation, die sich auf nicht-sprachliche Informationsübertragung stützen (z. B. Mimik, Gestik; vgl. Kroeber-Riel/Weinberg 2003, S. 529). Die nonverbale Kommunikation ist ein zweites Verständigungssystem neben der Sprache und läuft oft ohne Absicht, spontan und ohne bewusste Kontrolle durch den Menschen ab. Nonverbale Kommunikationselemente können sehr weit ausdifferenziert werden (vgl. Abb. 4.14). Für das Marketing sind als nonverbale Elemente die

* Gesichts- und Körpersprache und die
* Kommunikation mittels materieller Gegenstände

besonders wichtig (Kroeber-Riel/Weinberg 2003, S. 526).

Nonverbale Kommunikation

* dient der Äußerung von Gefühlen und Einstellungen,
* liefert Informationen über die Persönlichkeit des Kommunikators (z. B. Stereotype Schlüsse vom Gesichtsausdruck auf die Persönlichkeit),
* begleitet verbale Mitteilungen: Nonverbale Kommunikation unterstreicht, ergänzt, wiederholt, ersetzt, widerspricht und regelt den Kommunikationsfluss,

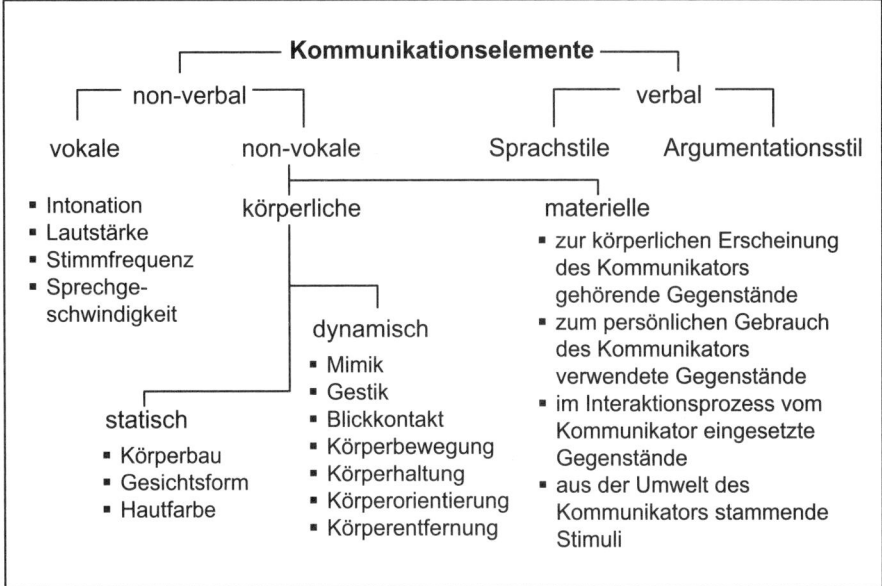

Abb. 4.14: Klassifikation kommunikativer Ausdrucksformen
Quelle: in Anlehnung an Kroeber-Riel/Weinberg 2003, S. 529

- bildet oft die Grundlage von kulturgebundenen Riten und Gesten und
- beeinflusst das Verhalten anderer Personen

(Vgl. Kroeber-Riel/Weinberg 2003, S. 534).

Die *Messung* nonverbaler Elemente ist sehr aufwendig. Am häufigsten werden Beobachtungsverfahren eingesetzt, denen ein ausgearbeitetes Kodier- und Interpretationssystem zugrunde liegt (z. B. das *Facial-Action-Coding-System*: FACS; vgl. Kroeber-Riel/Weinberg 2003, S. 532 ff.). Erkenntnisse aus nonverbalen Kommunikationsprozessen werden in der zielorientierten Gestaltung von *Verkäufer-Käufer-Interaktionen* ebenso eingesetzt wie in der Werbemittelgestaltung (vgl. Kroeber-Riel/Weinberg 2003, S. 540 ff.).

4.2.3 Konsumentenverhalten und Werbung

4.2.3.1 Wirkungsmodelle der Werbung

Unter Werbung versteht man die beabsichtigte Beeinflussung von marktrelevanten Einstellungen und Verhaltensweisen ohne formellen Zwang, unter Einsatz von Werbemitteln und technischen Medien (vgl. Schweiger/Schrattenecker 2005, S. 109). Werbung ist die versuchte Einstellungs- und Verhaltensbeeinflussung mittels besonderer Kommunikationsmittel (Kroeber-Riel/Weinberg 2003, S. 605).

Nach dem klassischen *AIDA-Modell* (*attention, interest, desire, act*) der Werbewirkung muss Werbung, um wirken zu können, von den Umworbenen zuerst einmal wahrgenommen werden (vgl. Trommsdorff 2004, S. 53). Je stärker die Werbung, eine Werbeanzeige oder ein Radio- oder TV-Spot aktiviert, desto höher ist die Wahrscheinlichkeit, vom Konsumenten wahrgenommen zu werden. Die *Aktivierung* ist die Grundvoraussetzung für die Werbewirkung. Eine gezielte und bewusste Aktivierung von Konsumenten gehört zum Standardrepertoire des Marketing. Die Wahrnehmung von Werbeanzeigen, das Behalten von Markennamen und eine Auseinandersetzung mit den Vor- und Nachteilen eines Produkts erfordern ein gewisses Aktivierungsniveau. Die enorme Zunahme der Werbung und Werbekonkurrenz geht zulasten der Aufmerksamkeit für einzelne Werbeanzeigen. Die durchschnittliche Betrachtungszeit von Werbeanzeigen liegt bei nur rund 2 bis 3 Sekunden. Insofern kommt der Aktivierung und der Aufmerksamkeitslenkung eine entscheidende, erfolgswirksame Bedeutung bei der Anzeigen- bzw. Werbegestaltung zu. Stärker aktivierende Werbeanzeigen werden langfristig besser erinnert (Kroeber-Riel/Weinberg 2003, S. 87), zudem erhöhen Personenmotive die Aktivierung und die Betrachtungszeit (Behrens 1991, S. 57 ff.; Kroeber-Riel 1993, S. 101 ff.).

Zum Zwecke der gezielten Aktivierung von Konsumenten setzt das Marketing *Aktivierungstechniken* ein (z. B. bei der Produkt- und Verpackungsgestaltung, bei Werbeanzeigen und -spots sowie bei der Gestaltung von Schaufenstern und Messeständen). Zum Einsatz kommen spezielle emotionale, kognitive und physisch intensive Reize (Kroeber-Riel/Weinberg 2003, S. 71):

- *Emotionale Reize zur Aktivierungsauslösung*: Zur emotionalen Aktivierung werden im Marketing überwiegend so genannte Schlüsselreize eingesetzt. *Schlüsselreize* lösen automatisch angeborene Reaktionen aus, die der Mensch nicht willentlich kontrollieren kann. Natürliche Schlüsselreize wie Augen und die weibliche Brust können wirksam durch so genannte *Attrappen* künstlich nachgebildet werden (vgl. Abb. 4.15). Attrappen können Reiz auslösende Elemente besonders gut und damit „übernatürlich" hervorheben und so eine noch bessere Wirkung als das Original erzielen (z. B. das Kindchenschema). Beim Anblick von Schlüsselreizen kommt es automatisch zu einer Erregung, ohne dass sich der Betrachter dem entziehen kann. Allerdings haben Schlüsselreize ein unterschiedlich hohes Aktivierungspotenzial. Am stärksten wirken erotische Reize. Sie nutzen sich kaum ab und ihre Wirkung ist weitgehend von Alter und Geschlecht der Konsumenten unabhängig (Kroeber-Riel/Weinberg 2003, S. 72).

Abb. 4.15: Einsatz von Aktivierungstechniken bei Werbeanzeigen

- *Kognitive Reize zur Aktivierungsauslösung*: Die Aktivierung auslösende Wirkung kognitiver Reize besteht darin, dem Konsumenten schema-inkongruente Informationen oder Bilder zu präsentieren (vgl. Kap. 2.2.1). Ein *Schema* ist eine stark verfestigte, standardisierte Vorstellung über einen Sachverhalt, ein Objekt, eine Person oder ein Ereignis, die im Gedächtnis repräsentiert ist (Schank/Abelson 1977; vgl. Alba/Hutchinson 1987). Sieht oder hört der Konsument etwas anderes, als er erwartet, so kann er überrascht, ärgerlich oder irritiert darauf reagieren. In allen Fällen wird durch die Auseinandersetzung mit dem irritierenden Reiz das Aktivierungsniveau zunehmen.
- *Physische Reize zur Aktivierungsauslösung*: Physische Reize, also große, farbige, schrille, intensive oder laute Reize, lösen so genannte *Orientierungsreaktionen* und damit gepaart Aktivierung aus. Unter einer *Orientierungsreaktion* wird eine angeborene, kurzfristige und unmittelbare Aktivierungserhöhung mit reflexartig verlaufender Zuwendung (z. B. Kopfdrehung, Pupillenerweiterung) zu einem diese Reaktion auslösenden Reiz verstanden (Kroeber-Riel/Weinberg 2003, S. 62). Ori-

entierungsreaktionen haben biologisch den Sinn, das Individuum vor möglichen Gefahren aus der Umwelt zu schützen (z. B. bei Dunkelheit ein Knacken im Gebüsch). Diese Reaktion verläuft unkontrolliert und außerhalb des Bewusstseins ab.

4.2.3.2 Aktivierende Werbung

Aktivierung ist die Intensität der physiologischen Erregung, die „innere Spannung", des Zentralnervensystems beim Menschen. Verantwortlich für Erregungsvorgänge ist das im Stammhirn liegende so genannte *retikuläre Aktivierungssystem* (RAS), das durch eine externe oder interne Stimulierung ausgelöst wird und ohne gedankliche Kontrolle Antriebskraft auf alle psychischen und motorischen Aktivitäten ausübt (Trommsdorff 2004, S. 48 f.). Aktivierungsvorgänge fördern die Leistungsbereitschaft sowie die Reaktions- und Leistungsfähigkeit des Konsumenten (Kroeber-Riel/Weinberg 2003, S. 58).

Es wird unterschieden zwischen einer *unspezifischen Aktivierung,* die auf eine allgemeine Verhaltensbereitschaft gerichtet ist, und einer *spezifischen Aktivierung,* die bestimmte Funktionen des Organismus unterstützt (Kroeber-Riel/Weinberg 2003, S. 58). Weiterhin wird unterschieden zwischen der *tonischen Aktivierung,* die das allgemeine, tageszeitliche Aktivierungsniveau eines Menschen beschreibt und sich nur langsam verändert, und der *phasischen Aktivierung,* die kurzfristige und reizbezogene Aktivierungsschwankungen erfasst. Abb. 4.16 zeigt, wie sich die phasische Aktivierung, gemessen durch den Hautwiderstand (*elektrodermale Reaktion* EDR), durch die Darbietung einer Werbeanzeige kurzfristig verändert. Die Stärke der phasischen Aktivierung kann somit als Maß für die Aktivierungskraft einer Werbeanzeige herangezogen werden.

Eng verbunden mit phasischen Schwankungen der Aktivierung ist die Aufmerksamkeit sowie so genannte Orientierungsreaktionen (Kroeber-Riel/Weinberg 2003, S. 60). Unter der *Aufmerksamkeit* versteht man die Bereitschaft von Konsumenten, sich bestimmten Reizen der Umwelt selektiv zuzuwenden und sich auf diese Reize zu konzentrieren (vgl. Trommsdorff 2004, S. 52). Aufmerksamkeitsreaktionen können „reflexartig" durch angeborene Reaktionsmechanismen (z. B. Orientierungsreaktionen) oder durch erlernte Selektionsmechanismen (z. B. der so genannte Party-Effekt oder selektive Informationsaufnahme zur Reduzierung kognitiver Dissonanzen) sowie durch eine bewusste Aufmerksamkeitssteuerung durch den Konsumenten ausgelöst werden.

Die Messung der Aktivierung kann nicht direkt, sondern nur über so genannte Indikatoren indirekt gemessen werden. Dazu stehen mehrere Möglichkeiten auf physiologischer, subjektiver und motorischer Ebene zur Verfügung (Kroeber-Riel/Weinberg 2003, S. 63):

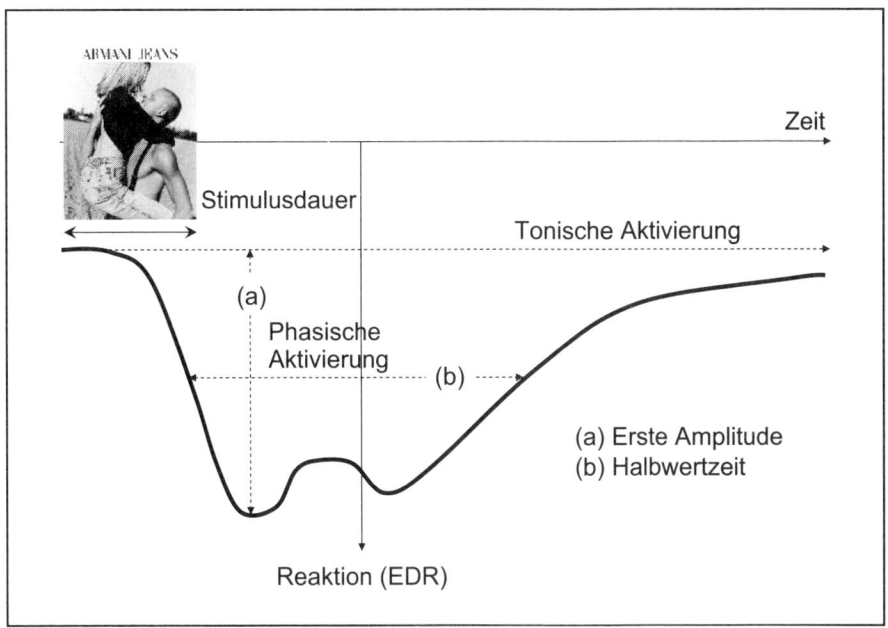

Abb. 4.16: Phasische und tonische Aktivierung
Quelle: in Anlehnung an Kroeber-Riel/Weinberg 2003, S. 67

- *Physiologische Messungen*: Hautwiderstand, Pupillenerweiterung (EDR: elektrodermale Reaktion), Hauterrötung (Infrarotkamera), Gehirnströme (EEG: Elektroenzephalogramm), Puls, Stimmfrequenz.
- *Subjektive Messungen*: Fragen nach dem Grad der persönlichen Aktivierung. Diese Messungen sind allerdings wenig valide, da es zu Verzerrungen durch Interpretationsvorgänge eigener Erregung kommt.
- *Motorische Messungen*: Die Erregung kann zum Beispiel an der Mimik und Gestik abgelesen werden. Auch diese Messungen sind wenig valide, da motorische Prozesse nicht nur von der Erregung gesteuert werden. Zudem gibt es hier erhebliche Interpretationsprobleme.

Mit steigender Aktivierung ist eine Zunahme der Leistungsfähigkeit (z.B. gedankliche und motorische Leistungen) zu vermuten. Nach der so genannten *Lambda-Hypothese* gilt dieser Zusammenhang allerdings nicht über alle Aktivierungsgrade hinweg. Zwischen der Aktivierung und der Leistungsfähigkeit eines Organismus wird ein ∩-förmiger Zusammenhang postuliert (vgl. Abb. 4.17). Bis zu einem individuell unterschied-

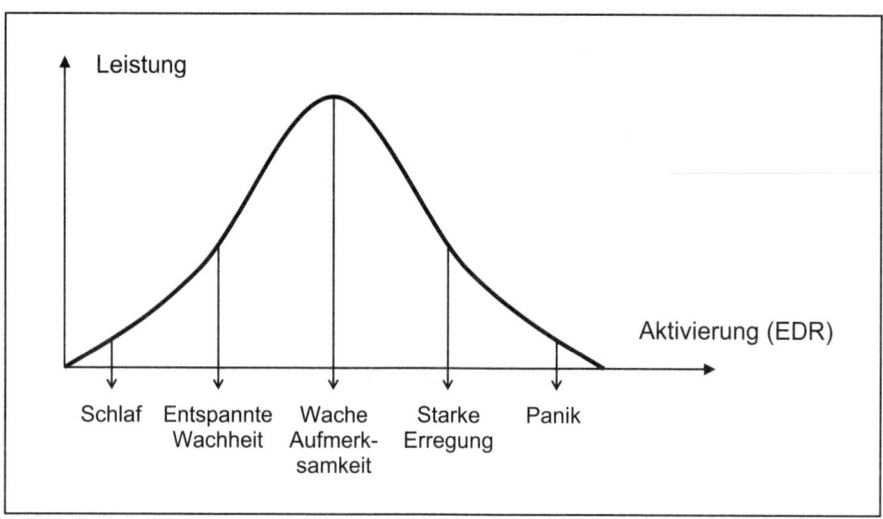

Abb. 4.17: Die Lambda-Kurve
Quelle: in Anlehnung an Kroeber-Riel/Weinberg 2003, S. 79

lichen, optimalen Aktivierungsgrad, der dem Individuum Höchstleistungen ermöglicht, ist der Zusammenhang zwischen Aktivierung und Leistung proportional. Danach, also mit weiter zunehmender Aktivierung, fällt die Leistungsfähigkeit des Organismus wieder ab (Bereich der Überaktivierung). Eine zu starke Erregung bis hin zur Panik behindert bzw. verhindert zielorientierte Leistungsvorgänge.

Der Verlauf der *Lambda-Hypothese* der Aktivierungsforschung kann nur als ein grober Beurteilungsrahmen dienen, da es keine empirische Studie gibt, die den gesamten Aussagebereich abdeckt und validiert. Zudem ist der Zusammenhang zwischen Aktivierung und Leistung abhängig von situativen Bedingungen (z. B. Untersuchungen im Labor) und von der Art der betrachteten Leistung (kognitive Leistungen wie Lernen und Probleme lösen oder motorische Leistungen). Für die Konsumentenverhaltensforschung ist nur die erste Hälfte des Verlaufes der Lambda-Hypothese interessant, also der Bereich der Proportionalität zwischen Leistung und Aktivierung, da davon auszugehen ist, dass marketingpolitische Maßnahmen den Konsumenten nicht in Angst und Panik versetzen können.

4.2.3.3 Emotionale Werbung

Emotionen beeinflussen vielschichtig und stark das Verhalten von Menschen. Gefühle stehen mit allen verhaltenstheoretisch relevanten Konstrukten in enger Verbindung. Insbesondere ist auch das Entscheidungsverhalten stets von Gefühlen geprägt. Nach

Kroeber-Riel/Weinberg (2003, S. 106) sind Emotionen (Gefühle) innere Erregungen, die angenehm oder unangenehm empfunden und mehr oder weniger bewusst erlebt werden. Emotionen sind begleitet von einer inneren Erregung (Aktivierung). Darüber hinaus haben Emotionen eine positive oder negative Erlebnisqualität. Positiv können Menschen Freude, Glück oder Lust empfinden, während Angst, Kummer und Ärger negative Gefühlsinhalte darstellen. Gefühlslagen sind häufig auch an körperlichen Begleitreaktionen (*Ausdrucksverhalten*) wie zum Beispiel an der Mimik und Gestik und an der Stimme von Menschen zu erkennen (vgl. Trommsdorff 2004, S. 68 f.). Emotionale Prozesse sind äußerst vielschichtig und komplex, so dass es bis heute keine allgemein anerkannte Emotionstheorie gibt, sondern nur mehrere konkurrierende Ansätze (Kroeber-Riel/Weinberg 2003, S. 102). Insbesondere stehen sich so genannte kognitive Theorien einerseits und biologische Theorien andererseits gegenüber.

Kognitive Emotionstheorien

Die bekannteste kognitive Emotionstheorie ist der attributionstheoretische Ansatz von Schachter und Singer (1962). Danach entstehen Emotionen dadurch, dass Menschen für bewusst erlebte innere Erregungen eine Erklärung suchen. Erst diese subjektive, gedankliche Interpretation einer noch unspezifischen Erregung ermöglicht ein bestimmtes Gefühlserlebnis. Diese Theorie wurde durch ein Experiment von Schachter und Singer (1962; vgl. auch Kroeber-Riel/Weinberg 2003, S. 102) erhärtet: Allen Versuchspersonen, die an dem Experiment teilnahmen, wurde Adrenalin injiziert. Anschließend wurden die Teilnehmer in zwei Gruppen aufgeteilt (vgl. Abb. 4.18). Dem einen Teil der Probanden verschwieg man die erregende Wirkung des Adrenalins („ist eine harmlose Spritze"), während der andere Teil über die Wirkung von Adrenalin informiert wurde. Die „uninformierte" Gruppe war sich also über die Ursache ihres Erregungszustandes nicht im Klaren. Sowohl die „informierte" Gruppe als auch die „uninformierte" Gruppe wurden noch einmal in zwei Hälften aufgeteilt, so dass vier Gruppen entstanden. In jeder dieser vier Gruppen befand sich eine Person (Mitspieler), die vorher vom Versuchsleiter instruiert wurde, sich entweder wütend und verärgert über den Versuch zu äußern oder fröhlich und euphorisch zu sein. Theoriekonform interpretierten die uninformierten Probanden ihren Erregungszustand so, wie ihn der Mitspieler vorlebte: Sie verspürten entweder Euphorie oder Ärger. Bei den informierten Teilnehmern spielte der vorgetäuschte Gefühlszustand des instruierten Mitspielers für die eigene Gefühlslage keine Rolle.

Biologische, motivationstheoretische Emotionstheorien

Trotz dieses beeindruckenden Ergebnisses der kognitiven Forschung wird vielfach bezweifelt, dass diese Theorie ausreicht, um alle Prozesse der Emotionsentstehung erklä-

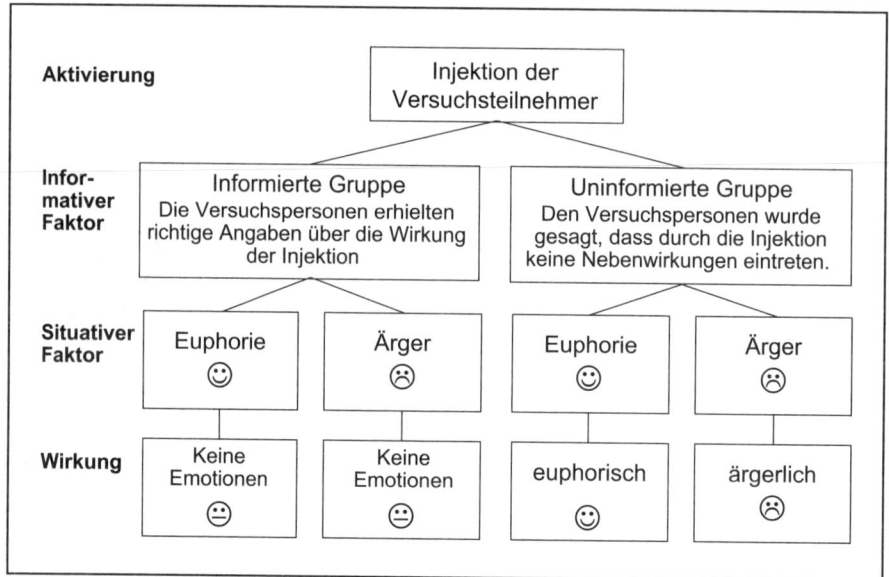

Abb. 4.18: Experiment von Schachter und Singer
Quelle: Behrens 1991, S.72

ren zu können. Motivationstheoretisch dienen Emotionen dem Individuum dazu, aus der potenziell großen Menge von Handlungsoptionen geeignete schnell herauszufinden (Heckhausen/Heckhausen 2006, S. 69). Emotionen unterstützen also, Handlungen zielgerichtet auf die Umwelt auszurichten. Sie geben dem Individuum Informationen, inwieweit eine Bedürfnis- bzw. Motivbefriedigung durch Handlungen erreicht worden ist (Heckhausen/Heckhausen 2006, S. 60). Weiterhin dienen Emotionen im Ausdrucksverhalten der Kommunikation[38] und dem sozialen Zusammenleben.

Die *biologisch orientierten Ansätze* postulieren, dass bestimmte Emotionen schon in den Erbanlagen des Menschen angelegt sind. Für diese Annahme, Emotionen haben den Charakter angeborener Dispositionen, spricht, dass die mit den Gefühlen verbundenen spezifischen Ausdrücke (Mimik, Gestik, Körperhaltung, Körperorientierung, Stimme)[39] universell auf der Welt beim Menschen auftreten. Es lässt sich eine große Übereinstimmung bei der Beurteilung emotionsspezifischen Ausdrucksverhaltens durch unabhängige Beobachter feststellen (Heckhausen/Heckhausen 2006, S. 61). Schon

---

38 Vgl. Kap. 4.2.2.
39 Vgl. Kap. 4.2.2.

Darwin[40] hat aufgrund des mimischen Ausdruckverhaltens eine geringe Anzahl von Grundemotionen unterschieden (u.a. Interessen, Freude, Ärger/Wut). Nach Auffassung von Izard (1999, S. 66) existieren kulturunabhängig zehn angeborene (primäre) Gefühle bei Menschen, die im Leben durch individuelle und kulturspezifische Lernprozesse weiter ausdifferenziert und nuanciert werden können. Dazu gehören z. B. Interesse, Freude, Kummer, Furcht und Scham (vgl. auch Kroeber-Riel/Weinberg 2003, S. 103 f.).

Die *Messung von Emotionen* kann physiologisch, subjektiv und anhand des beobachtbaren Ausdrucksverhaltens erfolgen. Physiologische Messungen erfassen nur die mit der Emotion einhergehende Erregung. Zur Messung der Art und des Erlebens von Emotionen werden in Befragungen *Emotionsskalen* eingesetzt (vgl. Kroeber-Riel/Weinberg 2003, S. 107 ff.). Messungen des *Ausdrucksverhaltens* nutzen die Erkenntnis, dass Gefühle oft von bestimmten körperlichen Reaktionen (z. B. Mimik), die sich spontan und ohne willentliche Kontrolle (nicht-reaktiv) einstellen, begleitet werden. So wird zum Beispiel nach der *Facial Affect Scoring Technique* (FAST) das (non-verbale) Ausdrucksverhalten von Personen mit standardisierten Ausdrucksweisen, die in einem „Gesichtsatlas" zusammengestellt sind, durch Experten verglichen. Dabei wird das Gesicht in die drei Zonen Augenbrauen/Stirn, Augen/Augenlider und untere Gesichtspartie eingeteilt. Aus der Kombination dieser „Teilgesichter" ergeben sich dann spezifische Ausdrücke, denen eine spezielle Emotion zugeordnet werden kann (vgl. Kroeber-Riel/Weinberg 2003, S. 111 ff.). Vorteil dieses Messverfahrens ist, dass die Messung der Gefühle nicht-reaktiv erfolgt, also keine Verzerrungen durch ein bewusstes Antwortverhalten aufweist. Allerdings ist die praktische Umsetzung der Messung von Gefühlen durch das körperliche Ausdrucksverhalten sehr komplex und schwierig. Darüber hinaus kann die Validität dieser Messungen nur unzureichend, oft nur durch Expertenmeinung (*face validity*) eingeschätzt werden.

Nach der Stärke der emotionalen Reaktion können noch unterschieden werden (Peter et al. 1999, S. 36 ff.; vgl. Abb. 4.19):

- *Emotionen* sind von relativ starken physiologischen Reaktionen begleitet (Puls, Blutdruck, Tränen).
- *Spezielle Gefühle* (specific feelings) weisen schwächere physiologische Begleitreaktionen auf (z. B. traurig sein).
- *Stimmungen* (moods) werden definiert als eine subjektiv erfahrene Befindlichkeit (Silberer 1999, S. 132). Sie sind eher diffus und ungerichtet, d.h., sie sind nicht mit einem bestimmten Objekt (Produkt, Person) verbunden (z. B. gute Stimmung haben).

---

40 Zitiert bei Heckhausen/Heckhausen 2006, S. 61.

Typen	Stärke der physiologischen Aktivierung	Gefühls-stärke	Beispiele
Emotionen	hoch	stark	Spaß, Liebe, Furcht, Angst Schuld
Spezifische Gefühle			Zufriedenheit, Herzlichkeit, Anerkennung
Stimmungen			Langweile, Enttäuschung, Entspannung
Bewertungen	gering	schwach	gut-schlecht, mögen-nicht mögen

Abb. 4.19: Typen affektiver Reaktion
Quelle: Peter et al. 1999, S. 36

* *Bewertungen* (evaluations) sind kaum mit physiologischen Begleiterscheinungen verbunden (z. B. „Ich mag Langnese").

Das Marketing setzt Erkenntnisse der Emotionsforschung insbesondere zur gefühls- und erlebnisbetonten Werbung, emotionalen Produktdifferenzierung und zur Vermittlung von Konsumerlebnissen ein.

4.2.3.4 Bildkommunikation

Bilder nehmen in der Anzeigenwerbung einen zunehmend größeren Anteil ein. Das liegt auch daran, dass das menschliche Gedächtnis im Umgang mit Bildern wesentlich leistungsfähiger ist als im Umgang mit Sprach- und Textinformationen. Daraus lässt sich der Vorteil einer *Bildkommunikation* im Vergleich zur Textkommunikation ableiten (vgl. auch Trommsdorff 2004, S. 109): *Bilder*

* werden automatisch, ohne Anstrengung wahrgenommen und behalten,
* werden besser erinnert als ein sprachlicher Text,
* fördern emotionale Vorgänge und können deshalb auch einen Unterhaltungs- und Erlebniswert haben,

- haben ein höheres Aktivierungspotenzial als sprachliche Reize und
- fördern Assoziationen.

Bilder spielen allerdings in der persönlichen Kommunikation eine untergeordnete Rolle (Kroeber-Riel/Weinberg 2003, S. 503).

4.2.3.5 Das Involvement als Rahmenfaktor der Kommunikation

Massenkommunikation wirkt hauptsächlich dadurch, dass sie vorhandene Einstellungen bestätigt und verstärkt (vgl. Kap. 4.2.3.1). Diese Hypothese wird daraus begründet, dass sich der Mensch in seiner Bestrebung, kognitive Dissonanz zu vermeiden, nur solchen Informationen freiwillig aussetzt und diese selektiv wahrnimmt, die seinen eigenen, schon vorhandenen Einstellungen entsprechen. Eine gezielte kommunikative Beeinflussung der Konsumenten unter Beachtung unterschiedlicher Involvementniveaus[41] lässt sich mit Hilfe des *Elaboration Likelihood Modell* erklären (Modell der Elaborationswahrscheinlichkeit, vgl. auch Kap. 2.4.3.4). Dieses Modell zielt auf die Veränderung von Überzeugungen (*beliefs*), Einstellungen und Intentionen durch Maßnahmen der Marktkommunikation (*persuasion*). In Abhängigkeit des Involvements unterscheidet dieses Modell zwei unterschiedliche Wege der kommunikativen Beeinflussung: den zentralen Weg (*central route*) und den peripheren Weg (*peripherical route*). Dementsprechend werden Informationen über das Produkt (z. B. Attribute, Konsequenzen) als zentrale Informationen und Informationen, die nicht das Produkt direkt betreffen, als periphere Informationen (z. B. Bilder, Musik) bezeichnet (vgl. Abb. 4.20).

- Beim *zentralen Weg der Einstellungsbeeinflussung* sind Konsumenten hoch involviert und richten ihre Aufmerksamkeit auf produktspezifische Informationen. Prozesse einer elaborierten Auseinandersetzung des Konsumenten mit dem Produkt und den Produktinformationen können Überzeugungen verändern. Die Stärke einer vorhandenen Überzeugung (z. B. Produkt ist „hochwertig") kann erhöht bzw. reduziert werden. Ebenso kann die Bewertung zielorientiert verändert (gestärkt bzw. geschwächt) werden. So könnte bei einem Automobil das Merkmal „Sicherheit" aufgewertet und die „Sportlichkeit" abgewertet werden. Darüber hinaus können auch neue Überzeugungen „installiert" werden (z. B. bei einem Joghurt die Eigenschaft „sportlicher Genuss"). Eine Einstellungsänderung wird um so eher eintreten, je überzeugender die Informationen bzw. die Argumentation zum Produktvorteil ist. Ohne einen relevanten Produktvorteil wird diese Strategie nicht zum Erfolg führen.

---

41 Zum Involvement vgl. Kap. 2.7.

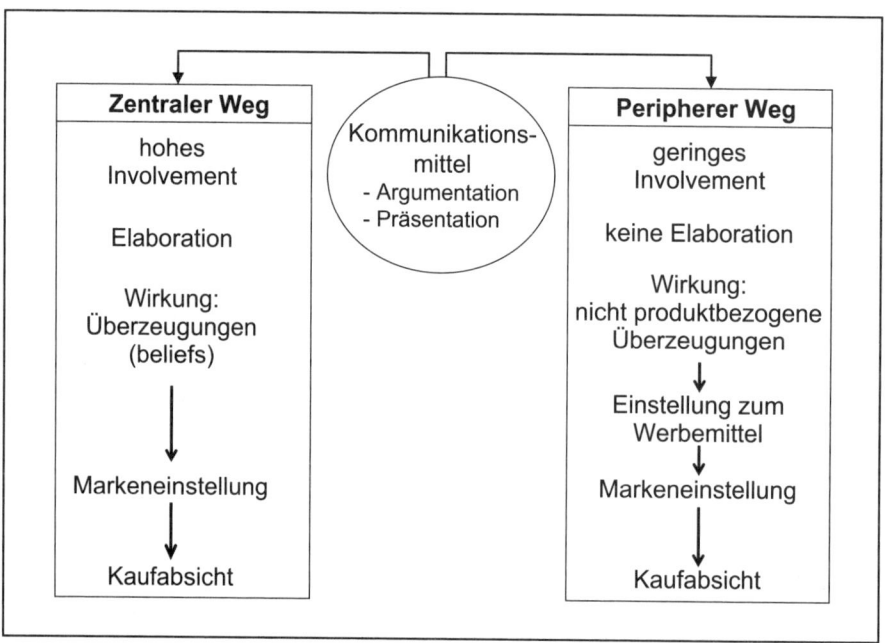

Abb. 4.20: Das Elaboration-Likelihood-Modell
Quelle: in Anlehnung an Peter et al. 1999, S. 379

- Der *periphere Weg der Einstellungsbeeinflussung* kann dann als Strategie gewählt werden, wenn Konsumenten unaufmerksam sind, kaum Interesse am Produkt haben und nicht involviert sind. Eine gefestigte Einstellung zum Produkt ist in solchen Fällen kaum zu erwarten. Die Aufmerksamkeit dieser Konsumenten kann aber auf das Kommunikationsmittel gelenkt werden (z. B. auf die Werbeanzeige). Durch den Einsatz nicht mit dem Produkt direkt zusammenhängender Informationen (z. B. Personendarstellungen oder Musik im Werbespot) kann es gelingen, dass eine Werbung in der Zielgruppe gut ankommt. Es bildet sich dann eine Einstellung zu dieser Werbung (z. B. Anzeige oder Spot). Eine Auseinandersetzung mit dem Produkt selbst erfolgt nur beiläufig (geringer Elaborationsgrad). Angenommen wird, dass eine positive Einstellung zu einer Produktwerbung in einer späteren Kaufsituation dem Konsumenten am POS bewusst wird und die Entscheidung in Richtung des beworbenen Produkts lenkt. Dadurch bildet oder verstärkt sich die Einstellung zu diesem Produkt.

4.3 Konsumentenverhalten und Preispolitik

4.3.1 Preisurteile

Verhaltenswissenschaftliche Ansätze der Preispolitik (*behavioral pricing*) versuchen, das Preisverhalten der Konsumenten durch aktivierende, kognitive und intentionale Prozesse zu erklären (vgl. Abb. 4.21). Das ermöglicht eine bessere Fundierung der Preiswirkung und schafft zusätzliche Ansatzpunkte einer zielorientierten Preisgestaltung (Diller 2000, S. 105 f.). Insbesondere geht es um Erkenntnisse darüber, wie Konsumenten Preisinformationen wahrnehmen und verarbeiten und wie sie auf Basis der Preisinformationen Urteile finden und Entscheidungen treffen (Homburg/Koschate 2005).

Von großer Bedeutung für das Marketing sind Kenntnisse über das Zustandekommen von Preisurteilen und über die Höhe von Preisbereitschaften. Die *Preis- oder Zahlungsbereitschaft* von Konsumenten wird in Kap. 4.3.2 besprochen. Zuerst konzentrieren wir uns auf Modelle zur *Preisbeurteilung*[42]. Preisurteile sind das Ergebnis der Wahrneh-

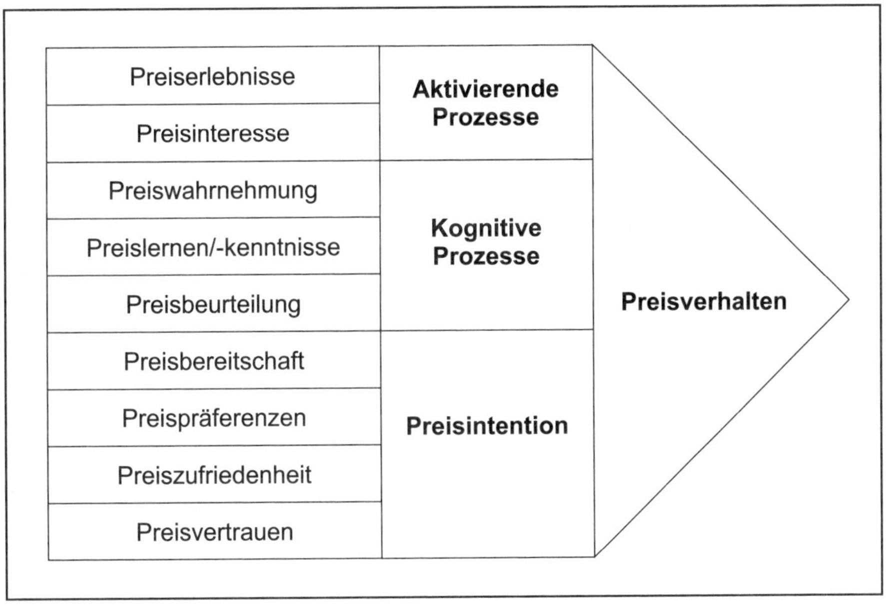

Abb. 4.21: Verhaltenswissenschaftliche Ansätze der Preispolitik
Quelle: Diller 2000, S.105

---

42 Weitere verhaltenswissenschaftliche Aspekte der Preispolitik sind bei Diller (2000, Kap. 4) sowie Homburg/ Koschate 2005 nachzulesen.

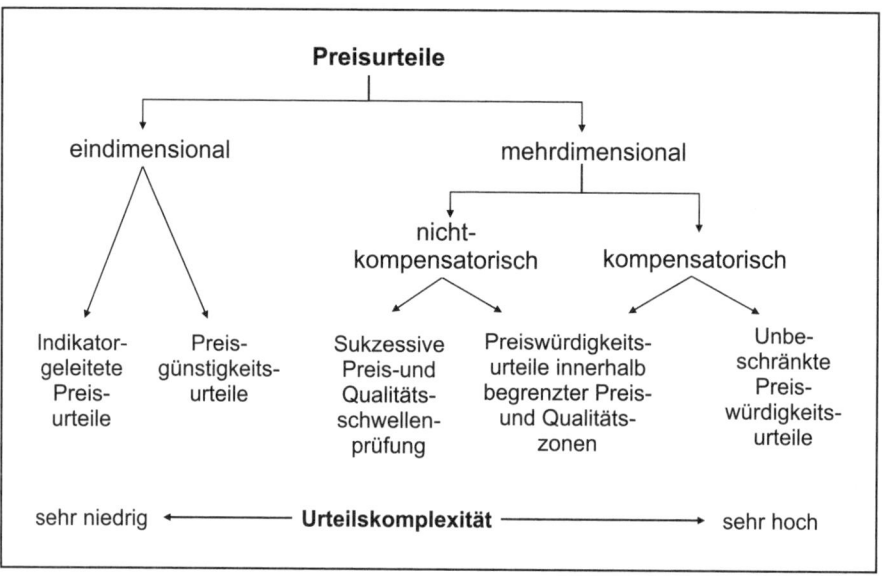

Abb. 4.22: Arten von Preisurteilen
Quelle: Diller 2000, S. 153

mung und Verarbeitung von Preisinformationen. Für den Kaufentscheid sind nicht die objektiven, sondern die subjektiven Preisbewertungen maßgeblich. Insofern umfassen Preisurteile den Prozess der subjektiven Einstufung und Bewertung eines objektiven Angebotspreises. Die Preisbeurteilung kann eindimensional, d. h., der Konsument berücksichtigt ausschließlich das Entgelt, oder mehrdimensional, d. h., der Konsument berücksichtigt neben dem Entgelt auch den dafür erhaltenen Leistungsumfang, erfolgen. Urteile aufgrund des Entgelts bei qualitativ vergleichbaren Produkten werden als *Preisgünstigkeitsurteile* bezeichnet. Erfasst das Preisurteil des Konsumenten das Preis-Leistungs-Verhältnis bei heterogenen Qualitäten und Leistungsumfängen der Produkte, so wird von *Preiswürdigkeitsurteilen* gesprochen. Die Abb. 4.22 gibt einen Überblick über weitere *Preisurteilstypen* (vgl. Diller 2000, S. 152 ff.).

Eindimensionale Preisurteile

* *Indikatorgeleitete Preisurteile* (Attributdominanz-Heuristik): Der Konsument orientiert sich weniger am tatsächlichen Preis, um sich ein Urteil zu bilden, sondern an leicht erkennbaren Merkmalen des Produkts bzw. des Produktumfeldes. „Preisindikatoren" sind die Marke, Preiskennzeichnungen (Preisoptik), das Image der Einkaufsstätte oder Empfehlungen von Freunden bzw. Verbraucherinstitutionen (vgl. Diller 2000, S. 153).

- *Preisgünstigkeitsurteil*: Das Preisurteil begründet sich ausschließlich auf dem tatsächlichen Preis, dem Entgelt, ohne Berücksichtigung von Leistungsunterschieden. Diese Urteilsheuristik setzt hinsichtlich von Qualität und Leistungsumfang annähernd gleichwertige Produkte voraus (vgl. Diller 2000, S. 153).

Mehrdimensionale Preisurteile

Mehrdimensionale Preisurteile erfassen das Preis-Leistungsverhältnis. Werden Preise und Leistungen vom Konsumenten nicht gegenseitig „verrechnet", so handelt es sich um nicht-kompensatorische Preisurteile, im anderen Fall um kompensatorische Preisurteile.

- *Sukzessive Bewertung von Preis- und Qualitätsschwellen*: Dieses Preisurteil setzt sich sowohl aus einer Preis- als auch aus einer Qualitätsbewertung zusammen. Der Konsument beurteilt nacheinander, ob der Preis und die Qualität akzeptabel sind (vgl. Diller 2000, S. 153). Nur wenn Preis *und* Qualität vom Konsumenten akzeptiert werden, kann das Preisurteil positiv ausfallen (nicht-kompensatorische Urteilsheuristik). Dieser Urteilstyp kann zur Vorauswahl von grundsätzlich akzeptierten Produktalternativen eingesetzt werden.
- *Preiswürdigkeitsurteil innerhalb begrenzter Preis- und Qualitätsbereiche*: Dieses Preisurteil vollzieht sich in zwei Phasen (vgl. Diller 2000, S. 153 f.). Zuerst werden analog dem obigen Urteilsprozess Preise und Qualitäten getrennt auf Akzeptanz geprüft (Vorauswahl). Für alle akzeptierten Produkte wird danach ein (kompensatorisches) Preiswürdigkeitsurteil getroffen (Endauswahl).
- *Uneingeschränktes Preiswürdigkeitsurteil*: Nach dieser Urteilsheuristik werden Preise und Qualitäten gegenseitig (kompensatorisch) miteinander verglichen und für die einzelnen Produkte vom Konsumenten beurteilt.

Die *Urteilskomplexität* nimmt vom indikatorgeleiteten Urteil (sehr einfache Urteilsstruktur) zum unbegrenzten Preiswürdigkeitsurteil deutlich zu. Insofern ist davon auszugehen, dass Preiswürdigkeitsurteile eher selten, bei extensiven oder limitierten Entscheidungsprozessen, anzutreffen sind. Preisurteile gehen selten auf eine kontinuierliche, auf einen Cent genau unterscheidbare Preiswahrnehmung und -bewertung zurück. Vielmehr ist davon auszugehen, dass aktuelle Preise von Konsumenten subjektiv in einige wenige Preiskategorien bzw. *Preisklassen* (z. B. „günstig", „normal", „viel zu teuer") „übersetzt" werden. Dieses mentale Vorgehen kann als Stufenfunktion dargestellt werden (vgl. Abb. 4.23). Immer dort, wo ein Preisgünstigkeitsurteil sich ändert, von einer in die nächste Preisklasse springt, entsteht eine so genannte Preisschwelle (vgl. Diller 2000, S. 136 ff.). *Preisschwellen* werden auch als Diskontinuitäten in der Preisbewertung

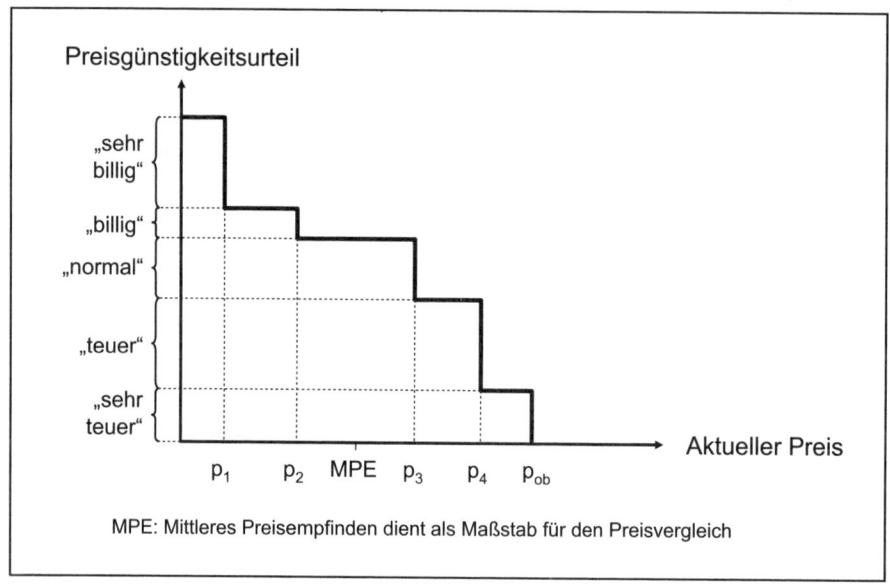

Abb. 4.23: Preisschwellenmodell
Quelle: in Anlehnung an Diller 2000, S.137

bezeichnet. Die Kenntnis solcher Preisschwellen ist für eine erfolgreiche Preispolitik extrem wichtig. Insbesondere die Diskussion über die im Handel oft verwendeten so genannten „gebrochenen" Preise (*odd prices*), Preise also, die leicht unterhalb eines runden Preises (*even prices*) liegen (z. B. 2,98 Euro anstelle von 3 Euro), unterstreicht die Bedeutung des Preisschwellenmodells (vgl. auch Homburg/Koschate 2005, S. 389 ff.; Simon 1992, S. 343).

4.3.2 Preisbereitschaft

Der Preis eines Produkts ist die wichtigste und wirksamste Kaufrestriktion. Den Nutzen eines Produkts erschließt sich nur derjenige, der bereit und in der Lage ist, den Preis für dieses Produkt zu zahlen. Kenntnisse über die Bereitschaft von Konsumenten, einen bestimmten Preis für ein Produkt zu zahlen, liefern dem Marketing wichtige Daten für die Preispolitik. Auf aggregiertem Niveau erfasst die *Preisabsatzfunktion* die Reaktion der Konsumenten auf Preise (vgl. Abb. 4.24). Setzen wir diskrete Güter voraus, die nur in ganzen Einheiten, nicht aber in beliebig teilbaren Mengen verkauft werden können, so reflektiert die Preisabsatzfunktion die Stückzahl x, die von einem Produkt zu einem

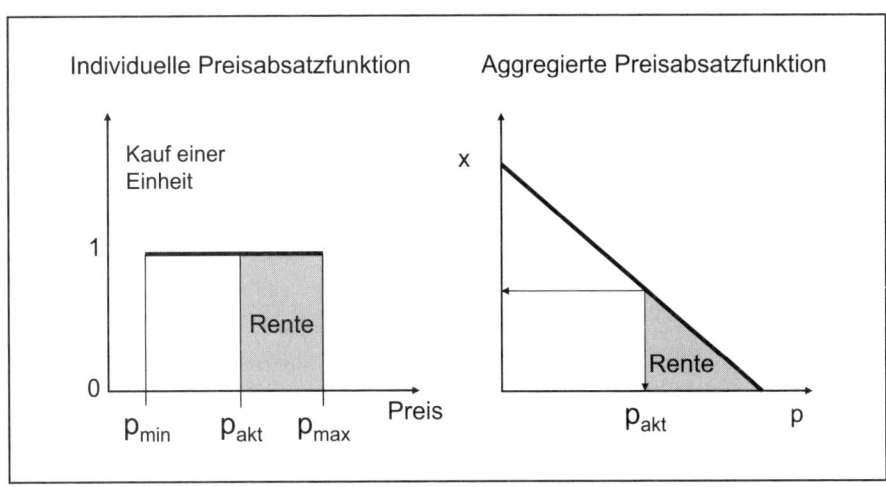

Abb. 4.24: Individuelle und aggregierte Preisabsatzfunktionen

bestimmten Preis p verkauft wird. Eine individuelle Preisabsatz- bzw. *Preisreaktions-funktion* stellt für eine bestimmte Produkteinheit die Preisspanne dar, die ein Konsu-ment für diese Produkteinheit zu zahlen bereit ist. Neben dem Maximalpreis p_{max} ist auch von der Existenz eines Minimalpreises p_{min} auszugehen, der als Qualitätsindikator die Schwelle zur Qualitätsakzeptanz angibt. Immer dann, wenn mit einem zu geringen Preis ein Qualitätsmangel verbunden wird (*Preis als Qualitätsindikator*), sind Verläufe mit positiver Steigung der Preisabsatzfunktion möglich (Trommsdorff 2004, S. 104; vgl. auch Homburg/Koschate 2005, S. 401 ff.). Aus der individuellen Preisabsatzfunktion kann eine für den gesamten Markt gültige aggregierte Preisabsatzfunktion abgeleitet werden (vgl. Abb. 4.24). Ein zentrales Ziel der Preispolitik ist es, die so genannte Konsu-mentenrente möglichst komplett abzuschöpfen. Die *Konsumentenrente* ist die Differenz zwischen dem maximal von einem Konsumenten gezahlten Preis für ein Produkt (die Zahlungsbereitschaft p_{max}) und dem tatsächlich geforderten Marktpreis p_{akt}.

Nach Diller (2000, S. 168) ist die Preisbereitschaft, auch *Zahlungsbereitschaft* (*willing-ness to pay*) oder Reservationspreis (*Reservation price*) genannt, eine Preisintention und dient der Charakterisierung der grundsätzlichen Bereitschaft eines Nachfragers, in einer zukünftigen Kaufsituation für eine Leistung höchstens einen bestimmten maxi-malen Preis zu zahlen. Nach dieser Definition stellt die Preisbereitschaft die individu-elle *Preisobergrenze* bzw. absolute obere *Preisschwelle* dar. Ist die Preisbereitschaft höher als der aktuell für eine Leistung geforderte Marktpreis, so bezieht der Nachfrager in Höhe dieser Differenz eine Konsumentenrente (*consumer surplus*). Preise oberhalb der persönlichen Preisbereitschaft werden vom Nachfrager dagegen nicht akzeptiert[43]. Der maximale Preis, den ein Konsument bereit ist, für ein Produkt zu zahlen (Preisbereitschaft), korrespondiert unmittelbar mit dem wahrgenommenen Wert bzw. Nutzen (*perceived value*), den dieses Produkt für den Konsumenten hat (Kalish/Nelson 1991, S. 328; Trommsdorff 2004, S. 103 f.). Die Preisbereitschaft kann somit als monetärer Ausdruck des wahrgenommenen Wertes des Produkts aufgefasst werden (Kalish/Nelson 1991, S. 328). Die Preisbereitschaft wird von *kognitiven Prozessen* der Verarbeitung von Preisinformationen (z. B. Preiswissen, Preislernen) beeinflusst, stellt aber keinen festen kognitiven Standard dar und variiert zwischen unterschiedlichen Kauf- bzw. Konsumsituationen (z. B. Kauf desselben Erfrischungsgetränks im Supermarkt einerseits oder an einem Bahnhofskiosk andererseits). Aber auch ohne objektive Preiskenntnisse verfügen Konsumenten oft über Vorstellungen, wie hoch der Preis für ein Produkt maximal sein darf (Trommsdorff 2004, S. 105).

Die Kenntnis von Preis- bzw. Zahlungsbereitschaften ist eine Schlüsselinformation zur optimalen Preisgestaltung im Unternehmen. Aus der Preisbereitschaft lassen sich *Preisreaktions- bzw. Preiswirkungsfunktionen* ableiten, die für eine Festlegung optimaler Preise unablässig sind (vgl. Balderjahn 1993, S. 40 ff.). Darüber hinaus kann die Ermittlung der Preisbereitschaft im *Target Costs-Ansatz* der Bestimmung von Zielkosten, die bei der Herstellung und im Vertrieb eines Produktes nicht überschritten werden dürfen, dienen (Woratschek 1996, S. 153). In Abb. 4.25 wird die Preisbereitschaft in einem theoretischen Kontext konzeptionell dargestellt. Angenommen wird, dass der wahrgenommene Wert eines Produkts sich einerseits aus der *wahrgenommenen Qualität* (Nutzen) und andererseits aus den erwarteten *Beschaffungskosten* (z. B. Zeitkosten, kognitive Aktivitäten und Kaufanstrengungen) ergibt (Kap. 2.1.1; auch Balderjahn 1993, S. 29; Monroe 1990, S. 54; Peter et al. 1999, S. 395; Zeithaml 1988). Die erwarteten Beschaffungskosten enthalten nach diesem Konzept nicht den aktuell geforderten Preis (Kalish/Nelson 1991, S. 328). Sie können im weitesten Sinne auch als *Transaktionskosten* aufgefasst werden. Die Hypothese von der Preisbereitschaft besagt, dass Konsumenten den wahrgenommenen Wert eines Produkts in Geldeinheiten bewerten und diesen in einer spezifischen Kaufsituation am POS mit dem aktuell geforderten Preis für das Produkt vergleichen. Wird rationales Verhalten unterstellt, dann wählt der Konsument aus dem aktuellen Angebot das Produkt bzw. die Marke mit der größten positiven Differenz zwischen Preisbereitschaft und aktuellem Preis aus (Ziel der Maximierung der Konsumentenrente).

Für den Zusammenhang zwischen der Preisbereitschaft und der Nachfrage gibt es

---

43 Im Gegensatz dazu ist die *Preisbereitschaft eines Anbieters* der minimale Preis, den ein Verkäufer gerade noch als Kaufangebot akzeptieren will.

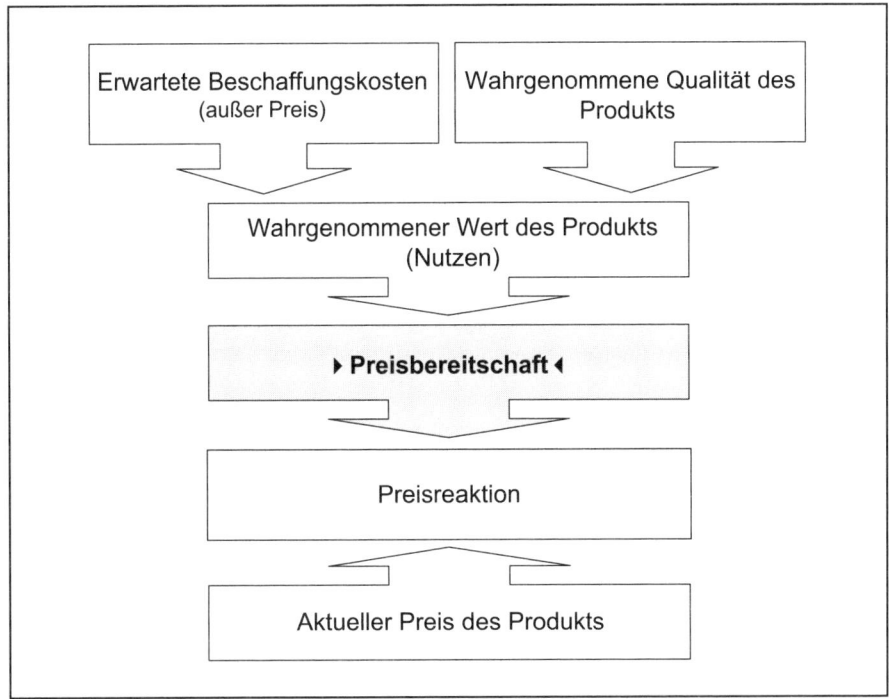

Abb. 4.25: Grundmodell zum Konstrukt der Preisbereitschaft
Quelle: Balderjahn 2003a

zahlreiche Erklärungsmodelle (vgl. Lilien et al. 1992, S. 204 f.). Dennoch sind genaue Kenntnisse dazu, wie der Preis die Kaufentscheidung beeinflusst, nach Meinung von Olshavsky et al. (1995, S. 207) immer noch unzureichend. Die Wirkung des Preises auf die Kaufentscheidung kann innerhalb von zwei theoretischen Meta-Ansätzen erfasst werden: (1) Nach der *Rational Choice Theory* besitzen Konsumenten (Entscheider) stabile Präferenzen. Sie können jeder Kaufalternative (*choice set*) einen festen Nutzen bzw. Wert zuweisen und diesen auch monetär bewerten. Weiterhin sind sie in der Lage, exakt festzustellen, welche Kaufalternative den persönlichen Nutzen maximiert (vgl. Kap. 2.1.1). Demgegenüber geht der *Informationsverarbeitungsansatz* (Information-processing approach) von einer begrenzten Informationsverarbeitungskapazität und Entscheidungsrationalität (*bounded rationality*) bei den Konsumenten aus (Bettman et al. 1998, S. 187). Konsumenten „konstruieren" nach dieser Theorie erst dann Präferenzen für Produkte, wenn diese in einer aktuellen Kaufsituation beschafft werden sollen. Deshalb sind Präferenzen häufig stark von der jeweiligen Situation am POS abhängig. Zudem variiert der Konsument auch seine Entscheidungsstrategien, so dass nicht von einer einheitlichen Wirkung von Preisbereitschaft und Preis auf den Produktkauf ausgegangen werden kann (Olshavsky et al. 1995, S. 207 f.).

Zur Bestimmung der Preisbereitschaft können einerseits Methoden herangezogen werden, die Preisbereitschaften auf individueller Ebene messen, und andererseits solche, die die Preisbereitschaft aus der Messung von Kauf- und Entscheidungsdaten (näherungsweise) ableiten und somit Preisbereitschaften auf aggregiertem, gruppenspezifischem Niveau ermitteln (vgl. Balderjahn 2003a). Zur ersten Gruppe gehören Methoden der direkten Befragung von Konsumenten, Auktionen und die Conjoint Analyse. Die zweite Gruppe enthält Methoden zur Analyse von Marktdaten (ökonometrische Analysen) sowie die Diskrete Entscheidungsanalyse (*discrete choice-Ansatz*).

4.4 Konsumentenverhalten und Geschäftsgestaltung

Die Ladengestaltung ist eine wichtige Marketingstrategie zur Verhaltensbeeinflussung von Konsumenten (vgl. Kroeber-Riel/Weinberg 2003, S. 434 ff.). Neben der Innengestaltung umfasst das auch die Außengestaltung (Parkplatz, Größe des Gebäudes, Eingang, Schaufenster etc.). Zur Innengestaltung gehört der Einsatz von Farben, Musik, Beleuchtung, Temperatur und Pflanzen. Einkaufszonen werden umso besser beurteilt, je orientierungsfreundlicher und lebendiger sie sind (Weinberg/Diehl 1998). Das Gefallen ist umso höher, je bunter, übersichtlicher, heller, lebendiger und wärmer eine Einkaufszone ist. Eine zielorientierte Gestaltung von Läden ist allerdings aus theoretischen Überlegungen allein kaum möglich. Hier ist sehr viel Erfahrung und Experimentieren vonnöten.

Entscheidungen von Konsumenten werden zu einem hohen Maße beeinflusst von Faktoren der physischen Umwelt. Mit diesen Zusammenhängen beschäftigt sich die wissenschaftliche Disziplin der Umweltpsychologie. Die *Umweltpsychologie* fragt nach den dynamischen Wechselwirkungen zwischen Menschen und ihrer physischen Umwelt (Kroeber-Riel/Weinberg 2003, S. 423). Sie versucht, Mensch-Umwelt-Beziehungen zu formulieren. Die physische Umwelt löst Reaktionen aufgrund ihrer Reizattribute (z. B. Farbe, Beleuchtung etc.) und aufgrund ihres Symbolwertes (z. B. Theater, Disco) aus. Diese Verhaltensreaktionen sind überwiegend erlernt. Es können kognitive und emotionspsychologische Ansätze der Umweltpsychologien unterschieden werden.

Kognitive Ansätze

Kognitive Ansätze versuchen die Entstehung und Veränderung von so genannten „gedanklichen Lageplänen" (*cognitive maps*) zur erklären, die der Mensch zur räumlichen Orientierung benötigt (vgl. Kap. 4.1.3.2). Menschen besitzen hervorragende Fähigkeiten, räumliche Umwelten wahrzunehmen und sich an diese zu erinnern (*perceptional mapping*). Gedankliche Lagepläne sind subjektiv vereinfachte innere Bilder einer räumlichen Ordnung (Kroeber-Riel/Weinberg 2003, S. 425).

Emotionspsychologische Ansätze

Während die räumliche Orientierung beim Menschen weitgehend unbewusst abläuft, findet eine Beeinflussung des Menschen durch die Umwelt vor allem über emotionale Reize statt (Kroeber-Riel/Weinberg 2003, S. 428). Emotionale Wirkungen der Umwelt stellt das *Grundmodell von Mehrabian und Russell* (1974) dar (vgl. Abb. 4.26). Danach wirken Umweltreize (S) einerseits direkt und andererseits indirekt über den Persönlichkeitstyp (P) auf die Entstehung primärer emotionaler Reaktionen (I). Diese wiederum beeinflussen das Verhalten (R) (vgl. Kroeber-Riel/Weinberg 2003, S. 429 ff.).

Reize der materiellen Umwelt sind u.a. Farben, Licht und Musik. In einer bestimmten Umgebung, z.B. in einer Boutique, erfolgt die Wirkung auf den Konsumenten weniger durch einzelne Reize, sondern durch eine bestimmte Reizkonstellation. Menschen un-

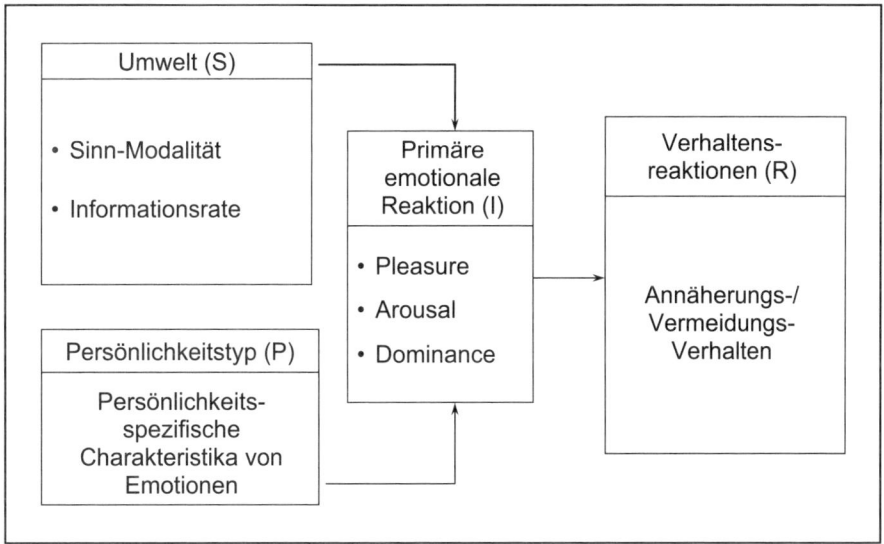

Abb. 4.26: Grundmodell von Mehrabian und Russell
Quelle: in Anlehnung an Buber/Reutterer 1996, S. 136

terscheiden sich in ihrer Reaktion auf Umweltreize. So wird oft unterschieden zwischen Menschen, die auf Reize sehr positiv reagieren, und solchen, die sich Reizen eher fern halten und sich von diesen abschirmen wollen. Nach dem *Modell von Mehrabian und Russell* werden die primären emotionalen Reaktionen Lust (*Pleasure*), Erregung (*Arousal*) und Dominanz (*Dominance*) unterschieden. Zur Messung dieser emotionalen Reaktionsformen ist eine dreidimensionale Skala, die so genannte *PAD-Skala*, entwickelt worden (vgl. Buber/Reutterer 1996).

Literaturverzeichnis

Aaker, J.L. (2005): Dimensionen der Markenpersönlichkeit, in: Esch, F.-R. (Hrsg.), Moderne Markenführung, 4. Aufl., Wiesbaden, S. 165–176.

Ajzen, I. (1985): From Intentions to Actions: A Theory of Planned Behavior, in: Kuhl, J./ Beckmann, j. (Hrsg.), Action Control: From Cognition to Behavior, Berlin u.a.

Ajzen, I./Fishbein, M (1980): Understanding Attitudes and Predictiong Social Behavior, New York.

Alba, J./Lynch, J./Wietz, B./Janiszewski, C./Lutz, R./Sawyer, A./Wood, S. (1997): Interactive Home Shopping: Consumer, Retailer, and Manufacturer Incentives to Participate in Electronic Marketplaces, in: Journal of Marketing, Vol. 61, S. 38–53.

Alba, J.W./Hutchinson, J.W. (1987): Dimensions of Consumer Expertise, in: Journal of Consumer Research, Vol. 13, S. 411–454.

Alba, J.W./Marmorstein, H. (1987): The Effects of Frequency Knowledge on Consumer Decision-Making, in: Journal of Consumer Research, Vol. 14, S. 14–26.

Allport, G.W. (1935): Attitudes, in: Marchison, C. (Hrsg.), A Handbook of Social Psychology, Worcester, Mass, S. 798–844.

Anderson, J.R./Lebiere, C. (1998): The Atomic Components of Thought, Mahwah, NJ.

Anderson, N.H. (1970): Functional measurement and psychophysical judgment, in: Psychological Review, S. 153–170.

Anderson, R.E. (1973): Consumer Dissatisfaction: The Effect of Disconfirmed Expectancy on Perceived Product Performance, in: Journal of Marketing Research, Vol. 10, S. 38–44.

Anderson, J.R. (1996): Kognitive Psychologie, 2. Aufl., Heidelberg.

Andreasen, A.R. (1995): Marketing Social Change, San Francisco.

Antonides, G./Van Raaij, W.F. (1998): Consumer Behaviour. A European perspective, Chichester u.a.

Atkinson, J.W. (1964): An Introduction to Motivation, Princeton.

Atkinson, J.W./Birch, D.A. (1970): A Dynamic Theory of Action, New York.

Aust, E. (1996): Simultane Conjointanalyse, Benefit-Segmentierung, Produktlinien- und Preisgestaltung, Frankfurt/Main.

Babin, B.J./Darden,W.R./Griffin, M. (1994): Work and/or Fun: Measuring Hedonic and Utilitarian Shopping Value, in: Journal of Consumer Research, Vol. 20, S. 644–656.

Backhaus, K. (2003): Industriegütermarketing, 7. Aufl., München.

Backhaus, K./Voeth, M. (2007): Industriegütermarketing, 8. Aufl., München.

Backhaus, K./Erichson, B./Plinke, W./Weiber, R. (2006): Multivariate Analysemethoden, 11. Aufl., Berlin.

Baddeley, A. D. (1997): Human Memory: Theory and Practice, Hove.

Bagozzi, R. P. (1998): A prospectus for theory construction in Marketing: Revisited and revised, in: Hildebrandt, L./Homburg, Ch. (Hrsg.), Die Kausalanalyse, Stuttgart, S. 44-81.

Bagozzi, R. P./Burnkrant, R. E. (1979): Attitude Organization and the Attitude-Behavior Relationship, in: Journal of Personality and Social Psychology, S. 913-929.

Bagozzi, R. P./Warshaw, P. R. (1990): Trying to Consume, in: Journal of Consumer Research, Vol. 17, S. 127-140.

Bagozzi, R. P./Dholakia, U. (1999): Goal Setting and Goal Striving in Consumer Behavior, in: Journal of Marketing, Vol. 63, S. 19-32.

Balderjahn, I. (1986): Das umweltbewußte Konsumentenverhalten, Berlin.

Balderjahn, I. (1993): Marktreaktionen von Konsumenten: Ein theoretisch-methodisches Konzept zur Analyse der Wirkung marketingpolitischer Instrumente, Schriften zum Marketing, Bd. 33, Berlin.

Balderjahn, I. (1995): Bedürfnis, Bedarf, Nutzen, in: Tietz, B./Köhler, R./Zentes, J. (Hrsg.), Handwörterbuch des Marketing (HWM), 2. Aufl., Stuttgart, S. 179-190.

Balderjahn, I. (2000): Standortmarketing, Stuttgart.

Balderjahn, I. (2003a): Erfassung der Preisbereitschaft, in: Diller, H./Herrmann, A. (Hrsg.), Handbuch Preispolitik, Wiesbaden, S. 387-404.

Balderjahn, I. (2003b): Validität. Konzept und Methoden, WiSt - Wirtschaftswissenschaftliches Studium, 32. Jg. (März), Heft 3, S. 130-135.

Balderjahn, I. (2004): Nachhaltiges Marketing-Management. Möglichkeiten einer umwelt- und sozialverträglichen Unternehmenspolitik, Stuttgart.

Balderjahn, I./Schnurrenberger, B. (2005): Virtuelle Kundenintegration im Innovationsprozess, in: Amelingmeyer, J./Harland, P. E. (Hrsg.), Technologiemanagement & Marketing - Herausforderungen eines integrierten Innovationsmanagements, Wiesbaden, S. 415-432.

Balderjahn, I./Scholderer, J. (2002): Benefit- und Life Style-Segmentierung, in: Albers, S./Herrmann, A. (Hrsg.), Handbuch Produkt-Management, 2. Aufl., Wiesbaden, S. 267-288.

Balderjahn, I./Will, S. (1997): Umweltverträgliches Konsumentenverhalten - Wege aus einem sozialen Dilemma, Marktforschung und Management (M & M), 41. Jg., Heft 4, S. 140-145.

Balderjahn, I./Will, S. (1998): Laddering: Messung und Analyse von Means-End Chains, Marktforschung und Management (M & M), 42. Jg., Heft 2, S. 68-71.

Bandura, A. (1976): Lernen am Modell. Ansätze zu einer sozial-kognitiven Lerntheorie, Stuttgart.

Bandura, A./Walters, R. H. (1963): Social Learning and Personality Development, New York.

Banning, T. H. (1987): Lebensstilorientierte Marketing-Theorie, Heidelberg.

Bargh, J. A./Chartrand, T. L. (1999): The Unbearable Automaticity of Being, in: American Psychologist, Vol. 54, S. 462-479.

Bass, F. M. (1974): The Theory of Stochastic Preference and Brand Switching, in: Journal of Marketing Research, Vol. 11, No. 1, S. 1-20.

Baumgarth, C. (2004): Markenpolitik, 2. Aufl., Wiesbaden.

Baumgartner, B./Hruschka, H. (2002): Ein Discrete Choice-Modell zur Erklärung von Markentreue auf Grundlage von Theorien des Lernens und der wahrgenommenen Unsicherheit, in: zfbf, 54. Jg., Juni, S. 299-316.

Beane, T. P./Ennis, D. M. (1987): Market segmentation: A review, in: European Journal of Marketing, S. 20-42.

Beatty, S. E./Smith, S. M. (1987): External Search Effort: An Investigation Across Several Product Categories, in: Journal of Consumer Research, Vol. 14, S. 83-95.

Becker, J. (2002): Marketing-Konzeption, 7. Aufl., München.

Beckwith, N. E./Lehman, D. R. (1975): The Importance of Halo Effects in Multi-Attribute Attitude Models, in: Journal of Marketing Research, Vol. 12, S. 265-275.

Behrens, G. (1991): Konsumentenverhalten, 2. Aufl., Heidelberg.

Bekmeier-Feuerhahn, S. (2005): Messung von Markenvorstellungen, in: Esch, F.-R. (Hrsg.), Moderne Markenführung, 4. Aufl., Wiesbaden, S. 1329-1346.

Belz, F. M. (1999): Integratives Öko-Marketing, in: Bellmann, K. (Hrsg.), Betriebliches Umweltmanagement in Deutschland, Wiesbaden, S. 163-189.

Ben-Akiva, M./Lerman, S. R. (1985): Discrete choice analysis: Theory and applications to travel demand, Cambridge.

Benkenstein, M. (2002): Strategisches Marketing, 2. Aufl., Stuttgart.

Bennett, R./Rundle-Thiele, S. (2002): A Comparison of Attitudinal Loyalty Measurement Approaches, in: Brand Management, Vol. 9, S. 193-209.

Berekoven, L. (1979): Die Bedeutung Wilhelm Vershofens für die Absatzwirtschaft, in: Jahrbuch der Absatz- und Verbrauchsforschung, S. 2-10.

Berger, I. E./Mitchell, A. A. (1989): The Effect of Advertising on Attitude Accessibility, Attitude Confidence, and the Attitude-Behavior Relationship, in: Journal of Consumer Research, Vol. 16, S. 269-279.

Bettman, J. R. (1979): An Information Processing Theory of Consumer Choice, Reading (Mass.) u. a.

Bettman, J. R./Luce, M. F./Payne, J. W. (1998): Constructive Consumer Choice Processes, in: Journal of Consumer Research, Vol. 25, S. 187-217.

Beutin, N. (2003): Verfahren zur Messung der Kundenzufriedenheit im Überblick, in: Homburg, Ch. (Hrsg.), Kundenzufriedenheit, 5. Aufl., Wiesbaden, S. 115-151.

Blackwell, R. D./Miniard, P. W./Engel, J. F. (2006): Consumer Behavior, 10th ed., Canada.

Böhler, H. (1995): Käufertypologien, in: Tietz, B./Köhler, R./Zentes, J. (Hrsg.), Handwörterbuch des Marketing, 2. Aufl., Stuttgart, Sp. 1091-1104.

Botschen, G./Botschen, M. (2004): Kundenintegrierte Neuproduktentwicklung von Dienstleistungen, in: Hinterhuber, H.H./Matzler, K. (Hrsg.), Kundenorientierte Unternehmensführung, 4. Aufl., Wiesbaden, S. 425-442.

Boulding, W./Kalra, A./Staelin, R./Zeithaml, V. A. (1993): A Dynamic Process Model of Service Quality: From Expectations to Behavioral Intentions, in: Journal of Marketing Research, Vol. 30, February, S. 7-27.

Bourdieu, P. (1982): Die feinen Unterschiede. Kritik der gesellschaftlichen Urteilskraft, Frankfurt/Main.

Brice, R. (1997): Conjoint analysis. A review of conjoint paradigms and discussion of the outstanding design issues, in: Marketing and Research Today, S. 260-266.

Bruhn, M. (2000): Kundenerwartungen - Theoretische Grundlagen, Messung und Managementkonzept, in: ZfB, 70. Jg., Nr. 9, S. 1031-1054.

Bruhn, M. (2004): Qualitätsmanagement für Dienstleistungen, 5. Aufl., Berlin u.a.

Bruhn, M./Georgi, D. (2000): Kundenerwartungen als Steuerungsgröße, Konzept, empirische Ergebnisse und Ansätze eines Erwartungsmanagements, in: Marketing ZFP, 22. Jg., Nr. 3, S. 185-196.

Brunsø, K./Scholderer, J./Grunert, K. G. (2004a): Closing the Gap between Values and Behaviour: A Means-End Theory of Lifestyle, in: Journal of Business Research, Vol. 57, S. 665-670.

Brunsø, K./Scholderer, J./Grunert, K. G. (2004b): Testing the Relationships between Values and Food-Related Lifestyles, in: Appetite, Vol. 43, S. 195-205.

Buber, R./Reutterer, Th. (1996): Ladenatmosphäre und Konsumentenverhalten, in: Der Markt, 35. Jg. Nr. 138, S. 132-147.

Burmann, Ch./Meffert, H./Koers, M. (2005): Stellenwert und Gegenstand des Markenmanagements, in: Meffert, H./Burmann, Ch./Koers, M. (Hrsg.), Markenmanagement, 2. Aufl., Wiesbaden, S. 3-17.

Butler, P./Peppard, J. (1998): Consumer Purchasing on the Internet: Processes and Prospects, in: European Management Journal, Vol. 16, S. 600-610.

Buttle, F. (1996): SERVQUAL: Review, Critique, Research Agenda, in: European Journal of Marketing, Vol. 30, S. 8-32.

Cardello, A. V. (1995): Food Quality: Relativity, Context and Consumer Expectations, in: Food Quality & Preference, Vol. 6, S. 163-170.

Celsi, R./Olson, J. (1988): The Role of Involvement in Attention and Comprehension Processes, in: Journal of Consumer Research, Vol. 15, S. 210-224.

Chernatony, L. de/McDonald, M. H. (2003): Creating Powerful Brands, 3. Aufl., Oxford.

Chiang, K. P./Dholakia, R. R. (2003): Factors Driving Consumer Intention to Shop Online: An Empirical Investigation, in: Journal of Consumer Psychology, Vol. 13, S. 177-183.

Clef, U. (1999): Mehrmarkenstrategie für die Pole-Position, in: Absatzwirtschaft, S. 72-80.

Collins, A. M./Loftus, E. F. (1975): A Spreading-activation Theory of Semantic Processing, in: Psychological Review, Vol. 82, S. 407-428.

Cook, F. L./Tyler, T. R./Goetz, E. G./Gordon, M. T./Protess, D./Leff, D. R./Molotoch, H. L. (1983): Media and Agenda Setting: Effects on the Public, Interest Group Leaders, Policy Makers, and Policy, in: Public Opinion Quarterly, Vol. 47, S. 16-35.

Coombs, C. H. (1964): A Theory of Data, New York.

Cronin, J. J./Taylor, S. A. (1992): Measuring Service Quality: A Reexamination and Extension, in: Journal of Marketing, Vol. 56, S. 55-68.

Darmon, R. Y./Rouziès, D. (1994): Reliability and internal validity of conjoint estimated utility functions under error-free versus error-full conditions, in: International Journal of Research in Marketing, S. 465-476.

Davidson, J. E./Sternberg, R. J. (2003): The Psychology of Problem Solving, Cambridge.

De Houwer, J./Thomas, S./Baeyens, F. (2001): Associative Learning of Likes and Dislikes: A Review of 25 Years of Research on Human Evaluative Conditioning, in: Psychological Bulletin, Vol. 127, S. 853-869.

DeSarbo, W. S./Ramaswamy, V./Cohen, S. H. (1995): Market segmentation with choice-based conjoint analysis, in: Marketing Letters, S. 137-147.

DeSarbo, W. S./Wedel, M./Vriens, M./Ramaswamy, V. (1992): Latent class metric conjoint analysis, in: Marketing Letters, S. 273-288.

Dholakia, R. R./Uusitalo, O. (2002): Switching to Electronic Stores: Consumer Characteristics and the Perception of Shopping Benefits, in: International Journal of Retail & Distribution Management, Vol. 30, S. 459-469.

Diekmann, A. (1996): Homo ÖKOnomicus, in: Diekmann, A./Jaeger, C.C. (Hrsg.), Umweltsoziologie, Opladen, S. 105 ff.

Diekmann, A./Preisendörfer, P. (1992): Persönliches Umweltverhalten. Diskrepanzen zwischen Anspruch und Wirklichkeit, in: Kölner Zeitschrift für Soziologie und Sozialpsychologie, 44. Jg., S. 226-251.

Diller, H. (Hrsg.) (2001): Vahlens Großes Marketinglexikon, 2. Aufl., München.

Diller, H. (2000): Preispolitik, 3. Aufl., Stuttgart.

Downs, A. (1972): Up and Down with Ecology: The Issue-Attention Cycle, in: Public Interest, Vol. 28, S. 28–50.

Drieseberg, T. J. (1995): Lebensstil-Forschung, Heidelberg.

Dubow, J. S. (1992): Occasion-based versus user-based benefit segmentation: A case study, in: Journal of Advertising Research, S. 10–18.

Eagly, A. H./Chaiken, S. (1993): The Psychology of Attitudes, Fort Worth, TX.

Eccles, J. S./Wigfield, A. (2002): Motivational Beliefs, Values, and Goals, in: Annual Review of Psychology, Vol. 53, S. 109–123.

Edwards, W. (1954): The Theory of Decision Making, in: Psychological Bulletin, Vol. 51, S. 380-417.

Ehrenberg, A. S. C. (1988): Repeat-Buying: Facts, Theory and Applications, London.

Esch, F.-R. (2002): Markenprofilierung und Markentransfer, in: Albers, S./Herrmann, A. (Hrsg.), Handbuch Produktmanagement, 2. Aufl., Wiesbaden, S. 189–218.

Esch, F.-R. (2005): Strategie und Technik der Markenführung, 3. Aufl. München.

Esch, F.-R./Billen, P. (1994): Ansätze zum Zufriedenheitsmanagement – Das Zufriedenheitsportfolio, in: Tomczak, T./Belz, Ch. (Hrsg.), Kundennähe realisieren, St. Gallen, S. 407-424.

Esch, F.-R./Bräutigam, S. (2001): Corporate Brands versus Product Brands? in: Thexis, 18. Jg., Heft Nr. 4, S. 27–35.

Evans, J. St. B. T. (2003): In Two Minds: Dual Process Accounts of Reasoning, in: Trends in Cognitive Sciences, Vol. 10, S. 454–459.

Fasolo, B./McClelland, G. H./Todd, P. M. (2006): Escaping the Tyranny of Choice: When Fewer Attributes Make Choice Easier, in: Marketing Theory (Special issue on Judgement and Decision Making), forthcoming.

Fazio, R. H. (1986): How do Attitudes Guide Behavior, in: Sorrentino, R. M./Higgins, E. T. (Eds.), The Handbook of Motivation and Cognition. Foundations of Social Behavior, New York, S. 204–243.

Fazio, R. H. (1990): Multiple Processes by which Attitudes Guide Behavior: The MODE Model as an Integrative Framework, in: Zanna, M. P. (Ed.), Advances in Experimental Social Psychology, Vol. 23, New York, S. 75–109.

Fazio, R. H./Sanbonmatsu, D. M./Powell, M. C./Kardes, F. R. (1986): On the Automatic Activation of Attitudes, in: Journal of Personality and Social Psychology, Vol. 50, S. 229–238.

Fazio, R. H./Zanna, M. P. (1981): Direct Experience and Attitude-Behavior Consistency, in: Berkowitz, L. (Ed.), Advances in Experimental Social Psychology, Vol. 14, New York, S. 161–202.

Festinger, L. (1957): Theory of Cognitive Dissonance, Stanford.

Finucane, M. L./Alhakami, A./Slovic, P./Johnson, S. M. (2000): The Affect Heuristic in Judgments of Risks and Benefits, in: Journal of Behavioral Decision Making, Vol. 13, S. 1-17.

Fishbein, M. (1963): An investigation of the relationship between beliefs about an object and the attitude toward that object, in: Human Relations, S. 233-239.

Fishbein, M. (1967): Attitude and the Prediction of Behavior, in: Fishbein, M. (Hrsg.), Readings in Attitude Theory and Measurement, New York, S. 477-492.

Fishbein, M./Ajzen, I. (1975): Belief, Attitude, Intention and Behavior: An Introduction to Theory and Research, Massachusetts.

Foscht, Th./Swoboda, B. (2005): Käuferverhalten, 2. Aufl., Wiesbaden.

Fournier, S./Dobscha, S./Mick, D. G. (1998): Preventing the Premature Death of Relationship Marketing, in: Harvard Business Review, January-February, S. 43-51.

Freiling, J. (2001): Resource-based View und ökonomische Theorie, Wiesbaden.

Freter, H. (1995): Marktsegmentierung, in: Tietz, B./Köhler, R./Zentes, J. (Hrsg.), Handwörterbuch des Marketing, 2. Aufl., Stuttgart, Sp. 1802-1814.

Freter, H. (2001): Lebensstil-Life style) konzept, in: Diller, H. (Hrsg.) (2001): Vahlens Großes Marketinglexikon, 2. Aufl., München, S. 900-901.

Freter, H. (2001): Polit-Marketing, in: Tscheulin, D.K./Helmig, B. (Hrsg.), Branchenspezifisches Marketing, Wiesbaden, S. 313-330.

Frey, D. (1979): Einstellungsforschung, in: Marketing ZFP, 1. Jg., S. 31-45.

Fritz, W./Oelsnitz, D.v.d. (2006): Marketing, 4. Aufl., Stuttgart.

Füller, J./Mühlbacher, H. (2004): Community Based Innovation - Ein Ansatz zur Einbindung von Online Communities in die Entwicklung neuer Dienstleistungen, in: Bruhn, M./Stauss, B. (Hrsg.), Dienstleistungsinnovationen, Stuttgart 2004, S. 303-325.

Füller, J./Mühlbacher, H./Bartl, M. (2004): Beziehungsmanagement durch virtuelle Kundeneinbindung in den Innovationsprozess, in: Hinterhuber, H.H./Matzler, K. (Hrsg.), Kundenorientierte Unternehmensführung, 4. Aufl., Wiesbaden, S. 215-239.

Gatesleben, B./Vlek, Ch. (1998): Household Consumption, Quality of Life, and Environmental Impacts: A Psychological Perspective and Empirical Study, in: Noorman, K.J./ Uiterkamp, T.S. (eds.), Free Households? Domestic Consumers, Environment and Sustainability, London, S. 141-183.

Gaul, W./Aust, E./Baier, D. (1995): Gewinnorientierte Produktliniengestaltung unter Berücksichtigung des Kundennutzens, in: Zeitschrift für Betriebswirtschaft, S. 835-855.

Gengler, Ch. E./Klenosky, D. B./Mulvey, M. S. (1995): Improving the graphical representation of means-end results, in: International Journal of Research in Marketing, Vol. 12, S. 245-256.

Gengler, Ch. E./Reynolds, T. (1995): Consumer Understanding and Advertising Strategy: Analysis and Strategic Translation of Laddering Data, in: Journal of Advertising Research, Vol. 35, S. 19-33.

Gentry, J. W./Jun, S./Tansuhaj, P. (1995): Consumer Acculturation Processes and Cultural Conflict - How Generalizable is a North American Model for Marketing Globally?, in: Journal of Business Research, Vol. 32, S. 129-139.

GfK (Gesellschaft für Konsumforschung) (2004): Wie denken die vereinigten Konsumenten Europas, in: gfk insite, Heft 2, S. 16-19.

Gigerenzer, G. (2000): Adaptive Thinking: Rationality in the Real World, New York.

Gigerenzer, G./Czerlinski, J./Martignon, L. (2002): How good are fast and frugal heuristics?, in: Gilovich, T./Griffin, D./Kahnemann D. (Hrsg.), Heuristics and Biases: The Psychology of Intuitive Judgment, Cambridge, S. 559-581.

Gigerenzer, G./Goldstein, D. (1996): Reasoning the Fast and Frugal Way: Models of Bounded Rationality, in: Psychological Review, S. 650-669.

Gierl, H./Stumpp, St. (1999): Der Einfluß von Kontrollüberzeugungen und globalen Einstellungen auf das umweltbewußte Konsumentenverhalten, in: Marketing ZFP, 21. Jg., S. 121-129.

Gladwell, M. (2005): Blink: The Power of Thinking without Thinking, New York.

Gollwitzer, P. M. (1993): Goal Achievement: The role of Intentions, in: European Review of Social Psychology, Vol. 4, S. 141-185.

Gollwitzer, P. M. (1999): Implementation Intentions: Strong Effects of Simple Plans, in: American Psychologist, Vol. 54, S. 493-503.

Gollwitzer, P. M./Bargh, J. A. (1996): The Psychology of Action: Linking Cognition and Motivation to Behaviour, New York.

Green, P. E. (1984): Hybrid models for conjoint analysis: An expository review, in: Journal of Marketing Research, S. 155-169.

Green, P. E./Krieger, A. M. (1989): Recent contributions to optimal product positioning and buyer segmentation, in: European Journal of Operational Research, S. 127-141.

Green, P. E./Krieger, A. M./Agarwal, M. K. (1993): A cross-validation of four models for quantifying multiattribute preferences, in: Marketing Letters, S. 369-380.

Green, P. E./Srinivasan, V. (1978): Conjoint analysis in consumer research: Issues and outlook, in: Journal of Consumer Research, S. 103-123.

Green, P. E./Srinivasan, V. (1990): Conjoint analysis in marketing research: New developments and directions, in: Journal of Marketing, S. 3-19.

Greenberg, M./MacDonald, S.S. (1989): Successful needs/benefits segmentation: A user's guide, in: Journal of Consumer Marketing, S. 29–36.

Grönroos, C. (1995): Relationship Marketing: The Strategy Continuum, in: Journal of the Academy of Marketing Science, Vol. 23, S. 252–254.

Gruber, Th./Voß, R./Balderjahn, I./Reppel, A. (2007): Online-Laddering, in: Buber, R./ Holzmüller, H.H. (Hrsg.), Qualitative Marktforschung, München.

Gruner, K.E. (1997): Kundeneinbindung in den Produktinnovationsprozeß, Wiesbaden.

Grunert, K.G. (1990): Kognitive Strukturen in der Konsumforschung, Heidelberg.

Grunert, K.G. (1991): Kognitive Strukturen und Marketingkommunikation, in: Marketing ZFP, 13. Jg., S. 11–22.

Grunert, K.G. (1993): Towards a Concept of Food-Related Life Style, in: Appetite, Vol. 21, S. 151–155.

Grunert, K.G. (1994): Subjektive Produktbedeutungen, in: Forschungsgruppe Konsum und Verhalten (Hrsg.), Konsumentenforschung, Heidelberg.

Grunert, K.G. (1996): Automatic and Strategic Processes in Advertising Effects, in: Journal of Marketing, Vol. 60, S. 88–101.

Grunert, K.G./Brunsø, K./Bisp, S. (1997): Food-related life style: Development of a cross-culturally valid instrument for market surveillance, in: Kahle, L./Chiagouris, C. (Hrsg.), Values, lifestyles, and psychographics, Mahwah (NJ), S. 337–354.

Grunert, K.G./Brunsø, K./Bredahl, L./Bech, A.C. (2001): Food-Related Lifestyle: A Segmentation Approach to European Food Consumers, in: Frewer, L.J./Risvik, E./ Schifferstein, H.N.J./von Alvensleben, R. (Eds.), Food, People and Society: A European Perspective of Consumers' Food Choices, London, S. 211–230.

Grunert, K.G./Grunert, S.C. (1995): Measuring Subjective Meaning Structures by the Laddering Method: Theoretical Considerations and Methodological Problems, in: International Journal of Research in Marketing, Vol. 12, S. 209–226.

Grunert, K.G./Ramus, K. (2005): Consumers' Willingness to Buy Food Through the Internet: A Review of the Literature and a Model for Future Research, in: British Food Journal, Vol. 107, S. 391–403.

Grunert, S.C./Grunert, K.G./Kristensen, K. (1992): The cross-cultural validity of the list of values LOV: A comparison of nine samples from five countries, in: Smeets, J. J.G./Odeken, M.E.P./van de Pol, F.J.R (Eds.), Developments and applications in structural equation modeling, Sociometric Research Foundation, Amsterdam.

Günter, B. (2001): Kulturmarketing, in: Tscheulin, D.K./Helmig, B. (Hrsg.), Branchenspezifisches Marketing, Wiesbaden, S. 331–350.

Günter, B. (2003): Beschwerdemanagement als Schlüssel zur Kundenzufriedenheit, in:

Homburg, Ch. (Hrsg.) (2003): Kundenzufriedenheit, 5. Aufl., Wiesbaden, S. 291–312.

Gupta, K./Stewart, D. W. (1996): Customer Satisfaction and Customer Behavior: The Differential Role of Brand and Category Expectations, in: Marketing Letters, Vol. 7, Nr. 3, S. 249-263.

Gutman, J. (1982): A Means-End Chain Model Based on Consumer Categorization Processes, in: Journal of Marketing, Vol. 46, S. 60-72.

Haedrich, G./Tomczak, T./Kaetzke, Ph. (2003): Strategische Markenführung, 3. Aufl., Bern u. a.

Hammann, P./Erichson, B. (2000): Marktforschung, 4. Aufl., Stuttgart.

Hansen, U./Schrader, U. (1999): Zukunftsfähiger Konsum als Ziel der Wirtschaftstätigkeit, in: Korff, W. (Hrsg.), Handbuch der Wirtschaftsethik, Band 1-4, S. 463-486.

Haley, R. I. (1968): Benefit segmentation: A decision-oriented research tool, in: Journal of Marketing, S. 30-35.

Hastie, R. (2001): Problems for Judgement and Decision Making, in: Annual Review of Psychology, Vol. 52, S. 653-683.

Heckhausen, J./Heckhausen, H. (2006): Motivation und Handeln, 3. Aufl., Berlin u.a.

Heider, F. (1946): Attitudes and Cognitive Organization, in: Journal of Psychology, Vol. 21, S. 107-112.

Helm, S./Günter, E. (2003): Kundenwert - eine Einführung in die theoretischen und praktischen Herausforderungen der Bewertung von Kundenbeziehungen, in: Günter, B./Helm, S. (Hrsg.), Kundenwert, 2. Aufl., Wiesbaden, S. 3-38.

Herrmann, A. (1998): Produktmanagement, München.

Herrmann, A./Seilheimer, C. (2000): Erklärungsansätze zur Dynamik des Vergleichsmaßstabs im Rahmen des Lücken-Modells der Kundenzufriedenheit, in: WiSt, Nr. 1, Januar, S. 14-20.

Hines, J. M./Hungerford, H. R./Tomera, A. N. (1987): Analysis and Synthesis of Research on Responsible Environmental Behavior. A Meta Analysis, in: Journal of Envorinmental Education, Vol. 18, S. 1-8.

Hirschman, A. O. (1970): Exit, Voice, and Loyality – Responses to Decline in Firms, Organisations, and States. Cambridge.

Hogarth, R. M./Reder, M. W. (1987): Rational Choice: The Contrast Between Economics and Psychology, Chicago.

Homburg, Ch./Bruhn, M. (2003): Kundenbindungsmanagement. Eine Einführung in die theoretischen und praktischen Problemstellungen, in: Bruhn, M./Homburg, Ch. (Hrsg.), Kundenbindungsmanagement. Grundlagen, Konzepte, Erfahrungen, 4. Aufl., Wiesbaden, S. 3-35.

Homburg, Ch./Bucerius, M. (2003): Kundenzufriedenheit als Managementherausforderung, in: Homburg, Ch. (Hrsg.), Kundenzufriedenheit, 5. Aufl., Wiesbaden, S. 53-86.

Homburg, Ch./Koschate, N. (2005): Behavioral Pricing - Forschung im Überblick, Teil 1, in: ZfB, 75. Jg., Heft 4, S. 383-423.

Homburg, Ch./Stock, R. (2003): Theoretische Perspektiven zur Kundenzufriedenheit, in: Homburg, Ch. (Hrsg.), Kundenzufriedenheit, 5. Aufl., Wiesbaden, S. 17-51.

Hormuth, S. E. (1979): Sozialpsychologie der Einstellungsänderung, Königstein/Ts.

Hovland, C. I./Harvey, O. J./Sherif, M. (1957): Assimilation and Contrast Effects in Reactions to Communication and Attitude Change, in: Journal of Abnormal and Social Psychology, Vol. 55, S. 244-252.

Howard, J. A. (1994): Consumer Behavior in Marketing Strategy, 2nd ed., Englewood Cliffs, New Jersey.

Howard, J. A./Sheth, J. N. (1969): The Theory of Buyer Behavior, New York.

Hoyer, W. D./MacInnis, D. J. (2004): Consumer Behavior, 3. Aufl., Boston.

Huber, G. P. (1974): Multiattribute utility models: A review of field and field-like studies, in: Management Science, S. 1393-1402.

Hustad, T. P./Pessemier, E. A. (1974): The development and application of psychographic life style and associated activity and attitude measures, in: Wells, W.D. (Hrsg.), Life style and psychographics, Chicago (IL), S. 31-70.

Iacobucci, D./Grayson, K. A./Omstrom, A. L. (1994): The Calculus of Service Quality and Customer Satisfaction: Theoretical and Empirical Differentiation and Integration, in: Swartz, T. A./Bowen, D. E./Brown, S. W. (Eds.), Advances in Services Marketing and Management, Vol. 3, Greenwich, CT, S. 1-68.

Inglehart, R. (1979): Wertwandel in den westlichen Gesellschaften: Politische Konsequenzen von materialistischen und postmaterialistischen Prioritäten, in: Klages, H./Kmieciak, P. (Hrsg.), Wertwandel und gesellschaftlicher Wandel, Frankfurt a.M., S. 279-316.

Jaccard, J./Brinberg, D./Ackerman, L. (1986): Assessing attribute importance: A comparison of six methods, in: Journal of Consumer Research, S. 463-468.

Jacoby, J./Chestnut, R. W. (1978): Brand Loyalty. New York.

Jacoby, J./Speller, D./Kohn, C. (1974): Brand Choice Behavior as a Function of Information Load, in: Journal of Marketing Research, Vol. 11, S. 63-69.

Janiszewski, C. (1998): The Influence of Display Characteristics on Visual Exploratory Search Behavior, in: Journal of Consumer Research, Vol. 25, S. 290-301.

Jeck-Schlottmann, G. (1988): Anzeigenbetrachtung bei geringem Involvement, in: Marketing ZFP, 10. Jg., S. 33-44.

Johnson, E./Bettman, J./Payne, J. W. (1993): The Adaptive Decision Maker, Cambridge.

Johnson, R. M. (1987): Adaptive conjoint analysis, in: Sawtooth Software Corporation, (Hrsg.), Sawtooth Software Conference Proceedings, Sun Valley, S. 253-265.

Jones, M. A./Reynolds, K. E./Weun, S./Beatty, S. E. (2003): The Product Specific Nature of Impulse Buying Tendency, in: Journal of Business Research, Vol. 56, S. 505-511.

Jungermann, H./Pfister, H.-R./Fischer, K. (2005): Die Psychologie der Entscheidung, 2. Aufl., München.

Kaas, K. P. (1992): Marketing für umweltfreundliche Produkte. Ein Ausweg aus den Dilemmata der Umweltpolitik?, in: Die Betriebswirtschaft, 52. Jg., Nr. 4, S. 473-487.

Kaas, K. P. (1993): Informationsprobleme auf Märkten für umweltfreundliche Produkte, in: Wagner, G.-R. (Hrsg.), Betriebswirtschaft und Umweltschutz, Stuttgart, S. 29-43.

Kahle, L. R. (1996): Social Values and Consumer Behavior: Research from the List of Values, in: Seligman, C.(Olson, J./Zanna, M.P. (Hrsg.), The Psychology of Values, Mahwah, S. 135-151.

Kahle, L. R./Kennedy, P. (1988): Using the List of Values (LOV) to Understand Consumers, in: Journal of Service Marketing, 4/1988, S. 49-56.

Kahn, B. E. (1995): Consumer Variety Seeking among Goods and Services - An Integrative Review, in: Journal of Retailing and Consumer Services, Vol. 2, S. 139-148.

Kahneman, D. (2003): A Perspective on Judgment and Choice, in: American Psychologist, Vol. 58, S. 697-720.

Kahneman, D./Tversky, A. (1979): Prospect Theory: An Analysis of Decisions under Risk, in: Econometrica, Vol. 47, S. 263-291.

Kalish, S./Nelson, P. (1991): A Comparison of Ranking, Rating, and Reservation Price Measurement in Conjoint Analysis, in: Marketing Letters, Vol. 2, S. 327-335.

Kamakura, W. A./Wedel, M./Agrawal, J. (1994): Concomitant latent class models for conjoint analysis, in: International Journal of Research in Marketing, S. 451-464.

Katona, G. (1975): Psychological Economics, New York.

Katz, D. (1969): The Functional Approach to the Study of Attitudes, in: Public Opinion Quarterly, S. 163-204.

Keller, K. L. (1993): Conceptualizing, Measuring, and Managing Customer-Based Brand Equity, in: Journal of Marketing, Vol. 57, No. 1, S. 1-22.

Kelly, G. A. (1963): A Theory of Personality: The Psychology of Personal Constructs, New York.

Kleinaltenkamp, M. (1997): Kundenintegration; in: Wirtschaftswissenschaftliches Studium (WiSt), 28. Jg., Heft 7, S. 350-354.

Knox, S./Walker, D. (2001): Measuring and Managing Brand Loyalty, in: Journal of Strategic Marketing, Vol. 9, S. 111-128.

Kohli, R./Sukumar, R. (1990): Heuristics for product-line design using conjoint analysis, in: Management Science, S. 1464–1478.

Kopalle, P. K./Lehmann, D. R. (2001): Strategic Management of Expectations: The Role of Disconfirmation Sensitivity and Perfectionism, in: Journal of Marketing Research, Vol. 28, S. 386–394.

Kotler, P./Bliemel, F. (2001): Marketing-Management, 10. Aufl., Stuttgart.

Kotler, P./Levy, S. J. (1969): Broadening the Concept of Marketing, in: Journal of Marketing, Vol. 33, S. 10–15.

Kotler, P./Roberto, N./Lee, N. (2002): Social Marketing: Improving the Quality of Life, 2nd Edition, Newbury Park, CA.

Kroeber-Riel, W. (1993): Bildkommunikation, München.

Kroeber-Riel, W. (1994): Visuelle Kompetenz, in: absatzwirtschaft, 37. Jg., S. 95–99.

Kroeber-Riel, W./Weinberg, P. (2003): Konsumentenverhalten, 8. Aufl., München.

Kruglanski, A. W./Shah, J. Y./Fishbach, A./Friedman, R./Chun, W. Y./Sleeth-Keppler, D. (2002): A Theory of Goal Systems, in: Advances in Experimental Social Psychology, Vol. 34, S. 331–378.

Krugman, H. E. (1965): The Impact of Television Advertising: Learning without Involvement, in: Public Opinion Quarterly, Vol. 29, S. 349–356.

Kuhl, J. (1985): Volitional Mediators of Cognitive-Behavior Consistency: Self-Regulary Process and Action versus State Orientation, in: Kuhl, J./Beckmann, J. (Hrsg.), Action Control: From Cognition to Behavior, Berlin u. a., S. 101–128.

Kuhlmann, E. (1990): Verbraucherpolitik – Grundzüge ihrer Theorie und Praxis, München.

Kunda, Z. (1999): Social Cognition: Making Sense of People, Cambridge.

Kuß, A./Tomczak, Th. (2004): Käuferverhalten, 3. Aufl., Stuttgart.

Kutschker, M./Schmid, St. (2005): Internationales Management, 4. Aufl., München, Wien.

Laaksonen, P. (1994): Consumer Involvement: Concepts and Research, London.

Lastovicka, J. L. (1995): Laddermap: Version 4.0 by Chuck Gengler, in: Journal of Marketing Research, Vol. 32. S. 494–497.

Laurent, G./Kapferer, J. N. (1985): Measuring Consumer Involvement Profiles, in: Journal of Marketing Research, Vol. 22, S. 41–53.

Lazer, W. (1964): Life style concepts and marketing, in: Greyser, S.A. (Hrsg.), Toward scientific marketing, Chicago, S. 243–252.

Lenk, Th./Bessau, D. (1998): Umweltökonomische Indikatoren und Instrumente zur Umsetzung des Sustainability Development, in: WISU, 27. Jg., S. 171–177.

Lilien, G. L./Kotler, Ph./Moorthy, K. S. (1992): Marketing Models, Englewood Cliffs, New Jersey.

Lingenfelder, M. (1995): Lebensstile, in: Tietz, B./Köhler, R./Zentes, J. (Hrsg.), Handwörterbuch des Marketing, 2. Aufl., Stuttgart, Sp. 1377–1392.

Louviere, J. J. (1994): Conjoint Analysis, in: Bagozzi, R.P. (Hrsg.), Advances Methods of Marekteing Research, Cambridge, Mass., S. 223–259.

Luce, R. D./Tukey, J. W. (1964): Simultaneous conjoint measurement: A new type of fundamental measurement, in: Journal of Mathematical Psychology, S. 1–27.

Luo, G. (1998): A General Formulation for Unidimensional Unfolding and Pairwise Preference Models: Making Explicit the Latitude of Acceptance, in: Journal of Mathematical Psychology, Vol. 42, S. 400–417.

MacKenzie, S. B./Lutz, R. J./Belch, G. E. (1986): The Role of Attitude Toward the Ad as a Mediator of Advertising Effectiveness: A Test of Competing Explorations, in: Journal of Marketing Research, Vol. 23, S. 130–143.

Markman, A. B./Brendl, C. M. (2000): The Influence of Goals on Value and Choice, in: Medin, D. L. (Ed.), The Psychology of Learning and Motivation, Vol. 39, San Diego, CA, S. 97–129.

Matzler, K./Hinterhuber, H. H./Handlbaur, G. (1997): Erfolgspotential Kundenzufriedenheit (II), in: WISU, 26. Jg., H. 8–9, S. 733–739.

Mayer, H. (1987): Personendarstellung in der Werbung, in: Werbeforschung & Praxis, 32. Jg., H. 3, S. 77–83.

McCombs, M./Shaw, D. L. (1972): The Agenda-Setting Function of Mass Media, in: Public Opinion Quarterly, Vol. 36, S. 176–187.

McDaniel, St. W./Rylander, D. H. (1993): Strategic green marketing, in: Journal of Consumer Marketing, Vol. 10, S. 4–10.

McFadden, D. (1974): Conditional logit analysis of qualitative choice behavior, in: Zarembka, P. (Hrsg.), Frontiers in Econometrics, New York, S. 105–142.

Meffert, H. (1992): Marketingforschung und Käuferverhalten, 2. Aufl., Wiesbaden.

Meffert, H. (1993): Umweltbewußtes Konsumentenverhalten, in: Marketing ZFP, 15. Jg., S. 51–54.

Meffert, H. (2000): Marketing, 9. Aufl., Wiesbaden.

Meffert, H./Bolz, J. (1998): Internationales Marketing-Management, 3. Aufl., Stuttgart u. a.

Meffert, H./Bruhn, M. (1996): Das Umweltbewußtsein von Konsumenten – Ergebnisse einer empirischen Untersuchung in Deutschland im Längsschnittvergleich, Wissenschaftliche Gesellschaft für Marketing und Unternehmensführung e.V., Arbeitspapier Nr. 99, Münster.

Meffert, H./Burmann, Ch./Koers, M. (2002): Stellenwert und Gegenstand des Marken-managements, in: Meffert, H./Burmann, Ch./Koers, M. (Hrsg.): Markenmanagement, Wiesbaden, S. 3-15.

Meffert, H./Kirchgeorg, M. (1995): Einsatz der ökologischen Zertifizierung im Marketing, in: Klemmer, P./Meuser, Th. (Hrsg.), EG-Umweltaudit, Wiesbaden, S. 95-122.

Mehrabian, A./Russell, J. A. (1974): An Approach ton Environmental Psychology, Cambridge.

Mennicken, C. (2000): Interkulturelles Marketing, Wiesbanden.

Meyer, A./Oppermann, K. (2001): Marketing für Rechtsanwälte - Mandantenorientierung als Erfolgsfaktor, in: Tscheulin, D. K./Helmig, B. (Hrsg.), Branchenspezifisches Marketing, Wiesbaden, S. 121-146.

Meyer, A./Pfeiffer, M. (1998): Virtuelle Kundenintegration - Formen und Erfolgsbeispiele zur Gestaltung einer neuen Generation von market-pull Innovationen; in: Franke, N./von Braun, Ch.-F. (Hrsg.), Innovationsforschung und Technologiemanagement, Berlin u. a., S. 299-314.

Meyer, R. J. (1981): A Model of Multiattribute Judgements under Attribute Uncertainty and Informational Constraint, in: Journal of Marketing Research, Vol. 18, S. 428-441.

Miller, J. (1977): Studying satisfaction, Modifying Models, Eliciting Expectations, Posing Problems, and Making Meaningfull Measurements, in: Hunt, K. (Hrsg.), Conceptualisation and Measurement of Consumer Satisfaction and Dissatisfaction, Bloomington, S. 72-91.

Mittal, B./Lee, M. S. (1989): A Causal Model of Consumer Involvement, in: Journal of Economic Psychology, Vol. 10, S. 363-389.

Mittal, V./Ross, W. T./Baldasare, P. M. (1998): The Asymmetric Impact of Negative and Positive Attribute-Level Performance on Overall Satisfaction and Repurchase Intentions, in: Journal of Marketing, Vol. 62, S. 33-47.

Miyake, A./Shah, P. (1999): Models of Working Memory: Mechanisms of Active Maintenance and Executive Control, Cambridge.

Moe, W. M. (2003): Buying, Searching, or Browsing: Differentiating Between Online Shoppers Using In-Store Navigational Clickstream, in: Journal of Consumer Psychology, Vol. 13, S. 29-39.

Monroe, K. B. (1990): Pricing-Making Profitable Decisions, New York.

Moorthy, S./Ratchford, B. T./Talukdar, D. (1997): Consumer Information Search Revisited: Theory and Empirical Analysis, in: Journal of Consumer Research, Vol. 23, S. 263-277.

Morgan, R. M./Hunt, S. D. (1994): The Commitment-Trust Theory of Relationship Marketing, in: Journal of Marketing, Vol. 58, S. 20-38.

Mussweiler, T./Rüter, K./Epstude, K. (2004): The Ups and Downs of Social Comparison: Mechanisms of Assimilation and Contrast, in: Journal of Personality and Social Psychology, Vol. 87, S. 832–844.

Neumann, W.R. (1990): The Threshold of Public Attention, in: Public Opinion Quarterly, Vol. 54, S. 159–176.

Ngobo, P.V. (1997): The Standards Issue. An Accesibility-Diagnosticity Perspective, in: Journal of Consumer Satisfaction, Dissatisfaction and Complaining Behavior, Vol. 10, S. 61-79.

Nieschlag, R./Dichtl, E./Hörschgen, H. (2002): Marketing, 19. Aufl., Berlin.

O'Keefe, D.J. (2002): Persuasion: Theory and Research, Thousand Oaks, CA.

O'Sullivan, C./Scholderer, J./Cowan, C. (2005): Measurement equivalence of the food-related lifestyles instrument (FRL) in Ireland and Great Britain, in: Food Quality and Preference, S. 1–12.

Oliver, R.L./Winer, R.S. (1987): A Framework for the Formation and Structure of Consumer Expectations: Review and Propositions, in: Journal of Economic Psychology, March, S. 469–499.

Oliver, R.L. (1980): A Cognitive Model of the Antecedents and Consequences of Satisfaction Decisions, in: Journal of Marketing Research, Vol. 17, S. 460–469.

Oliver, R.L. (1996): Satisfaction: A Behavioral Perspective on the Consumer, Boston, MA.

Olshavsky, R.W./Aylesworth, A.B./Kempf, D.S. (1995): The Price-Choice Relationship: A Contingent Processing Approach, in: Journal of Business Research, Vol. 33, S. 207–218.

Olson, J.C. (1989): Theoretical Foundations of Means-End Chains, in: Werbeforschung & Praxis, 34. Jg., S. 174–178.

Olson, J.C./Dover, P.A. (1979): Disconfirmation of Consumer Expectations through Product Trial, in: Journal of Applied Psychology, Vol. 64, April, S. 179-189.

Olson, J.C./Reynolds, T. (1983): Understanding Consumers' Cognitive Structures: Implications for Marketing Strategy, in: Percy, L./Woodside, A.G. (Hrsg.), Advertising and Consumer Psychology, Lexington, MA, S. 77–90.

Osgood, C.E./Tannenbaum, P.H. (1955): The Principle of Congruity in the Prediction of Attitude Change, in: Psychological Review, Vol. 62, S. 42–55.

Oulette, J.A./Wood, W. (1998): Habit and Intention in Everyday Life: The Multiple Processes by which Past Behavior Predicts Future Behavior, in: Psychological Bulletin, Vol. 124, S. 54-74.

Parasuraman, A./Zeithaml, V.A./Berry, L.L. (1985): A Conceptual Model of Service Quality and its Implications for Future Research, in: Journal of Marketing, Vol. 49, S. 41–50.

Parasuraman, A./Zeithaml, V. A./Berry, L. L. (1994): Reassessment of Expectations as a Comparison Standard in Measuring Service Quality: Implications for Future Research, in: Journal of Marketing, Vol. 58, S. 111-124.

Park, C. W./Jaworski, B. J./MacInnis, D. J. (1986): Strategic Brand Concept-Image Management, in: Journal of Marketing, Vol. 50, October, S. 135-145.

Pavlov, I. P. (1927): Conditioned Reflexes: An Investigation of the Physiological Activity of the Cerebral Cortex, London.

Payne, J. W./Bettman, J. R./Johnson, E. J. (1992): Behavioral Decision Research: A Constructive Processing Perspective, in: Annual Review of Psychology, Vol. 43, S. 87-131.

Peter, J. P./Olson, J. C./Grunert, K. G. (1999): Consumer Bahaviour and Marketing Strategy, London u.a.

Peterson, R. A./Balasubramanian, S./Bronnenberg, B J. (1997): Exploring the Implications of the Internet for Consumer Marketing, in: Journal of the Academy of Marketing Science, Vol. 25, S. 329-346.

Petty, R. E./Cacioppo, J. T./Schumann, D. (1983): Central and Peripheral Routes to Advertising Effectiveness: The Moderating Role of Involvement, in: Journal of Consumer Research, Vol. 10, S. 135-146.

Petty, R. E./Cacioppo, J. T. (1981): Attitudes and Persuasion: Classic and Contemporary Approaches, Dubuque.

Petty, R. E./Cacioppo, J. T. (1984a): Source Factors and the Elaboration Likelihood Model of Persuasion, in: Advances in Consumer Research, Vol. 11, S. 668-672.

Petty, R. E./Cacioppo, J. T. (1984b): The Effects of Involvement on Responses to Argument Quantity and Quality: Central and Peripheral Routes to Persuasion, in: Journal of Personality and Social Psychology, Vol. 46, S. 69-81.

Petty, R. E./Cacioppo, J. T. (1986): Communication and Persuasion: Central and Peripheral Routes to Attitude Change, New York.

Petty, R. E./Wegener, D. Y./Fabrigar, L. R. (1997): Attitudes and Attitude Change, in: Annual Review of Psychology, Vol. 48, S. 609-647.

Peyer, M./Balderjahn, I. (2007): Zahlungsbereitschaft für sozialverträgliche Produkte, Arbeitspapier, Universität Potsdam.

Pieters, R./Rosbergen, E./Wedel, M. (1999): Visual Attention to Repeated Print Advertising: A Test of Scanpath Theory, in: Journal of Marketing Research, Vol. 36, S. 424-438.

Pieters, R./Warlop, L. (1999): Visual Attention during Brand Choice: The Impact of Time Pressure and Task Motivation, in: International Journal of Research in Marketing, Vol. 16, S. 1-16.

Plummer, J. T. (1974): The Concept and Application of Life-Style Segmentation, in: Journal of Marketing, S. 33–37.

Priester, J. R./Petty, R. E. (1995): Source Attributions and Persuasion: Perceived Honesty as a Determinant of Message Scrutiny, in: Personality and Social Psychology Bulletin, Vol. 21, S. 637–654.

Rajaram, S. (1993): Remembering and Knowing: Two Means of Access to the Personal Past, in: Memory and Cognition, Vol. 21, S. 89–12.

Ramus, K./Nielsen, N. A. (2005): Online Grocery Retailing: What do Consumers Think, in: Internet Research, Vol. 15, S. 335–352.

Ratneshwar, S./Chaiken, S. (1991): Comprehension's Role in Persuasion: The Case of its Moderating Effect on the Persuasive Impact of Source Cues, in: Journal of Consumer Research, Vol. 18, S. 52–62.

Reichheld, F. F. (1996): The Loyality Effect, Boston, Massachusetts.

Reichheld, F. F./Sasser, W. E. (1991): Zero Migration. Dienstleister im Sog der Qualitätsrevolution, in: Harvard Manager, 13. Jg., Nr. 4, S. 108–116.

Reisch, L. A. (1998): Sustainable Consumption: Three Questions about a fuzzy concept, Working Paper No. 13, Research Group Consumption, Environment and Culture, Copenhagen.

Reisch, L. A./Scherhorn, G. (1998): Auf der Suche nach dem ethischen Konsum, in: Der Bürger im Staat, 48. Jg., Heft 2, S. 92–99.

Reynolds, T./Gutman, J. (1988): Laddering Theory, Method, Analysis, and Interpretation, in: Journal of Advertising Research, Vol. 28, S. 11–31.

Rokeach, M. (1973): The Nature of Human Values, New York.

Rokeach, M. (1974): Changes and Stability of Human Values, 1968–1971, in: Public Opinion Quarterly, Vol. 38, S. 228–238.

Rolls, E. T. (2000): Memory Systems in the Brain, in: Annual Review of Psychology Vol. 51, S. 599–630.

Rosenberg, M. J. (1956): Cognitive Structure and Attitudinal Affect, in: Journal of Abnormal and Social Psychology, Vol. 53, S. 367–372.

Rothschild, M. (1999): Carrots, Sticks and Promises: A Conceptual Framework of the Management of Public Health and Social Issue Behaviours, in: Journal of Marketing, Vol. 63, October, S. 24–37.

Ruge, H.-D. (1988): Die Messung bildhafter Konsumerlebnisse, Heidelberg.

Rundle-Thiele, S./Bennett, R. (2001): A Brand for All Seasons? A Discussion of Brand Loyalty Approaches and their Applicability for Different Markets, in: Journal of Product & Brand Management, Vol. 10, S. 25–37.

Rundle-Thiele, S./Maio-Mackay, M. (2001): Assessing the Performance of Brand Loyalty Measures, in: Journal of Services Marketing, Vol. 15, S. 529-546.

Russo, J.E./Johnson, E.J./Stephens, D.L. (1989): The Validity of Verbal Protocols, in: Memory and Cognition, Vol. 17, S. 759-769.

Sader, M. (1969): Rollentheorie, in: Graumann, C.F. (Hrsg.), Handbuch der Psychologie, Bd. 7, Göttingen, S. 204-231.

Schachter, S./Singer, J.E. (1962): Cognitive, Social and Physiological Determinants of Emotional State, in: Psychological Review, Vol. 69, S. 379_399.

Schacter, D.L./Tulving, E. (1994): Memory Systems, London.

Schank, R./Abelson, R. (1977): Scripts, Plans, Goals and Understanding, Hillsdale, NJ.

Schank, R.C. (1982): Dynamic Memory: A Theory of Reminding and Learning in Computers and People, New York.

Scherhorn, G. (1959): Bedürfnis und Bedarf, Berlin.

Schlosser, A.E. (2003): Computers as Situational Cues: Implications for Consumers' Product Cognitions and Attitudes, in: Journal of Consumer Psychology, Vol. 13, S. 103-112.

Schneeweiß, C. (1991): Planung 1: Systemanalytische und entscheidungstheoretische Grundlagen, Berlin u.a.

Scholderer, J./Brunsø, K./Bredahl, L./Grunert, K.G. (2004): Cross-Cultural Validity of the Food-Related Lifestyles Instrument (FRL) within Western Europe, in: Appetite, Vol. 42, S. 197-211.

Scholderer, J./Brunsø, K./Grunert, K.G. (2002): Means-End Theory of Lifestyle: A Replication in the UK, in: Advances in Consumer Research, Vol. 29, S. 551-557.

Scholderer, J./Grunert, K.G. (2005): Do Means-End Chains Exist? Experimental Tests of their Hierarchicity, Automatic Spreading Activation, Directionality, and Self-Relevance, in: Advances in Consumer Research, Vol. 32, S. 530.

Scholderer, J./Grunert, K.G./Brunsø, K. (2005): A Procedure for Eliminating Additive Bias from Cross-Cultural Survey Data, in: Journal of Business Research, Vol. 58, S. 72-78.

Schrader, U./Hansen, U. (Hrsg.) (2001): Nachhaltiger Konsum, Frankfurt, New York.

Schwartz, S.H. (1994): Beyond individualism/collectivism. New cultural dimensions of values, in: Kim, U./Triandis, H.C./Kagitcibasi, C./Choi, S./Yoon, G. (Hrsg.), Individualism and collectivism, theory, method and application, Thousand Oaks, S. 85-119.

Schweiger, G./Schrattenecker, G. (2005): Werbung, 6. Aufl., Stuttgart.

Sherif, C.W./Sherif, M./Nebergall, R. (1965): Attitude and Attitude Change: The Social Judgment-Involvement Approach, Philadelphia.

Sherif, M. (1935): A Study of Some Social Factors in Perception, in: Archives of Psychology, Vol. 27, S. 1–60.

Sherif, M./Cantril, H. (1947): The Psychology of Ego-Involvements, New York.

Sherif, M./Hovland, C. I. (1961): Social Judgment: Assimilation and Contrast Effects in Communication and Attitude Change, New Haven, CT.

Sheth, J. N./Parvatiyar, A. (1995): The Evolution of Relationship Marketing, in: International Business Review, Vol. 4, S. 397–418.

Silberer, G. (1983): Einstellungen und Werthaltungen, in: Irle, M. (Hrsg.), Handbuch der Psychologie, Bd. 12, 1. Hbd.: Markenpsychologie, Göttingen u.a., S. 533–625.

Simon, H. (1992): Preismanagement: Analyse, Strategie, Umsetzung, 2. Aufl., Wiesbaden.

Simon, H./Homburg, Ch. (Hrsg.) (1998): Kundenzufriedenheit, 3. Aufl., Wiesbaden.

Simon, H. A. (1955): A Behavioral Model of Rational Choice, in: Quarterly Journal of Economics, Vol. 69, S. 99–118.

Simonson, I./Carmon, Z./Dhar, R./Drolet, A./Nowlis, S. M. (2001): Consumer Research: In Search of Identity, in: Annual review of Psychology, Vol. 52, S. 249–275.

Sinus Sociovision (2006): Sinus-Milieus in Deutschland 2005, http://www.sinus-sociovision.de/2/2-3-1-1.htm vom 23.02.2006.

Skinner, B. F. (1938): The Behavior of Organisms, New York.

Sloman, S. A. (1996): The Empirical Case for Two Systems of Reasoning, in: Psychological Bulletin, Vol. 119, S. 3–22.

Specht, G. (1974): Marketing-Management und Qualität des Lebens, Stuttgart.

Specht, G./Beckmannn, Ch./Amelingmeyer, J. (2002): F&E-Management, 2. Aufl., Stuttgart.

SRI International (2002): VALS, SRI Consulting Business Intelligence, Menlo Park, CA, USA.

Srinivasan, V. (1988): A conjunctive-compensatory approach to the self-explication of multiattribute preferences, in: Decision Sciences, S. 295–305.

Staats, A. W./Staats, C. K. (1958): Attitudes Established by Classical Conditioning, in: Journal of Abnormal and Social Psychology, Vol. 57, S. 37–40.

Stauss, B. (1999): Kundenzufriedenheit, in: Marketing ZFP, 21. Jg., Nr. 1, S. 5-24.

Stauss, B./Seidel, W. (2002): Beschwerdemanagement, 3. Aufl., München, Wien.

Steenkamp, J. B. E. M./Baumgartner, H. (1998): Assessing Measurement Invariance in Cross-National Consumer Research, in: Journal of Consumer Research, Vol. 25, S. 78–90.

Steenkamp, J.-B. E. M./van Trijp, H. C. M. (1997): Attribute elicitation in marketing research: A comparison of three procedures, in: Marketing Letters, S. 153–165.

Stegmüller, B./Hempel, P. (1996): Empirischer Vergleich unterschiedlicher Marktsegmentierungsansätze über Segmentpopulationen, in: Marketing ZFP, 18. Jg. S. 25-31.

Strack, F./Mussweiler, T. (1997): Explaining the Enigmatic Anchoring Effect: Mechanisms of Selective Accessibility, in: Journal of Personality and Social Psychology, Vol. 73, S. 437-446.

Teas, R. K. (1993): Expectations, Performance Evaluation and Ccnsumers' Perceptions of Quality, in: Journal of Marketing, Vol. 57, S. 18-34.

Teichert, T. (1998): Schätzgenauigkeit von Conjoint-Analysen, in: Zeitschrift für Betriebswirtschaft, S. 1245-1266.

Thorndike, E. L. (1901): Animal Intelligence: An Experimental Study of the Associative Processes in Animals, in: Psychological Review Monograph Supplement, Vol. 2, S. 1-109.

Tolman, E. C. (1932): Purposive Behavior in Animals and Men, New York.

Triandis, H. C. (1975): Einstellungen und Einstellungsänderung, Weinheim u.a.

Trifts, V./Häubl, G. (2003): Information Availability and Consumer Preference: Can Online Retailers Benefit From Providing Access to Competitor Price Information, in: Journal of Consumer Psychology, Vol. 13, S. 149-159.

Trommsdorff, V. (1975): Die Messung von Produktimages für das Marketing, Köln u.a.

Trommsdorff, V. (2004): Konsumentenverhalten, 6. Aufl. Stuttgart.

Tse, D. K./Wilton, P. C. (1988): Models of Consumer Satisfaction Formation: An Extension, in: Journal of Marketing Research, Vol. 25, May, S. 204-212.

Tversky, A. (1969): Elimination by Aspects: A Theory of Choice, in: Psychological Review, Vol. 79, S. 281-299.

Tversky, A. (1972): Intransitivity of Preferences, in: Psychological Review, Vol. 76, S. 31-48.

Umweltbundesamt (1997): Nachhaltiges Deutschland, Berlin.

Umweltbundesamt (2000): Umweltbewusstsein in Deutschland 2000, Berlin.

Vahs, D./Burmester, R. (2005): Innovations-Management, 3. Aufl., Stuttgart.

van Raaij, F.R. (1991): The Formation and Use of Expectations in Consumer Decision Making, in: Robertson, T.S./Kassarjian, H.H. (Hrsg.), Handbook of Consumer Behavior, Prentice-Hall, S. 401-418.

Verplanken, B./Herabadi, A. (2001): Individual Differences in Impulse Buying Tendency: Feeling and no Thinking, in: European Journal of Personality, Vol. 15, S. S71-S83.

von Hippel, E. (1986): Lead Users: A Source of Novel Product Concepts, in: Management Science, Vol. 32, S. 791-805.

Vinson, D.E./Munson, J.M./Nakanishi, M. (1977) : An Investigation of the Rokeach

Value Survey for Consumer Research Application, in: Perreault, W.D. (Hrsg.), Advances in Consumer Research, Vol. 4, S. 247-252.

Vroom, V.H. (1964): Work and Motivation, New York.

Weiber, R./Rosendahl, T. (1997): Anwendungsprobleme der Conjoint-Analyse, in: Marketing ZFP, 19. Jg., S. 107-118.

Weinberg, P./Diehl, S. (1998): Standortwahl in Shopping-Centern, in: absatzwirtschaft, 41. Jg., Nr. 5, S. 78-82.

Wedel, M./Kamakura, W.A. (1997): Market segmentation: Conceptual and methodological foundations, Amsterdam.

Wells, W.D./Tigert, D.J. (1971): Activities, interests, and opinions, in: Journal of Advertising Research, S. 27-35.

Wimmer, F. (1995): Umweltbewusstsein, in: Junkernheinrich, M./Klemmer, P./Wagner, G.-R. (Hrsg.), Handbuch zur Umweltökonomie, Berlin, S. 268-274.

Wind, Y. (1978): Issues and advances in segmentation research, in: Journal of Marketing Research, S. 317-337.

Wind, Y./Green, P.E. (1974): Some conceptual, measurement, and analytical problems in life style research, in: Wells, W.D. (Hrsg.), Life style and psychographics, Chicago, S. 97-126.

Wiswede, G. (1973): Motivation und Verbraucherverhalten, München.

Wiswede, G. (1998): Soziologie, 3. Aufl., Landsberg am Lech.

Wiswede, G. (2000): Einführung in die Wirtschaftspsychologie, 3. Auflage, München, Basel.

Witt, J. (1996): Produktinnovation, München.

Wittink, D.R./Krishnamurti, L. (1981): Rank-order preference and the part-worth model: Implications for derived attribute importance and choice predictions, in: Keon, J.W. (Hrsg.), Marketing: Measurement and analysis, Providence, S. 3-20.

Woratschek, H. (1996): Die Preisforschung als Informationsgrundlage für das Marketing, in: Trommsdorff, V. (Hrsg.), Handelsforschung 1995/96, Wiesbaden, S. 153-171.

Wyer, R.S./Srull, T.K. (1986): Human Cognition in its Social Context, in: Psychological Review, Vol. 93, S. 322-359.

Yi, Y. (1993): The Determinants of Consumer Satisfaction: The Moderating Role of Ambiguity, in: Advances in Consumer Research, Vol. 20, S. 502-506.

Zaichkowsky, J.L. (1985): Measuring the Involvement Construct, in: Journal of Consumer Research, Vol. 12, S. 341-352.

Zaichkowsky, J.L. (1986): Conceptualizing Involvement, in: Journal of Advertising Research, Vol. 15, S. 4-14.

Zeithaml, V. A. (1988): Consumer Perceptions of Price, Quality, and Value: A Means-End Model and Synthesis of Evidence, in: Journal of Marketing, Vol. 52, S. 2–22.

Zimbardo, Ph. G./Gerrig, R. J. (2004): Psychologie, 16. Aufl., München.

Zimmer, M. R./Stafford, Th. F./Stafford, M. R. (1994): Green Issues: Dimensions of Environmental Concern, in: Journal of Business Research, Vol. 30, S. 64–74.

Stichwortverzeichnis